21世纪经济学系列教材

博弈论教程

AN INTRODUCTION TO GAME THEORY

主 编 卢照坤 徐 娜

副主编 李 雪 黄亚静

中国人民大学出版社

·北京·

21 世纪经济学系列教材

学术顾问（按姓氏笔画为序）：

卫兴华　吴大琨　吴易风　宋　涛

陈　共　胡　钧　胡乃武　高成兴

高鸿业　黄　达　阎达五

主编：

杜厚文　林　岗

编委：

韦　伟　李子奈　杨瑞龙　邱华炳

易丹辉　周立群　周茂荣　洪银兴

姚开建　徐茂魁　高德步　高培勇

黄卫平　黄泰岩　彭　刚　舒　元

总　序

　　改革开放以来，经济社会的发展对中国经济学教育、教学产生了重要的影响，提出了新的要求。为了使经济学教育、教学根植于我国改革开放和现代化建设的肥沃土壤，服务于时代和实践的需求，中国人民大学出版社从 21 世纪初就开始组织国内知名经济学者编写适应新时期经济学教学的"21 世纪经济学系列教材"。

　　十多年来，21 世纪经济学系列教材已经逐步推出了许多适合中国特点的经济学教科书，影响了一批又一批的青年学子。这其中，我国经济学界杰出教育家、西方经济学学科主要奠基人之一高鸿业先生主编的《西方经济学》，已成为我国高校经济学专业的权威教材，读者早已超过千万！中国马克思主义政治经济学的奠基人宋涛先生的《政治经济学教程》，对马克思主义政治经济学在中国的传播、普及和发展发挥了重要作用。该系列已经出版的其他教材，如孙久文教授的《区域经济学教程》、彭刚教授的《发展经济学教程》、王则柯教授的《博弈论教程》、黄卫平教授的《国际经济学教程》等等，都产生了广泛的影响，为中国的经济学教育做出了贡献。

　　近几年来，中国的经济学教育、教学面临新的形势，取得了长足的进步：一是我国经济学界教育思想、教育观念已经发生了重大转变，更加重视素质教育；二是教学内容有了重大改革，在学科专业调整建设、课程体系、教学内容改革方面取得了进展；三是教育、教学方法有了重大进步，更加重视理论联系实际，实验、实践、案例教学逐步加强，现代化教学手段被广泛应用。

　　有鉴于此，为了应对新的形势与变化，中国人民大学出版社在认真调查研究高等学校经济学专业本科培养方案和课程教学大纲的基础上，组织专家学者，经过反复研究论证、合理定位、精心写作、吐故纳新，进一步整合优化了"21 世纪经济学系列教材"。这套教材将涵盖经济学专业所有的基础课、主干课、核心课，使学生通过《政治经济学》《微观经济学》《宏观经济学》等基础理论教材的学习，掌握经济学的基础理论，培养厚实的经济学理论功底；通过《产业经济学》《区域经济学》《国际经济学》等应用类主干课程教材的学习，掌握现实经济部门的运行和发展；通过《经济学说史》《经济思想史》《世界经济史》等经济史学类教材的学习，理解经济学的发展和演变规律；通过《计量经济学》《统计学》等经济学方法类教材的学习，掌握经济学的思考方法和具体的研究方法；通过《博弈论》《行为经济学》等专业教材的学习，了解经济学理论的前沿进展；通过《西方经济学典型题题解》《政治经济学学习与教学手册》等基础课程的配套教辅书的学习，牢固掌握所学经济学理论。

这套教材的编写特色主要体现在以下几个方面：

第一，作者阵容强大，教学经验丰富。作者大都是来自中国人民大学、北京大学、清华大学、南开大学、复旦大学、浙江大学、武汉大学等国内重点大学的学科带头人，有很高的科研水平和丰富的教学经验。

第二，在教材编写和内容安排上，强调基础知识、基本理论、基本技能。同时充分吸收国内外优秀教材的优点，定位明确，体系科学，概念准确，深入浅出。

第三，融合本学科现有的研究成果，反映本学科研究的最新进展，反映中国改革开放和现代化建设实践中的新成果，反映当今世界发生的深刻变革对经济学理论和实践产生的影响。

第四，教材重视加入现实经济生活中的案例、新闻素材等内容，使教材的可读性更强，更能够与当前中国经济现实结合起来，使学生能够学以致用。

中国人民大学出版社希望通过这套教材的出版，与广大教师、学生一起研究和探讨，进一步提高中国经济学教材的编写水平，提高经济学教学质量，为经济学的发展，为具有创新能力与实践能力、具有国际视野又了解中国国情的高层次经济学人才的培养做出新的贡献。

前　言

　　博弈论作为普通高校经济管理类专业的一门非常有趣而且实用的选修课，越来越受到大学生们的欢迎。该课程是研究相互依存、相互影响的决策主体的理性决策行为以及这些决策的均衡结果的理论，为我们分析与研究各种决策问题提供了很好的分析工具和研究思路。

　　1950 年，数学天才纳什（John Nash）的一篇著名的论文《n 人博弈的均衡点》提出了纳什均衡的概念和解法，这是现代非合作博弈论中最重要的思想之一。1951年纳什以博士论文《非合作博弈》获得数学博士学位，这些工作也奠定了他获得1994 年诺贝尔经济学奖的基础。纳什以及他所创立的纳什均衡在博弈论发展史上具有里程碑式的意义，因为他开创了非合作博弈理论的先河，其后有许多博弈论专家在这一领域做出了杰出贡献。比如海萨尼（Harsanyi）通过海萨尼转换很巧妙地把完全信息静态博弈拓展到不完全信息博弈的分析中，泽尔腾（Selten）则在动态博弈的领域提出了精炼纳什均衡的概念，使得博弈分析的内容越来越接近现实。

　　无独有偶，1950 年心理学家塔克（A. W. Tucker）在一个研讨会上讨论了经典的"囚徒困境"案例，这个案例之所以举世闻名，不仅是因为它分析了囚徒陷入决策困境是由于个体理性的决策与集体理性的决策构成矛盾，而且是因为它启发了大量关于人与人之间、厂商与厂商之间的合作与非合作、串谋与竞争、联合与背叛等问题的研究和思考。1952—1953 年，夏普利（L. S. Shapley）提出"核"作为合作博弈的一般解概念，还提出了合作博弈的"夏普利值"概念，大大推动了合作博弈理论的发展。

　　从 20 世纪 50 年代到 90 年代，一大批博弈论专家在非合作博弈与合作博弈领域进行了卓有成效的研究，在丰富了博弈论专业知识的同时，也加快了博弈论在经济学领域的发展。哈佛大学经济学教授格里高利·曼昆（Gregory Mankiw）指出："自 20世纪 80 年代以来，博弈论几乎应用于经济学的所有领域，包括国际贸易、劳动经济学和宏观经济学等。在所有这些领域，博弈论都成功地更新了原有的研究方法。"

随着纳什、海萨尼和泽尔腾等人在1994年获得诺贝尔经济学奖，其后不断地有博弈论专家获得这一殊荣，博弈论的影响力逐渐在全球得到公认，博弈论中的思想逐渐走进了经济学、管理学、政治学、军事学、生物学、统计学等多门学科中。事实上，博弈论不仅是严肃的经济理论，而且与我们的现实生活密切相关，人们在婚姻、交友、就业各个方面都面临选择，博弈论提供了相应的决策依据。现在，博弈论逐渐走进大众视野，走进大学课堂，受到各大高校学生的喜爱，成为高校的热门课程。

本书正好适应了这一潮流，由浅入深的课程内容，趣味盎然的案例分析，独特新颖的思维方式，都构成了本书的特色。本书一共分为六章，编者的分工如下：卢照坤，第一、五章；黄亚静，第二、四章；李雪，第三、六章。全书由卢照坤、徐娜统一审稿。

由于编者水平有限，本书难免会有疏漏和不当之处，诚盼读者不吝指正。

编　者

世纪
经济学系列教材

目 录

第一章

博弈论简介

内容提要： 本章主要介绍博弈论的定义以及它和经济学的关系，然后以诺贝尔经济学奖为线索讲述博弈论的发展史，最后是博弈的分类与均衡等内容。

第一节　博弈论与经济学

几千年来，人类在生活中经常遇到不同程度的矛盾、冲突甚至战争。如何面对冲突，解决矛盾，同时又能够维护各方利益，谋求共同发展，需要智慧，也需要策略。我国流传已久的《孙子兵法》和《三十六计》就是运用策略思维的经典代表作。博弈论自从作为一门新兴学科诞生以来，就以其妙趣横生的博弈策略和近乎完美的思维方式迅速受到大家的欢迎。著名经济学家保罗·萨缪尔森（Paul Samuelson）说过："要想在现代社会做一个有文化的人，你必须对博弈论有一个大致了解。"

 案例 1.1

田忌赛马

田忌赛马这个故事说的是，齐国的大将田忌很喜欢赛马，有一次他和齐威王及各位公子进行了赛马比赛。他们各自的马都可以分为上、中、下三等。在比赛的时候，齐威王总是用自己的上等马对田忌的上等马，中等马对中等马，下等马对下等马。由于齐威王每个等级的马都比田忌的马强一些，所以比赛了几次，田忌都失败了。后来孙膑对田忌说："您只管下大赌注，我能让您取胜。"田忌相信并答应了他，与齐威王和各位公子用千金来下赌注。比赛即将开始，孙膑说："现在用您的下等马对付他的上等马，用您的上等马对付他的中等马，用您的中等马对付他的下等马。"进行了三场比赛，田忌一场败而两场胜，最终赢得了千金赌注。田忌把孙膑推荐给齐威王。齐威王向他请教了兵法，而且把他当成老师。这个故事里田忌赛马的策略就是中国早期博弈策略的代表。

一、博弈论的定义与研究对象

1. 博弈论的定义

在给出博弈论的定义之前，让我们先来讨论一下什么才是博弈。为此，我们首先来思考一个有趣的问题：一个将军的决策和一个伐木工人的决策有什么不同？答案是木头没有反抗，而将军的每一步计划都会引来敌人的抵抗，他必须克服这种抵抗。我们一般把一些相互依存、相互影响的决策行为及其结果的组合称为博弈（game）。

玩游戏也是博弈。英文中的"game"本身就是游戏的意思。打牌需要看对方的出牌来确定自己该出什么牌；下象棋需要看对手的招法来确定自己的招法；如此等等。现实中人们的决策行为相互之间影响的例子的确有很多。

一个关于博弈的例子是，假如你正在一个影院看电影，突然影院起火，大火很快蔓延开来，匆忙之间你究竟应该如何逃生？假如影院有两个安全门，分别记作 A 门和 B 门，你是逃向 A 门还是 B 门？这就要看涌向哪个门的人更少。如果大家都涌向了 A 门，你的正确选择就是冲向 B 门；如果大家都涌向了 B 门，你的正确选择就是冲向 A 门。只有这样，你才能够提高顺利逃生的可能性。你的选择取决于别人的选择，这就是博弈。

另一个例子是，假如你正在用手机打电话，突然因为信号中断而断线。你是立即就拨过去呢，还是等对方打过来？这需要看对方如何选择。如果对方立即拨过来，你的正确选择就是等待；如果对方选择等待，你的正确选择就是立即拨过去。如果两个人同时对拨，则必然因为信号冲突而难以实现通话；如果两个人都选择等待，则时间就会在等待中流逝。在这里，你的选择同样取决于别人的选择。

博弈的局中人理性地选择自己的策略行为，在相互制约、相互影响的依存关系中尽可能地提高自己的利益，这样博弈的核心问题就是对相互依存情况下的理性行为的研究。

根据以上讨论，我们给出博弈论的正式定义。博弈论（game theory）是研究相互依存、相互影响的决策主体的理性决策行为以及这些决策的均衡结果的理论。

2. 博弈论的基本假设

博弈论的基本假设是人都是理性的。这个基本假设的含义是，人们在面对一个决策问题和一个特定的情景时，都不是盲动的、没头脑的，而是能够在选择策略的时候具有明确的目标，使自己的利益最大化。这一基本假设为人们进行博弈分析奠定了理论基础。正是围绕博弈论的这一理性原则，人们才创造出了一个又一个栩栩如生的博弈论模型，从而推动了博弈论的不断发展。当然，在现实生活中，在遇到具体的决策问题时，即使没有现成的博弈论模型，我们也可以按照理性原则去思考。

人的完全理性意味着人有足够的信息、知识和计算能力来确保实现自己的效用最大化。因此，完全理性假设意味着理性人能够运用数学工具描述人的（最大化）行为，比如他们有一个很好定义的偏好，并能够按照既定的偏好进行选择；他们的选择受预算约束；他们努力在约束条件下实现效用最大化。但事实上，现实中的人在多数情况下处于有限理性状态。有限理性是指在处理信息、应付复杂情况和寻求理性目标中个人的能力是有限的。他们不可能也不期望在复杂的环境中想得太远、太多。他们不可能预测到将来发生的所有可能事件，并且针对它们做出详细的行动计划和分配方案。

案例 1.2

汽车爆胎了

一天午饭后，正在伊顿公学读高二的戴维带着三名同班同学溜到校外去玩，结果忘了时间，等他们回到学校时才发现已经迟到一个多小时了，并且错过了詹姆斯老师安排的一场重要的考试。"非常抱歉，詹姆斯老师，"戴维站在教室门口说道，"我们不是故意迟到的，我的车爆胎了，因而耽误了考试。"说完后，他朝身旁的三名同学使了下眼色，那三个人纷纷给他帮腔、作证，称补胎用了很长时间，他们并非有意迟到。

"不用担心，我的孩子们，"詹姆斯老师微笑着回应道，"我会让你们补考的。"然后，老师让包括戴维在内的四个人分别坐在教室的四个角落里准备补考。"你们很幸运，因为只有一道考题，而且简单透顶！"詹姆斯说。戴维暗自高兴，觉得老师太好骗了，然而，考题一出他就傻眼了——"请问，汽车的哪个轮胎爆了？"

"这是一道我永远都无法忘记的考题，它简单至极，但我得了零分！"这位戴维同学便是英国的前首相戴维·卡梅伦。这个故事说明，人生处处有博弈，在博弈里面，有些决策是完全理性的，有些决策是有限理性的。

3. 博弈论的研究对象

要深入理解博弈论的研究对象，可以把博弈论与传统微观经济学的相关内容做一个比较。传统微观经济学的消费者决策就是在给定价格和收入的条件下最大化个人效用；个人效用函数只依赖于他自己的选择，而不依赖于其他人的选择；个人的最优选择只是价格和收入的函数而不是其他人选择的函数，他既不需要考虑自己的选择对其他人选择的影响，也不需要考虑其他人的选择对自己选择的影响。

与此不同的是，在博弈论中，个人效用函数不仅依赖于他自己的选择，而且依赖于其他人的选择；个人的最优选择是其他人选择的函数，这是博弈论不同于微观经济学的显著特点。从这个意义上讲，博弈论研究的是存在相互影响条件下的个人选择问题。① 传统微观经济学主要研究完全竞争市场，寡头市场是一个例外，而这正是博弈论主要的应用领域之一。

事实上，博弈论并不局限于研究经济问题，它还可以用来研究"怎样用数学模型模拟理性决策者之间的冲突与合作"（Roger B. Myerson，1992）。由于冲突与合作的结果依赖于所有人所做的选择，所以每个决策者都企图预测其他人可能的选择，以确定自己的最优决策。因此，如何合理地进行这些相互依存的策略选择便是博弈论的主题。

因此，严格地讲，博弈论并不是经济学的一个分支。它是一种思维和分析方法，其应用范围不仅包括经济学，还包括政治、军事、外交、公共选择、犯罪学等。例如，石油输出国组织成员选择石油产量，在寡头市场上企业确定其产品的价格和产量，家庭中夫妻双方的行为，以及国家与国家之间的外交等都是博弈，所以博弈论的研究对象是非常广泛的。

美国经济学家保罗·魏里希（Paul Weirich）说过："博弈论是思索者的乐园。"这清楚地说明，博弈论是一种思维方法。博弈分析正是一种通过运用博弈论寻求最优均衡解的思维方法。当然，博弈论的研究不仅要寻求均衡解，还要探讨均衡解与博弈规则以及制度层面的许多问题。

由于在求解博弈均衡解的过程中往往要使用数学工具，很多人常常把博弈论看成是数学的一个分支。纳什1951年的代表性文章就是发表在数学杂志上，而不是发表在经济学杂志上。在相当长的一段时间里经济学家们并不把纳什当做一个经济学家。夏普利1953年的文章本身也是一篇数学手稿，而并非经济学手稿。那么，为什么瑞典皇家科学院会把1994年的诺贝尔经济学奖授予纳什、海萨尼和泽尔腾三人，而不是授予他们其他奖项呢？这主要有以下三个方面的原因：

（1）博弈论在经济学中的应用最广泛、最成功。博弈论的许多成果都是借助于经济学的例子来发展的，特别是在应用领域。

（2）经济学家对博弈论的贡献越来越大，特别是在动态分析和不完全信息被引入博弈论之后，例如做出重大贡献的克瑞普斯（Kreps）和威尔逊（Wilson）都是经济学家。

（3）最根本的原因是经济学与博弈论的研究模式几乎是完全相同的，它们都强调个人理性，也就是在给定的约束条件下追求效用最大化。

二、博弈论与主流经济学

在经济学界还很少有人把博弈论的发展对主流经济学的影响称为革命，但客观地看，博弈论带给经济学的变革不仅仅是一个"革命"所能概括的，尽管这种影响是一

---

① 由于博弈论研究的问题大多是各参与者之间的策略对抗、竞争，或面对一种局面时的策略选择，因此在某些教科书中博弈论也被称为"对策论"，但是实际上博弈论和对策论并不是一回事，因为"对策"常被用来表示具体的应对方案，而博弈论所研究的决策问题却是有开始、有结束、有结果的整个过程，这个过程常常包含多个面对一定局面的对策选择，而问题的解则常常是由一组策略构成的一个完整的行动计划。

种潜移默化的影响并且是在漫长的过程中完成的。它平平淡淡，但远胜轰轰烈烈。可以预见的是，未来 10 年，博弈论对经济学的影响会表现得更为明显。

主流经济学研究离不开四个重要范畴：行为主体、行为、制度结构和均衡。

行为主体，又称经济行为主体（actor）。经济行为主体是经济生活中追求自身利益最大化的参与者和决策者。例如消费者、生产者、政府以及任何利益集团在经济学中都被看做决策主体。

行为（behavior）是经济行为主体在各种约束条件下追求自身利益最大化的行为。最典型的例子就是消费者在收入、市场价格等约束条件下使自身获得的效用最大化；生产者在成本、技术、市场价格等约束条件下使利润最大化。

制度结构（institutional structure）可以被看做经济行为主体面对的所有约束，它规定了经济行为主体拥有什么条件去选择，如何去选择，能选择什么，同时它也受到行为主体自身的选择和其他行为主体的选择以及彼此互动关系的影响。

均衡（equilibrium）就是一个能够得以维持的结果，或者说是所有行为主体不得不接受（可能愿意也可能不愿意）而又不可能更好的结果。

以上四个范畴构成了经济学研究的基石。在传统的经济学研究中，通常主要考察的是行为主体如何选择，如何得到最终均衡，如何把制度结构作为给定的外部条件来加以处理。改变制度结构（实际上在经济学中这相当于更改约束），就会得到不同的均衡结果。但是对于制度结构本身的性质和演变，传统经济学并不将它作为考察的对象，同时也不具有这样的能力。对经济学而言，排除对制度结构的考察是一个巨大的遗憾，它不仅大大制约了经济学的研究领域，而且使得经济学的有效性和科学性也受到了广泛的质疑。因此是否考察制度结构可以说是现代经济学和传统经济学的一个根本区别。

一般均衡理论是整个经济学理论的基石。一般均衡理论表明市场机制是完美的，这一点集中体现在福利经济学第一定理和第二定理上。在完全竞争的市场和民主政府条件下，平等与效率是可以兼顾的。然而在下列情况下，一般均衡理论是不成立的。

1. 不完全竞争

在现实的经济生活中，特别是进入 20 世纪后，垄断越来越成为一种普遍而占主体的经济现象和制度结构。在垄断下，完全竞争的效率不复存在。

2. 外部性

由于行为主体之间客观存在密切的联系，因而个体并非孤立存在，一个行为主体的行为有可能对其他人造成影响，这种现象就是外部性，如环境污染。外部性的存在表明市场不可能把所有成本和收益都计算在内，有些成本和收益客观存在，但市场并不能对此进行计算。这说明市场是有缺陷的。

3. 公共物品

在现实生活中，公共物品无处不在，可以说它和私有物品同样普遍，但是在一般均衡理论中，公共物品是不被考虑的，因为在公共物品的消费中存在"搭便车"行为，而市场机制本身无法解决"搭便车"问题。

4. 信息不对称问题

随着经济学研究的深入，人们发现信息不对称同样会造成市场失灵，其中最突出的是逆向选择和道德风险问题。2001年诺贝尔经济学奖的3位得主就是因为在这两个领域做出了开创性的工作而获奖的。阿克洛夫（Akerlof）提出的二手车问题清楚地表明了市场不仅不能解决这类问题，而且这类问题在逆向选择下会彻底消失。针对这种情况，斯彭斯（Spence）提出可以通过向行为主体发送信号的方式解决逆向选择问题。科斯（Coase）的企业理论被认为是新制度经济学的奠基之作。科斯认为市场与企业（制度）相比交易费用太高，因而出现了企业，并替代了市场。但是对于为什么市场交易费用高、交易费用的性质是什么等根本性问题，科斯的回答却并不令人满意。在随后的研究中，人们逐步发现这些问题可能是道德风险问题的一部分。因此如何解决道德风险问题成了新制度经济学和企业理论的核心课题，并且在此基础上各种各样的委托-代理模型被提出。

对于上面所说的导致市场失灵的四个方面，传统的经济学缺乏有效的手段去加以研究。由于一般均衡是排除了这四个方面后得出的结论，因而当面临这四个问题时，一般均衡就有可能是不存在的。这构成了经济学的致命伤。一个世纪以来，经济学的发展主要是围绕这四个问题展开的，例如垄断竞争理论、产业组织理论、企业理论、信息经济学、新制度经济学、不确定下的决策（投资理论）以及宏观经济学等。

博弈论的发展与成熟实际上使经济学在面对上述四个问题时有了进行深入研究的基础，而逆向选择和道德风险问题本身就是博弈论在发展过程中提出的。此外，博弈论使经济学研究制度结构的演变过程成为可能。对于传统经济学而言，制度结构是作为外生变量给定的，因而经济学实际上几乎成了专门研究在给定条件下如何规划利益最大化问题的学科，而这实际上是数学就能胜任的事。经济学日益丧失它的社会性，必然导致经济学的贫乏和失去其存在的必要性。从这个意义上看，博弈论对于经济学而言是一场有着深远影响的革命。它极大地丰富了经济学的内容，使得经济学的研究领域和适用范围大大扩展，也使得经济学家的思维从一种静态、孤立的模式发展成互动、联系的模式，从而彻底改变了经济学家在观察问题和解决问题时的思维方式。

可见，把博弈论的发展对人类思想的贡献称为革命并不为过，至少对经济学是如此。

三、博弈论在经济学中的应用

博弈论在经济学中的应用十分广泛。个人、企业和政府不仅需要博弈论理论的指导，而且需要对生产、产业结构、分配、价格、财政、金融、外贸、外资管制等问题给出具体的行动方案。博弈论在经济学中的应用有两个明显的特点：一是博弈论和经济学结合得很自然、很广泛。一方面，按照传统教科书的说法，经济学是研究市场经济条件下稀缺资源的有效配置问题的，这就不可避免地涉及个人之间、个人与团体之间以及团体与团体之间的经济利益冲突。另一方面，博弈论是关于局中人的策略行为相互作用的理论，因此，博弈论的分析方法迎合了经济学抽象分析的需要。自从博弈论正式问世以来，博弈论便与经济学天然地融合在一起了，两门学科"你中有我，我中有你"，相互结合，共同发展。二是博弈论自产生开始就成了经济学家研究工具箱中的利器之一，博弈论的思想方法（使用了大量的数学工具）向经济学的渗透面非常广泛，从微观经济学到宏观经济学再到国际经济学，到处可见博弈论的思想、观点和方法的痕迹。如果说当代经济学的一个显著特征是数学方法的应用，那么博弈论在经济学中的应用便是最典型的例证。

考察博弈论在经济学中的应用可以有不同的着眼点。下面就博弈论在微观经济学、宏观经济学和国际经济学等领域中的应用情况做一个简单的回顾。

1. 博弈论在微观经济学中的应用

这是博弈论在经济学中应用得最早、成果最丰富、扩展得最深入的部分，其中尤以寡头市场理论最为典型。众所周知，寡头市场的一个显著特征是厂商行为的相互依赖性，这一特征使得寡头厂商所面对的需求曲线具有不确定性，从而使常规的用边际收益曲线和边际成本曲线决定均衡产量和均衡价格的分析方法遇到了很大的困难。古诺（A. Cournot）是最早意识到寡头市场中厂商行为相互依赖的法国经济学家，他于1838年提出的寡头模型不仅是经济学史上的第一个寡头模型，而且这一模型所包括的博弈论要素也令后人感到吃惊。例如，纳什均衡在当今已是非合作对策中的基本概念，但纳什均衡所包含的思想早在古诺模型中就已存在了，这从一个侧面说明了经济学对博弈论发展所起的促进作用。继古诺之后，伯川德（Bertrand）、埃奇沃思（Edgeworth）、霍特林（Hotelling）、斯塔克尔伯格（Stackelberg）和斯威齐（Sweezy）等人也分别提出了各自的寡头模型，这些寡头模型在丰富了寡头市场理论的同时，也引发了对博弈均衡的思考。

例如，一般情况下的古诺寡头模型的均衡解是否存在？为什么伯川德模型所导致的市场结果与完全竞争市场一致？如此等等。这些为将博弈论应用于寡头市场理论创造了较好的环境。现代的微观经济学在论述寡头理论时，几乎都或多或少地运用了博弈论的概念和思想。特别是高深一些的微观经济学教科书，大多都用博弈论的方法来论述寡头市场理论。按照博弈论的观点，寡头厂商就是博弈的局中人，价格或产量可以被看做策略变量，而利润则为支付。现在人们已经清楚，古诺模型、伯川德模型和霍特林模型都不过是非合作博弈模型，其解都可以用纳什均衡来描述。而斯塔克尔伯格模型中的均衡实际上是子博弈精炼纳什均衡。因此，从一定意义上说，博弈论已经改变了传统的寡头理论。博弈论应用于微观经济学的另一个典型例证是一般均衡模型。在纯交换的一般均衡分析中，传统微观经济学通常是用埃奇沃思盒形图来加以分析的，这种分析尽管简单、直观，但分析得不够深入、细致。用博弈论的观点看，这类市场交易实质上是一种合作博弈。西方学者用核、夏普利值、交易集等合作博弈解的概念对这类市场博弈做了较深入的讨论，加深了人们对合作方式以及市场交易过程的认识。此外，博弈论在公共物品、外部性和福利经济学等方面也有应用。

博弈论之所以能在经济学研究领域取得成功，根本原因在于它弥补了传统经济分析的缺陷。新古典微观经济学的分析是以完全理想化的充分竞争为假定前提的。在完全竞争的条件下，经济行为主体之间的任何联系都是通过市场来完成的，价格是沟通他们之间的联系的唯一有效工具。作为价格接受者的经济行为主体，无论是生产者还是消费者，在进行生产或消费决策时，都只考虑自身的生产函数或收入约束以及消费偏好，从而使自身利益最大化。所有的外部信息都融合在价格信号中，通过对消费者预算线斜率的影响而间接影响消费者的消费决策，或通过对生产者成本线斜率的影响而间接影响其生产决策。因此，在新古典经济学中，任何人除了自己的情况和价格以外，再没有别的事情需要关心了。在这种理想化的假设条件下，传统经济学构建了一座宏伟壮观的理论大厦，但与此同时，传统分析也暴露出越来越多的问题。以严格的假定前提为条件的分析工具在假定前提根本不存在的现实面前束手无策。尤其是在存在外部性问题时，正负经济效应的外溢会使经济行为主体受到与自己的决策行为没有任何关系的其他人的影响，这时，他的效用函数的自变量就不只是他的决策值和价格水平，其他人的决策变量也进入了他的效用函数。传统分析无力解决这个问题，而博弈分析则恰好以其独特的分析手段解决了这一问题。

2. 博弈论在宏观经济学中的应用

这是博弈论应用于西方经济学中起步较晚、成果不甚丰富但颇有生命力的部分。尽管 20 世纪 50 年代曾有人试图将博弈论引入宏观经济学，并提出了在一个博弈中把团体当做一个局中人的可能性，但博弈论被正式引入宏观经济学是 20 世纪末的事，从目前的情况看，博弈论主要应用于宏观劳动市场和宏观经济政策方面，其中以宏观经济政策方面最为热门，也是宏观经济学研究的前沿问题。基德兰德（Kydland）和普雷斯科特（Prescott）1977 年在一篇颇有影响的文章中指出，在某些情况下，在政策制定者宣布了一项最优长期计划之后，他们会发现偏离这一计划反而是最优的，而预见这种情况的当事人就会不相信这种承诺，从而导致了一种博弈局面。按照西方学者的看法，宏观经济政策可以被看做一种博弈，其局中人是公众、中央银行和政府的财政部门。巴罗（Barro）和戈登（Gordon）曾在 1983 年利用博弈论研究货币政策，这是这方面开展较早的工作。之后，巴罗又考察了在不完全信息条件下货币政策的信誉问题。在基德兰德和普雷斯科特的货币政策模型里，博弈的局中人包括政府和私人部门。私人部门选择预期的通货膨胀率，政府在给定预期通货膨胀率的情况下选择实际的通货膨胀率。

从博弈的角度看，政府和私人部门之间进行的是一个动态博弈。在 20 世纪 80 年代末期，西方学者已将博弈论应用于宏观经济政策制定的有关内容写进了较高深的宏观经济学教科书中，如布兰查德（Blanchard）和费希尔（Fischer）于 1989 年出版的《宏观经济学（高级教程）》（*Lectures on Macroeconomics*）一书。

3. 博弈论在国际经济学中的应用

博弈论在国际经济学领域的应用是随着各国经济交往的日益密切而备受关注和重视的。在一般的国际贸易理论中，通常都隐含着这样一个假定，即所有的国家都是足够小的。它们在国际贸易中所占的份额也足够小，使得它们只能是国际价格的接受者而不是制定者，然而在很多情况下，这个假定是不现实的。例如双边和多边的关税减让谈判、国际债务中债权国与债务国的谈判等，都涉及当事国的策略相互影响问题，从现实背景方面看，在各国的经济交往当中，既有竞争的因素（因为各国都希望在交往中争取到尽可能多的经济利益），又有合作的因素（因为当事国都不希望自己与外部隔绝）。更为重要的是，随着世界经济的发展，每一个国家的经济政策都不仅会影响本国经济的发展，而且会对与该国有经济联系的其他国家产生影响。各国在国际经济活动中的利益既互相冲突又互相依赖的事实表明，各国的利益不仅依赖于本国的行动变量（自己可以控制），还依赖于别国的行动变量（自己不能控制），这些为博弈论在国际经济学领域的应用创造了条件。就目前而言，博弈论在国际经济学中的应用主要是在经济政策方面。

4. 博弈论在其他方面的应用

这主要包括产业组织理论、委托-代理理论和公共物品等领域。在产业组织理论方面，以博弈分析为主要特征的芝加哥学派已基本上改写了整个产业组织理论的基本内容，其中引人注目的有寡头竞争理论、价格歧视理论、垄断理论等。这一改进使产业组织理论走出了传统分析完全依赖数据的堆积和归类的描述性理论阶段，而成为一个具有系统的理论框架和成熟规范的分析范式的科学理论。

博弈论近年来在经济学中最成功的应用，可以说是在不完全信息条件下的委托-代理理论或经济机制设计理论。委托人和代理人之间的行为是一种典型的博弈行为，即在不完全信息条件下，委托人如何通过机制设计或策略选择使代理人受到监督、激励代理人努力工作的问题，其实质是不完全信息动态博弈的求解问题。该理论对现实经济生活的强有力的解释能力和实践指导能力引起了人们的极大关注。所以，掌握博弈分析工具不仅有助于更好地学习和借鉴西方经济理论的新成果，而且能强化分析中国现实问题的能力。

第二节　博弈论的形成和发展

早在 2 000 多年前，博弈论的原始思想就已经萌芽。中国历史上极其丰富的政治、军事典籍，许多都是博弈论思想的宝库，我们熟知的《孙子兵法》中便充满了博弈案例。战国时期的"田忌赛马"是一个典型的博弈案例。齐威王的三种马虽然比田忌的马均略高一筹，但由于田忌采用了孙膑的计谋，最终齐威王以一比二输给了田忌。很显然，这里体现了博弈策略的作用。有人说，中国人自古就是博弈高手，这话一点儿也不错，但可惜的是，经典意义上的博弈论并没有诞生于中国，它是由外国人提出并着手研究后传入中国的。在 20 世纪初，西方一些学者在观察国际象棋、桥牌的基础上提出和发展了现代博弈论。

在西方，博弈思想的形成可以追溯到 18 世纪。1712 年詹姆斯·华尔德格拉特（James Waldegradre）首次提出了"极小极大"策略的概念。1838 年古诺用博弈论思想研究了寡头垄断现象。1881 年，经济学家埃奇沃思在《数学心理学》（*Mathematical Psychics*）一书中论述了策略博弈与经济过程之间的相似性。伯川德在 1883 年研究了两寡头的价格垄断问题。这个时期博弈思想的发展很不统一，带有一定的偶然性，尽管这些思想雏形对博弈论的发展有一定的影响，但博弈论的真正发展与成熟主要还是在 20 世纪。

具体来说，博弈论的形成和发展大体上可以分为三个时期，接下来我们将分别介绍这三个时期。

一、创立期

在 20 世纪 30 年代以前，博弈论专注于严格竞争博弈，这种博弈也被称作二人零和博弈。在这里不存在任何形式的合作与联合行为，即一方的所得必然意味着另一方的等量所失。20 世纪初，公理集合论大师泽梅罗（Zermelo）下棋证明了几个特殊的博弈定理。之后，法国大数学家波莱尔（Borel）提出了有限形式的极小极大定理，但他否认这一定理在一般形式下成立。1928 年，数学家冯·诺依曼（Von Neumann）首次证明了博弈论的基本定理，即"每个矩阵博弈都能通过引进混合策略而被严格决定"。

1944 年，冯·诺依曼和摩根斯坦（Morgenstern）的《博弈论与经济行为》（*The Theory of Games and Economic Behavior*）一书将两人博弈推广到多人博弈，并将博弈论系统地应用于经济学研究，从而宣告了现代博弈论的正式诞生。从那以后，在国际学术界中，关于博弈论的文献如雨后春笋般出现。因此我们说，冯·诺依曼和摩根斯坦是现代博弈论的两位主要奠基人。

尽管冯·诺依曼和摩根斯坦的分析构架奠定了博弈论的基础，但是他们关于任何博弈均存在稳定集解的猜测被卢卡斯（Lucas）证明是错误的。这表明博弈论并不能无条件地告诉人们在冲突情境下如何决策。其实，卢斯（Luce）和雷法（Raiffa）在他们 1957 年的文章《博弈与决策：介绍与重要的调查》（Games and Decisions：Introduction and Critical Survey）中就指出了博弈论在某些规范意义上的局限性。然而，正是因为认清了这一点，博弈论的实证方面才更迅速地发展起来，提出了适应不同实际情况的大量新的解的概念。此外，冯·诺依曼的博弈论还存在其他一些局限性，例如它没有考虑博弈的信息结构，过于抽象，这使它的应用范围受到了很大限制，在相当长一段时间内，博弈论的研究只限于少数数学家，影响不大。尽管如此，冯·诺依曼和摩根斯坦 1944 年的这部名著仍然在博弈论发展史上享有类似于哥伦布发现新大陆一般的地位。许多著名的哲学家、经济学家、政治学家和社会学家日益认识到，博弈论是描述和分析人类理性行为的最恰当的工具。

冯·诺依曼和摩根斯坦——高山流水般的友谊

冯·诺依曼是一位科学巨匠。他1903年出生于匈牙利布达佩斯的一个富豪家庭，曾获得数学与化学双博士学位，一生在现代科学的许多重要领域都做出了第一流的贡献，例如公理集合论、量子力学、流体力学、天气预报和电子计算机程序等领域。作为一位思想深邃透辟、富有社会理想的学者，冯·诺依曼对当代社会科学做了两项开创性工作：一项是给出了一般经济均衡存在的局部证明，其后由阿罗（Arrow）和德布鲁（Debreu）加以发展，成为数理经济学的经典；另一项就是以社会经济问题为主要出发点，创建了现代博弈论。

摩根斯坦出生于1902年，早年受业于门格尔和庞巴维克，在纳粹占领奥地利之前在维也纳工作，此后到普林斯顿大学任教，是研究商业周期和经济预测的著名学者。他兴趣广泛，活跃于20世纪30年代的"维也纳小组"，与波普尔（Popper）、卡尔纳普（Carnap）和哥德尔（Gödel）相熟。1939年摩根斯坦与冯·诺依曼首次会面，从此开始了他们的合作。在冯·诺依曼于1957年逝世以后，摩根斯坦继续在普林斯顿大学组织和推动博弈论的研究，创办国际性的博弈论研究刊物，培养和激励了大批博弈论领域的后起之秀，如夏普利、舒彼克（Shubik）、卢卡斯和罗伯特·奥曼（R. Aumann）等人。冯·诺依曼和摩根斯坦之间的友谊已成为博弈论发展史上的佳话，他们是社会科学研究方法现代化的人格化象征。

二、发展期

虽然1944年冯·诺伊曼和摩根斯坦的《博弈论与经济行为》出版，表明系统的博弈理论已经初步形成，但这时候博弈论仍然只是处于发展概念和框架体系的初期阶段，没有形成统一的分析方法、范式和解的概念，研究者主要还是少数数学家，研究内容主要是少数类型的合作博弈和零和博弈，特别是独立的非合作博弈理论还没有形成。

博弈论的第一个研究高潮出现在20世纪40年代末50年代初。这个时期可以看做博弈论成长中的少年时期，是博弈论研究和发展历史上第二个极其重要的阶段。由于冯·诺伊曼和摩根斯坦的奠基性著作，以及第二次世界大战期间博弈论在军事领域的应用，这个时期博弈论研究者的队伍已经有了较大的扩展。纳什加入博弈论研究者的队伍是这个阶段最重要的事件之一。纳什提出的均衡点，即我们所说的"纳什均衡"，是古诺模型和伯川德模型中均衡概念的自然一般化，现在早已成了大多数现代经济分析的出发点和关键分析概念。纳什均衡和证明纳什均衡存在性的纳什定理，将博弈论扩展到非零和博弈，最终成为非合作博弈理论的奠基石，对博弈论和经济学的发展都起了非常重要的推动作用。纳什同一个时期提出的关于两人讨价还价的纳什解法，则是合作博弈理论重要的解的概念之一，对合作博弈理论的发展有非常重要的作用。后来许多合作博弈的解的概念其实都是在纳什解的基础上发展出来的，此外纳什还提出了"纳什规划"等重要的博弈论思想。

疯子天才——约翰·纳什的传奇人生

纳什 1928 年出生于一个电子工程师家庭,少年时代的纳什一方面性格孤僻,另一方面显示出了非凡的数学才能。他 17 岁进入卡内基梅隆大学,专业是化学工程,但是在慧眼识珠的老师的建议下,他转行专攻数学。在此期间他选修了一门国际经济学课程,从而产生了对经济学命题的兴趣,后来发表的关于合作博弈讨价还价问题的论文就是源于这时的一些想法。20 岁时纳什在卡内基梅隆大学拿到了数学学士学位,接受了普林斯顿大学优裕的奖学金,成为那里的一名研究生。他对许多数学学科都表现出极大的兴趣,如拓扑学、代数学、几何学、博弈论和逻辑学等。在着手准备博士论文时,他决心独创一个属于自己的崭新课题。最终,过去曾思考的讨价还价问题引导他建立了非合作博弈的基本原理。

纳什的一篇著名的论文《n 人博弈的均衡点》提出了纳什均衡的概念和解法,这是现代非合作博弈中最重要的思想之一,从而也奠定了他获得诺贝尔经济学奖的基础。纳什曾带着他的想法去见当时名满天下的冯·诺依曼,遭到了否定,但是在普林斯顿大学宽松的学术环境下,他的论文仍然得到了发表并引起了轰动。同年他以论文《非合作博弈》获得数学博士学位。

以纯数学家自居的纳什毕业后在美国兰德公司和普林斯顿大学工作,在工作期间证明了一个反直觉的等距嵌入定理,并引入全新的方法证明了困难得多的高维等距嵌入定理,强有力地推动了对偏微分方程存在性、唯一性和连续性定理的证明。数年后纳什进入麻省理工学院任教,他工作的重心是更加艰深的数学研究,比他的纳什均衡还要让数学同行们信服。1958 年,纳什因其在数学领域的优异工作被美国《财富》杂志评为新一代天才数学家中最杰出的人物。

纳什不是一个完美的人,早在 1952 年,他邂逅了一位大他 5 岁的姑娘,与之交往,次年有了一个私生子,此后仍一直与她保持着若即若离的关系。1956 年他的父母发现了这件事,不久他的父亲就去世了,不知是否与此打击有关。1957 年他与麻省理工学院年轻美丽的女学生艾丽西亚结婚,此后 50 多年患难与共的爱情和亲情可以见证,这或许是他个人生活中最完美、最幸运的一刻。天有不测风云,人有旦夕祸福,就在纳什春风得意、事业就要达到巅峰的时候,他却突然遭受到命运无情的打击。纳什在他而立之年患上了精神分裂症。在 1958 年艾丽西亚身怀六甲,尚未分娩时,纳什的精神状况就开始恶化。他的举止越来越古怪,一步步走向心智狂乱。

纳什所患的是妄想型精神分裂症,这是所有精神疾病中最可怕的一种。病人被时断时续不切实际的疯狂念头充斥头脑,并且会产生幻视、幻听,同自己假想出来的人交谈。纳什会对着空气说某份报纸里藏有来自另一个星球的只有他能破解的信息;他也曾突然辞去在麻省理工学院的职位,只身跑到欧洲,要放弃美国国籍,还是艾丽西亚跟着去把他拖了回来;在家中,他不断地威胁着妻子艾丽西亚。万般无奈之下,艾丽西亚于 1962 年和纳什离婚,但是她对他的爱情并没有就此消失。1970 年纳什的母亲去世,而他的姐姐无法负担他的生活,就在纳什孤苦无依、就要流落街头的时候,善良的艾丽西亚接他来与自己同住。她不仅在起居上关心他，而且以女性特有的细心敏感照料着他。她理解他不肯去医院封闭治疗的想法，把家搬到远离喧嚣的普林斯顿大学，希望宁静、熟悉的学术氛围有助于稳定纳什的情绪。好莱坞著名的电影《美丽心灵》就是以纳什的故事为背景，但是很显然，最美丽的心灵来自善良的艾丽西亚。

这是一场奇特的博弈。纳什，这个研究理性策略的数学天才，猝然间失去了赖以自傲的理性思维，身不由己地在清醒和疯狂之间挣扎徘徊，是永远坠向深渊还是重归家园？在那个无人能理解的世界里，他始终没有放弃对数学的热爱。我们无法得知纳什所承受的所有痛苦，但是可以揣摩意愿和能力之间的大冲突是怎样一种漫长的精神灾难。幸运的是，在这场博弈里，还有一个忠贞不渝的参与者，当他喃喃自语地说着谁也听不懂的话时，当他像幽灵一样梭巡于绿色校园时，总是有一个温暖的人勇敢地陪伴着他。世上最坚强的两样东西——意志和爱情——结合在一起，创造出一个最优策略，那就是奇迹。是的，世界目睹了这场博弈的戏剧性结局，在纳什患精神分裂症多年后的 20 世纪 90 年代，他的精神逐渐恢复了正常，随后和艾丽西亚复婚。1994 年纳什在为诺贝尔经济学奖撰写的自传中没有提及精神疾病给他带来的痛苦，倒是说精神失常使他摆脱了常规思维的束缚，可以帮助他创造全新的理论。结尾处他写道："从统计上说，任何数学家或科学家在 66 岁时似乎都已经不可能再有大的建树。但我仍在努力着，那几十年异型思维的'假期'本来就是不正常的，这样我就还有希望，也许通过目前的研究或将来产生的新思想，我还能够做出一点儿有价值的东西。"读到此处，我们不能不惊叹他顽强的意志和对科学毫无保留的执着之心！

令人遗憾的是，2015 年，纳什夫妇遭遇车祸，不幸双双离开了人世。

除了纳什的上述开创性成果以外，这个时期还涌现了其他许多重要的博弈论理论家和博弈论研究成果。如 1950 年梅尔文·德雷希尔（Melvin Dresher）和梅里尔·弗勒德（Merrill Flood）在兰德公司（美国空军建立的研究结构）首先进行了囚徒困境（prison's dilemma）博弈实验，另一个博弈论学者霍华德·雷法（Howard Raiffa）也独立进行了这个博弈实验（不过这个博弈是因为塔克的介绍而闻名于世的）。1952—1953 年，夏普利和 D. B. 吉利斯（D. B. Gillies）提出"核"作为合作博弈的一般解概念，夏普利还提出了合作博弈的夏普利值概念等。这些工作对博弈论的发展都起到了非常重要的作用。因此奥曼认为："20 世纪 40 年代末 50 年代初是博弈论历史上令人振奋的时期，原理已经破茧而出，正在试飞它们的双翅，此时活跃着一批巨人。"

除了 20 世纪 40 年代末 50 年代初以外，20 世纪 50 年代中后期一直到 70 年代，也是博弈论的发展历史中产生重要理论成果的阶段，可以被看做博弈论发展的青年期。奥曼在 1959 年提出了强均衡概念。重复博弈也是在 20 世纪 50 年代末开始研究的，这自然引出了关于重复博弈的无名氏定理。1960 年，托马斯·谢林（Thomas Schelling）的《冲突的策略》（*The Strategy of Conflict*）一书对社会、经济、军事等各方面问题的博弈分析引进了聚点的概念。博弈论在进化生物学中的公开应用也是在 20 世纪 60 年代初出现的。

海萨尼（Harsanyi）1967—1968 年的三篇系列论文在现代经济学和博弈论中占据极其重要地位，成为信息经济学的奠基石，它们构造了不完全信息博弈理论，是这个时期里程碑式的成果。海萨尼在这些论文中提出了分析不完全信息博弈问题的标准方法，以及贝叶斯纳什均衡的概念。此外海萨尼还在 1973 年提出了关于"混合策略"的不完全信息解释，以及严格纳什均衡概念。这个时期最重要的成果还有泽尔腾的子博弈精炼纳什均衡和颤抖手精炼均衡。

20 世纪 70 年代的博弈论发展中最重要的事件还包括演化博弈论的重要发展，主要有约翰·梅纳德·史密斯（John Maynard Smith）1972 年引进了演化稳定策略概念等。此外，共同知识在博弈论中的重要性也因为奥曼 1976 年的文章而引起了广泛重视。这个时期产生的博弈论成果还有很多。

总之，从 20 世纪 40 年代末到 70 年代末是博弈论发展的最重要的一个阶段。虽然在这个时期博弈论仍然没有成熟，理论体系还比较乱，概念和分析方法很不统一，而且在经济学中的作用和影响还比较有限，但这个时期的博弈论研究的繁荣和进展是非常显著的。除了理论发展自身规律的作用外，全球政治、军事、经济特定环境条件的影响（如战争和冷战时期的军事对抗与威慑策略研究的需要，国内外经济竞争的加剧，以及经济学理论发展的需要等，对这一阶段博弈论研究的迅速发展都起了重要的作用。事实上，正因为有了这个时期博弈论研究的繁荣发展，才可能有 20 世纪八九十年代博弈论的成熟和对经济学的博弈论革命。

▼ 拓展阅读 1.3

德国博弈论专家泽尔腾来到中国

泽尔腾 1930 年 10 月 10 日出生于德国布雷斯劳（在第二次世界大战后此地归于波兰）。他在荣获诺贝尔奖时为德国波恩大学教授，德国科学院院士，欧洲经济学会主席，美国经济学会名誉委员。他 1951—1957 年在德国法兰克福大学学习数学，在 1957 年获得硕士学位后，在法兰克福大学工作与继续学习，1961 年获得数学博士学位。1967—1968 年，泽尔腾到加州大学伯克利分校任客座教授，1969—1972 年在柏林大学任经济学教授，而后在比勒菲尔德大学工作了 12 年，从 1984 年起他到波恩大学任教，致力于实验经济学的研究。1994 年他因其在非合作博弈理论中的开创性的均衡分析方面的杰出贡献而荣获诺贝尔经济学奖。

泽尔腾在 1965 年发现，在参与者选择"相机计划"的博弈中，因为可能存在"空头威胁"，因此不是所有的纳什均衡都合理，并提出用子博弈精炼纳什均衡对纳什均衡进行完美化精炼，这对于动态博弈理论具有非常重要的意义。泽尔腾 1975 年提出的颤抖手精炼均衡概念则进一步对理性局限对动态博弈分析的影响提供了一种处理方法。2003 年 11 月，"泽尔腾实验室"在南开大学举行了隆重的揭牌和挂牌仪式，并由泽尔腾教授出任实验室主任。这是泽尔腾教授与中国学术界友好交流的一个见证。

三、成熟期

20 世纪八九十年代是博弈论走向成熟的时期。在这个阶段博弈论的理论框架及与其他学科之间的关系等逐渐完整和清晰起来，博弈论在经济学中的应用领域越来越广泛，在经济学中的地位达到了最高峰。这个时期最重要的理论进展包括埃隆·科尔伯格（Elon Kohlberg）1981 年引进顺推归纳法，克瑞普斯和威尔逊 1982 年提出序列均衡概念，史斯密 1982 年出版了《进化和博弈论》（*Evolution and the Theory of Games*），可理性化概念于 1984 年由伯恩海姆（B. D. Bernheim）和皮尔斯（D. G. Pearce）提出，海萨尼和泽尔腾于 1988 年提出了在非合作博弈和合作博弈中均衡选择的一般理论和标准，1991 年弗登伯格（D. Fudenberg）和梯若尔（J. Tirole）首先提出了精炼贝叶斯均衡的概念等。

也许这个时期对博弈论的发展贡献更大的是博弈论开始受到经济学家真正广泛的重视，并被看做重要的经济理论和经济学的核心分析方法，开始贯穿几乎整个微观经济学、产业组织理论，在宏观、金融、环境、劳动、福利、国际经济等方面的学科中也开始占有越来越重要的地位，大有"吞噬"整个现代西方经济理论的气势。也正是从这个阶段开始，博弈论开始成为西方国家经济学专业和许多相关专业学生的一门必修课，有志于攻读经济学博士学位者，更是必须熟练掌握和运用博弈论的原理和方法。博弈论的思想、词汇也开始在经济学专业杂志上大量出现，不懂博弈论的学者开始在阅读经济学文献方面遇到越来越大的困难和限制，几乎到了不懂博弈论就意味着不懂现代经济学的地步。上述趋势由于 20 世纪 90 年代中期的两次诺贝尔经济学奖进一步得到加强。首先是 1994 年，纳什、海萨尼、泽尔腾这三位致力于博弈论的基础理论研究，对非合作博弈理论的产生和发展做出了巨大贡献的学者，共同获得了诺贝尔经济学奖，使博弈论作为重要经济学分支学科的地位和作用得到了权威性的肯定。此后是 1996 年，诺贝尔经济学奖又由博弈论和信息经济学家莫里斯（James A. Mirrlees）和维克瑞（William Vickrey）获得，以表彰二人在信息不对称条件下激励机制问题（这种激励问题实际上就是一种不完全信息博弈的问题）方面的基础性研究，更进一步强化了博弈论的发展趋势。

这一时期博弈论在经济学中的地位上升得这么快，首先是因为现代经济活动的规模越来越大，对抗性、竞争性越来越强，特别是寡头垄断或垄断竞争市场的竞争和决策较量更是厂商经营活动的核心内容，这些都使人们越来越重视经济活动的环境条件及其变化，越来越重视竞争者或合作者的反应，因此经济决策的博弈性越来越强。在这种情况下，以给定环境条件下的个体理性行为分析为基础的局部均衡理论或一般均衡理论、比较静态分析以及以它们为基础的经济理论，在解释现实经济问题时必然越来越力不从心。而将研究的重点投注于传统经济学研究中忽略的，或为了简化讨论避而不谈的，经济活动中各个方面行动或决策时相互之间的反应或反作用（也可以称为策略和利益的互动性和相互依赖关系），投注于个体策略之间的相互制约和相互依存的博弈论，却不存在传统经济理论中由于上述忽略和回避而造成的经济模型脱离实际的缺陷。因此，在许多情况下它所得出的结论更加符合经济现实和更加具有应用性，对参与经济互动的各方或国家政府的决策互动有更强的指导作用。这正是当传统西方经济学在经济预测和管理方面常常遇到困难的时候，博弈论却日益受到重视，能够飞速发展的最根本的原因。

其次是由于社会经济活动中的竞争不断加剧，信息技术和社会经济信息化的发展使人们对认识信息的作用和规律的要求不断提高，从而促进了信息经济学的发展。而博弈论，特别是其中的不完全信息博弈理论、信息不对称的博弈理论，正是信息经济学最主要的理论基础。因此，信息经济学的发展也对博弈论的发展起了间接的促进作用。此外，由于博弈论应用科学（数学和逻辑）的方法，更加全面而完整地分析决策过程，因而结论的可信度很高，揭示社会经济事物内在规律的能力也比一般经济理论更强、更深刻。这也是博弈论受到人们重视，发展很快的原因之一。

我们把20世纪八九十年代看做博弈论的成熟期，并不意味着此时博弈论的发展已经达到了顶峰和此后将进入衰退阶段。事实上，随着社会经济的不断发展和对经济分析的要求的不断提高，以及人们对博弈分析的价值的认识越来越充分，博弈论正受到前所未有的重视，博弈论本身深刻的魅力也不断吸引更多人学习和应用博弈论，博弈论正在迎来新的发展高潮。

首先，现代科学技术、交通、通信手段等的不断发展，经济分工的不断加深，使劳动生产率不断提高，经济活动的范围不断扩大，产业和经济形态越来越多样化，经济竞争越来越激烈，而经济全球化和地区经济一体化，政府对经济干预的加强，经济与政治、军事、外交、人口、环境保护的交互作用等，又使现代经济运行的复杂程度越来越高，博弈性越来越强，因此现实经济的发展要求经济学进一步重视博弈分析的作用。其次，随着博弈论在经济、金融、贸易等领域中的应用越来越广泛，对博弈论的研究也越来越深入，这也使博弈论的问题和不足不断暴露出来，从而推动了博弈论理论研究的进一步深入和发展。因此现代经济、社会、科学技术、经济学和博弈论自身发展的共同作用，使博弈论的进一步发展成为必然趋势。

未来博弈论最重要的发展之一是非合作博弈理论及其应用的进一步发展，包括信息经济学和微分博弈等的发展。目前，虽然非合作博弈理论已经形成比较完善的结构和分析方法体系，已经成为经济分析最有效的工具之一，但到目前为止的大多数非合作博弈模型都是比较简单的，只是针对完全信息和完全竞争等条件基础上的少数经济主体在有限的离散时刻的少量离散选择的博弈分析。随着社会经济的发展，经济主体的决策和行为方式、合作和竞争的模式越来越多，利益关系越来越复杂，以往的建模方法很难满足经济博弈分析的需要，必须发展更加符合现实问题特征的模型和分析方法。

非合作博弈理论的发展方向之一是不完全信息博弈理论或信息经济学。随着社会经济的不断发展，经济竞争越来越激烈和复杂，信息问题也更进一步表现出来，这必然导致对现实经济中不完全信息和不完全竞争问题分析的不断深入，从而推动不完全信息博弈理论和信息经济学的发展。1996年莫里斯和维克瑞，2001年阿克洛夫、斯彭斯和斯蒂格利茨（Stiglitz）分别获得诺贝尔经济学奖，对信息经济学的发展起了很大的推动作用。对拍卖理论和主观价值问题等的研究，认知科学的发展及其与博弈论的结合，都会进一步推动信息经济学的发展。

非合作博弈理论的另一个重要发展方向是微分博弈理论。随着经济的不断发展，市场范围的不断扩大，金融、贸易等已经联结成 24 小时不间断连续运行的大市场。现代信息技术的发展又使人们对经济竞争的反应速度大大加快。因此许多现代经济活动，特别是金融等现代经济领域的竞争，已经不再是以往间歇式的决策行为，而变成了连续的策略对抗或互动的连续控制。研究这些连续决策和互动对抗问题，正是微分博弈理论的任务。因此现代经济的发展必然会推动微分博弈理论的进一步发展。

博弈论未来的第二个重要发展趋势是合作博弈理论的发展。由于缺乏统一的核心解概念和难以标准化等原因，合作博弈理论的发展速度比较慢，相对受到冷落。但是最近几十年来，现代经济已经由以竞争为主的资本主义自由竞争经济，向竞争与合作并存且存在各种联盟关系的方向发展，这必然使以研究个体理性决策行为为主的非合作博弈理论在经济分析中遇到越来越多的困难，只有更多地利用研究联合理性决策行为的合作博弈理论，才能更有效地分析和理解现代经济行为和社会经济规律。2012年诺贝尔经济学奖被授予哈佛大学教授埃尔文·罗斯（Alvin E. Roth）及加州大学教授罗伊德·夏普利，后者正是合作博弈领域的专家，这也说明了合作博弈发展的美好前景。

博弈论未来发展的第三个方面是实验博弈论的发展。实验博弈论是博弈论与实验经济学的结合。实验经济学是 20 世纪 40 年代末由史密斯开创的。过去实验经济学并没有得到主流经济学的承认和接受，因为经济学的传统信条之一就是经济学是不能实验的。但是经济学研究的对象是人类的经济行为及其后果，特别是当经济分析深入微观层次的时候，更是必须以人类的经济行为规律为基础，而实验是研究人类行为的重要方法之一，因此实验方法在经济学研究中其实有非常重要的应用，当经济学研究涉及人类经济行为的设定、理性基础假设等问题时，实验方法是最有效的研究方法。由于博弈论的研究都是以微观经济行为和决策为基础的，现代博弈论对理性基础和有限理性问题等的研究，以及博弈论遇到的各种理论困难和悖论，引出了博弈基础理论研究中许多有价值的课题，这些都需要用实验方法进行研究。因此实验经济学是博弈论研究最重要的方法之一。而现代行为科学、心理学、计算机和仿真模拟技术，以及经济学实验技术等的发展，都为实验博弈论的发展提供了条件。史密斯和卡尼曼（Kahneman）2002 年获得诺贝尔经济学奖，也对实验博弈论的发展起了很大的推动作用，预示着实验博弈论将成为未来博弈论研究的一个重要领域。

博弈论未来发展的第四个方面是演化博弈论。演化博弈论是博弈论和生物进化理论结合的产物，是利用生物进化模型研究有限理性情况下的人类行为及相关社会经济问题的有效方法。自 20 世纪 70 年代产生以来，演化博弈论的理论和研究方法开始受到经济学和博弈论界的广泛重视。对经济学和博弈论的理性基础、有限理性问题的研究，现代生物科学包括基因科学等的发展，以及博弈论与行为科学、社会学和经济学等的结合，都对演化博弈论的发展起了推动作用。目前行为经济学与演化博弈论的研究和应用都还只是处于比较初期的阶段，这个领域在未来也有很好的发展前景。

四、博弈论与诺贝尔经济学奖

前面我们谈到诺贝尔经济学奖多次被授予博弈论专家，博弈论领域获得诺贝尔经济学奖的人数在所有经济领域排名第一，这无疑在很大程度上推动了博弈论的迅速发展。在本节的最后，我们来总结一下博弈论专家获得诺贝尔经济学奖的情况。

1994 年，诺贝尔经济学奖被授予美国人约翰·海萨尼和美国人约翰·纳什以及德国人莱因哈德·泽尔腾，以表彰他们在非合作博弈的均衡分析理论方面做出的开创性的贡献，这些理论对博弈论和经济学产生了重大影响。

1996 年，诺贝尔经济学奖被授予英国人詹姆斯·莫里斯和美国人威廉·维克瑞，他们的获奖理由是：前者在信息经济学理论领域做出了重大贡献，尤其是对在信息不对称条件下的经济激励理论的论述；后者在信息经济学、激励理论、博弈论等方面都做出了重大贡献。

2001 年，诺贝尔经济学奖被授予三位美国学者乔治·阿克洛夫、迈克尔·斯彭斯和约瑟夫·斯蒂格利茨，他们的获奖理由是：他们在对信息不对称市场进行分析的领域做出了重要贡献。其中，阿克洛夫所做出的贡献在于阐述了二手车市场的信息不对称问题；斯彭斯的贡献在于揭示了人们应如何利用其所掌握的更多信息来谋取更大的收益；斯蒂格利茨则阐述了掌握信息较少的市场一方如何进行市场调整的有关理论。

乔治·阿克洛夫 1940 年生于美国康涅狄格州，1966 年获美国麻省理工学院博士学位，现为美国加利福尼亚州大学经济学教授。迈克尔·斯彭斯 1948 年生于美国新泽西州，1972 年获美国哈佛大学博士学位，是美国哈佛大学和斯坦福大学两所大学的教授。约瑟夫·斯蒂格利茨 1943 年生于美国印第安纳州，1967 年获美国麻省理工学院博士学位，曾担任世界银行的首席经济学家，是美国哥伦比亚大学经济学教授。

2002，诺贝尔经济学奖被授予美国乔治梅森大学教授弗农·史密斯和普林斯顿大学教授卡尼曼，他们的获奖原因是：通过实验室实验来测试根据经济学理论做出的预测的不确定性，这是对以博弈论为基础构建的理论模型进行实证证伪工作的一大创举。

2005 年，诺贝尔经济学奖被授予美国和以色列（双重国籍）经济学家罗伯特·奥曼和美国经济学家托马斯·谢林，他们的获奖原因是他们通过博弈论分析加强了我们对冲突和合作的理解。

罗伯特·奥曼 1930 年 6 月出生于德国法兰克福，1950 年毕业于纽约州立大学并获数学学士学位。之后，奥曼又于 1952 年和 1955 年在麻省理工学院分别获得数学硕士学位和数学博士学位。随后，奥曼加盟普林斯顿大学工业与军事应用研究小组。奥曼将深厚的博弈论功底应用于对市场的经济均衡（价格媒介）的研究，给出了对市场力量根源的解释，发展形成了具有现代气息的经济核心理论。奥曼认为，只要参与者的人数是有限的，单个个体对经济的影响在数学上就不能忽略不计。

奥曼使用非常艰深的数理来研究博弈论；谢林不使用数理也研究博弈论。谢林独辟蹊径，开创了非数理博弈理论这一新的领域。非数理博弈理论分析的是这样一种状态下的社会和经济行为：行为者本身对其他人的反应也作为其他人的期望而影响其行为。他建构了一套概念框架来描述这种相互预期的困境，进行了接近现实观察的分析。两人因为数理而相互隔离，从未往来过，然而却殊途同归，一起走上了领奖台，传为一段佳话。

2007年，诺贝尔经济学奖被授予美国经济学家莱昂尼德·赫维茨（Leonid Hurwicz）、埃里克·S. 马斯金（Eric S. Maskin）和罗杰·B. 迈尔森（Roger B. Myerson），以表彰他们在创立和发展机制设计理论方面所做的贡献。机制设计理论最早由赫维茨提出，马斯金和迈尔森则进一步发展了这一理论。

2012年，诺贝尔经济学奖被授予哈佛大学教授埃尔文·罗斯及加州大学罗伊德·夏普利，以鼓励他们在稳定配置理论及市场设计实践上所做出的贡献。

2014年，法国经济学家让·梯若尔获得诺贝尔经济学奖，这是因为他在市场力量及管制的分析方面取得的成就。事实上，早在1991年弗登伯格和梯若尔就首先提出了动态博弈精炼贝叶斯均衡的概念。

二十多年来，已经有多位博弈论专家获得了诺贝尔经济学奖，也推动了博弈论的蓬勃发展。这正是：李杜诗篇万口传，至今已觉不新鲜。江山代有才人出，各领风骚数百年。[①]

第三节　博弈的要素和分类

一、博弈的要素

博弈的要素包括参与者、行动、信息、策略、支付、结果和均衡，其中，参与者、策略和支付是描述一个博弈所需要的最基本的要素，参与者、行动和结果统称为博弈规则（the rules of the game）。为了方便大家理解，在这里我们引入硬币游戏的例子来给出这些概念的规范表述。

假设有 A 和 B 两个小孩玩硬币游戏，两人各拿出一枚硬币抛掷在地面上，要么正面朝上，要么反面朝上。游戏规则很简单：如果硬币同为正面朝上或反面朝上，A 赢得 B 一枚硬币；如果一正一反朝上，A 输给 B 一枚硬币。支付矩阵如表 1-1 所示。下面是对这个博弈的要素的描述。

---

① 引自赵翼的《论诗五首·其二》。

表 1-1   硬币游戏博弈的支付矩阵

		小孩 B	
		正面	反面
小孩 A	正面	1，-1	-1，1
	反面	-1，1	1，-1

1. 参与者

参与者（player）也叫局中人，是指一个博弈中的决策主体，其目的是通过选择行动（或策略）以最大化自己的支付（效用）水平。参与者可能是自然人，也可能是团体。每个参与者都必须有可供选择的行动和一个很好定义的偏好函数。只要在一个博弈中统一决策、统一行动、统一承担结果，不管一个组织有多大，哪怕是一个国家，甚至是由许多国家组成的联合国，都可以被看做博弈中的一个参与者。在硬币游戏中有两个参与者，即"小孩 A"和"小孩 B"。

2. 行动

行动（action or move）是参与者在博弈的某个时点的决策变量。在硬币游戏中，小孩 A 和小孩 B 的两种行动即为抛掷"正面"和"反面"的硬币。

3. 信息

信息（information）是参与者在博弈中的知识，特别是有关其他参与者（对手）的特征和行动的知识。在硬币游戏中，两个小孩的信息是都知道自己和对方在选择不同行动组合时会面对不同的输赢结果。

4. 策略

策略（strategy）是参与者在拥有既定信息的情况下的行动规则，它规定参与者在什么时候选择什么行动，有时候也被称为策略。一个参与者的所有可选择的策略的集合（strategy set）就是这个参与者的策略空间。如果每个参与者选择一个策略，就构成一个策略组合（strategy profile）。

在硬币游戏中，小孩 A 和小孩 B 的策略空间都是（正面，反面）。假如小孩 A 抛掷的硬币正面朝上，小孩 B 抛掷的硬币也是正面朝上，那么此时的策略组合为（正面，正面）。

又比如在"田忌赛马"的博弈中，如果用（上，中，下）表示以上等马、中等马、下等马依次参赛，那么它就是一个完整的行动方案，即为一个策略。可见，齐威王和田忌各自都有 6 个策略（3! ＝6）：（上，中，下）（上，下，中）（中，上，下）（中，下，上）（下，上，中）（下，中，上）。

5. 支付

支付（payoff）在博弈论中是指在一个特定策略组合下参与者得到的确定效用水平，或者是指参与者得到的期望效用水平。博弈中的这些可能的量化数值也被称为各参与者在相应情况下的"得益""收益"。一个博弈必须对支付做出规定，支付可以是正值，也可以是负值，它们是分析博弈模型的标准和基础。支付是博弈参与者真正关心的东西。因为每个参与者的支付不仅取决于自己的策略选择，而且取决于所有其他参与者的策略选择，所以每个参与者的支付都是所有参与者的策略选择的函数。在一个策略组合下，所有参与者的支付就构成了一个支付组合。在本书表示支付矩阵的表中，支付组合（a，b）表示左参与者的支付为 a，上参与者的支付为 b。

在硬币游戏中，如果小孩 A 和小孩 B 的策略组合为（正面，反面），那么小孩 A 的支付为 -1，小孩 B 的支付为 1，小孩 A 和小孩 B 的支付组合为（-1，1）；如果小孩 A 和小孩 B 的策略组合为（正面，正面），那么小孩 A 的支付为 1，小孩 B 的支付为 -1，小孩 A 和小孩 B 的支付组合为（1，-1）。

6. 结果

结果（outcome）是博弈分析者感兴趣的所有东西，如均衡策略组合、均衡支付组合等。

7. 均衡

均衡（equilibrium）是所有参与者的最优策略的组合。分析博弈的关键就是求解博弈的均衡，有时候博弈的均衡只有一个，有时候有多个。

二、博弈的分类

博弈的分类往往与博弈的要素有关，现在我们就参考不同的要素，从不同的角度对博弈进行分类。不同类型的博弈在分析求解的时候是有明显差异的。

1. 根据参与者的数量分类

由于博弈问题的根本特征是具有策略依存性，不同参与者的策略之间可以有复杂的相互影响和作用，参与者的数量越多，这种策略依存性就越复杂，分析就越困难，整个博弈还可能表现出明显不同的性质和特点，因此博弈参与者的数量是博弈结构的关键参数之一。正是由于这个原因，常常根据参与者的数量将博弈分为"两人博弈"和"多人博弈"。这里所说的"两人博弈""多人博弈"中的"人"并不一定是自然人，而是指前面所说的参与者，既可以是个人，也可以是经济社会组织。①

（1）两人博弈。

两人博弈就是两个各自独立决策但策略和利益具有相互依存关系的参与者的决策问题。两人博弈是博弈问题中最常见，也是研究得最多的博弈类型。比如囚徒困境，田忌赛马，硬币游戏，日常生活中的球类比赛，经济活动中两个厂商之间的竞争、谈判、并购，以及劳资纠纷等都是两人博弈。

第一，两人博弈中的两个参与者之间的利益有些是相互对抗的，比如田忌赛马和硬币游戏；但是有时候也会出现两个参与者利益方向一致的情形。例如一家生产电视机的公司和一家生产放像机的公司在采用制式问题上的博弈就是一种非对抗性的博弈。因为如果两家公司采用相同的制式，各自的机器可以相互匹配，就会给双方带来产品互补的利益，而如果两家公司采用不同的制式，则双方都无法享受这种利益，因

---

① 有教科书认为单人博弈也是一类博弈。对这样的博弈来讲，参与者拥有的信息越多，即对决策的环境条件了解得越多，决策的准确性就越高，支付自然也就越好。但是严格来说，单人博弈实质上是个体的最优化问题，没有参与者之间策略的相互依赖和相互影响，是不能构成真正的博弈的。

此这两家公司在这种博弈关系中的利益是一致的而不是对立的。

第二，在两人博弈中，掌握信息较多并不能保证利益也一定较多。例如信息较多的参与者常常更清楚过度竞争的危险，因此为了避免不理智的恶性过度竞争，避免两败俱伤，只能采取较为保守的策略，从而也只能得到较少的利益。相反，那些信息较少，对危险了解较少的参与者却可能因为不会顾忌后果而掌握了主动权，从而得到更多的利益。这与现实生活中的许多现象是非常吻合的，后面的章节对此会有进一步的讨论。

第三，我们在囚徒困境博弈中已经证实，个人追求最大化自身利益的行为常常并不能实现最大化社会利益，也常常并不能真正实现最大化个人自身利益。今后我们遇到的许多博弈也都能说明这一点。

（2）多人博弈。

有三个或三个以上参与者参加的博弈被称为"多人博弈"。多人博弈也是参与者在意识到其他参与者的存在，意识到其他参与者对自己的决策的反应和反作用存在的情况下，寻求自身利益最大化的决策活动。因此，它们的基本性质和特征与两人博弈相似。

当然，由于多人博弈有比两人博弈更多的追求自身利益的独立决策者，因此多人博弈中策略和利益的相互依存关系也更为复杂，任何一个参与者的决策及其所引起的反应比在两人博弈中要复杂得多。例如对三人博弈中的一个参与者来说，其他两个参与者不仅会对自己的策略做出反应，而且他们相互之间还有作用和反应。此外，多人博弈的另一个与两人博弈有本质区别的特点是可能存在所谓的"破坏者"，也就是博弈中具有这样特征的参与者：其策略选择对自身的利益并没有影响，但会对其他参与者的支付产生很大的，有时甚至是决定性的影响。

例如，有三个城市争夺某届奥运会的主办权，由 80 个国际奥委会委员投一次票来决定，得票最多者获得主办权（这种规则与实际情况并不完全相符，实际情况是一个城市必须获得半数以上委员的选票才能获胜，若一轮投票没有城市得票超过半数，则再进行下一轮投票，直至某一城市得票超过半数）。根据投票前的活动情况和调查，估计三个城市所得票数基本上是这样的：城市 A 有 33 票，城市 B 有 29 票，城市 C 只有 18 票。如果三个城市都坚持参加竞争，则城市 A 将获胜，但是，如果城市 C 在知道自己无望获胜的情况下主动退出竞争，则情况就可能发生变化。如果城市 C 退出，支持城市 C 的 18 名委员中有 11 人以上转而支持城市 B，则最后获胜的将是城市 B 而不是城市 A。因此，如果我们把争夺奥运会主办权的决策活动看做一个三人博弈，各参与者可以选择的策略都是"竞争"或者"退出竞争"，则城市 C 就很可能是这个博弈问题中的一个"破坏者"，因为它的选择对它自己的利益没什么影响，却对另外两个参与者城市 A 和城市 B 的利益有决定性的影响。

2. 根据博弈中的策略数量分类

博弈中各参与者的决策内容被称为"策略"。博弈中的策略通常是对行为、经济活动水平等的选择。根据博弈的定义可以看出，各参与者可以选择的全部策略或策略选择的范围（也就是策略空间），是定义一个博弈时需要确定的最重要的方面之一。

根据所研究问题的内容和性质，不同博弈中各参与者可选策略的数量有多有少，差异可能会非常大。在前面介绍的博弈例子中，囚徒困境和硬币游戏的各个参与者都只有两种可选择的策略，可选策略最多的是关于产量决策的古诺模型，因为每个可能实现的产量都是厂商的可选策略，即使产量不是连续可分的，策略数量也可以有很多，当产量连续可分时，理论上每个厂商的可选策略都有无限多个。

一般地，如果一个博弈中每个参与者的策略数量都是有限的，则称为"有限博弈"（finite game），如果一个博弈中至少有某些参与者的策略有无限多个，则称为"无限博弈"（infinite game）。

有限博弈和无限博弈之间的差别是很大的。因为有限博弈只有有限种可能的结果（一种结果就是每个参与者各选一种可选策略构成的一个组合，全部可能结果的数量等于各参与者可选策略数量的连乘积），因此理论上有限博弈总可以用支付矩阵法、扩展式法或简单罗列的办法，将所有的策略、结果及对应的支付列出，而无限博弈就不可能用这些方法来表示博弈的全部策略、结果或支付，一般只能用数集或函数式加以表示。这使得这两类博弈的分析方法也常常表现出很大的差异。此外，策略数的有限和无限对各种均衡解的存在性也有非常关键的影响。因此注意有限博弈和无限博弈的区别，对于理解和掌握博弈分析方法是很有意义的。

3. 根据博弈中的支付分类

支付即参加博弈的各个参与者从博弈中所获得的利益，它是各参与者追求的根本目标，也是他们做出判断和行为的主要依据。支付可以是本身就是数量形式的利润、收入等，也可以是量化的效用、社会效益、福利等。由于人们在游戏、比赛以及社会和经济活动中除了获得效用、好处、收益、利润等正效用以外，有时也会遭受损失、失败等负效用，因此博弈中的支付也是有正有负的。不同博弈的支付会有不同的特征，而各个参与者或参与者总体支付的差异和不同特征也会影响参与者的行为方式，从而影响博弈的结果，并再反过来影响各个参与者的支付。

在两人或多人博弈中，每个参与者在每种结果（策略组合）下都有相应的支付，可将各个参与者在同一结果中的支付相加算出所有参与者支付的总和，并可将其看做这些参与者的"社会总利益"。在许多博弈中，博弈的结果（策略组合）不同，这种总支付也会不同，但也有不少博弈存在这样的情况，那就是不管博弈的结果是什么，所有参与者的支付总和始终为 0，或者始终为某一非零常数。支付具有这两种特征的博弈分别被称为"零和博弈"（zero-sum game）和"常和博弈"（constant-sum game），不具有这两种特征的博弈则相应被称为"变和博弈"（variable-sum game）。有关支付的这些特征，对博弈中参与者的行为和博弈的分析也有很重要的影响。

（1）零和博弈。

零和博弈是常见的博弈类型，同时也是被研究得最早、最多的博弈问题。在不少博弈问题中，一方的收益必定是另一方的损失，某些参与者的赢肯定来源于其他参与者的输。我们前面所介绍的硬币游戏以及田忌赛马就是这样的博弈。零和博弈在经济活动、法律诉讼等中是相当普遍的。零和博弈的参与者之间的利益始终是对立的，他们的偏好通常是不一致的。也就是说，一个参与者偏好的结果，通常是另一个参与者不偏好的结果。因此零和博弈的参与者之间无法和平共处，两人的零和博弈也被称为"严格竞争博弈"（strictly competitive game）。

（2）常和博弈。

常和博弈也是很普遍的博弈类型，如在几个人之间分配固定数额的奖金、财产或利润的讨价还价。常和博弈也是一类有特殊意义的博弈。常和博弈可以被看做零和博弈的扩展，零和博弈则可以被看做常和博弈的特例。与零和博弈一样，常和博弈中各参与者之间的利益关系也是对立的，参与者之间的基本关系也是竞争关系，后面我们要讲解的强盗分赃博弈充分体现了这一点。

（3）变和博弈。

零和博弈和常和博弈以外的所有博弈都被称为"变和博弈"。对于变和博弈来说，在不同策略组合（结果）下各参与者的利益之和往往是不相同的。如前面介绍的囚徒困境和关于产量决策的古诺模型都是变和博弈。变和博弈是最一般的博弈类型，常和博弈和零和博弈都是它的特例。变和博弈的结果存在社会总支付大小的区别。这也就意味着在参与者之间存在相互配合（不是指串通，而是指各参与者在利益驱动下各自自觉、独立采取的合作态度和行为），争取较大社会总利益和个人利益的可能性。因此，这种博弈的结果可以从社会总支付的角度分为"有效率的""无效率的""低效率的"，即可以站在社会总利益的立场上对它们做出效率方面的评价。

4. 根据博弈的过程分类

博弈过程也是博弈结构的重要方面。虽然我们前面介绍的大多数博弈例子是几个参与者一次性同时进行决策选择的，但事实上社会经济活动中也有许多策略较量的博弈问题是先后、反复或者重复的策略对抗。例如寡头削价竞争就完全可能是先后进行的而不是同时进行的。博弈过程的这种差异对博弈的结果和博弈分析有非常重大的影响，因此需要注意它们的区别，分类进行研究。根据博弈过程方面的这些差异，博弈问题通常被分为"静态博弈"、"动态博弈"和"重复博弈"几个大类。

（1）静态博弈。

在许多博弈问题中，如果参与者的决策选择有先后次序，则某些参与者就能事先知道其他参与者的决策选择，就会针对性地进行决策或相应调整自己的策略，从而使自己立于不败之地或获得更多的利益。这肯定会造成参与者之间的不平等。为了参与者之间的公平性，也为了使计谋和决策对抗更有意义，同时也有现实博弈问题的根据，许多博弈常常要求或者说设定各参与者是同时决策的，或者虽然各参与者决策的时间不一定真正一致，但他们在做出选择之前不知道其他参与者的策略，在知道其他参与者的策略之后则不能改变自己的选择，从而各参与者的选择仍然可以被看做是同时做出的。所有参与者同时或被看做同时选择策略的博弈被称为"静态博弈"（static game），古诺模型就是典型的静态博弈。

（2）动态博弈。

除了各参与者同时决策的静态博弈以外，也有大量现实决策活动中的博弈的各参与者的选择和行动有先后次序，而且后选择、后行动的参与者在自己选择、行动之前，可以看到其他参与者的选择、行动。这种博弈无论在哪种意义上都无法被看做同时决策的静态博弈，我们把这种博弈称为"动态博弈"（dynamic game）〔也称"多阶段博弈"（multistage game）〕。在动态博弈中，各参与者轮流选择的可能是方向、大小、高低等，也可能是各种其他的具体行动，如确定产量、价格等。

弈棋显然是一种动态博弈，因为它是两个参与者（对弈者）依次轮流按规则移动棋子的过程。在弈棋博弈中，每个参与者都不是只有一次行动机会，而是都有许多次行动机会，任一方在每次行动之前都对此前的博弈过程完全清楚。经济活动中更有大量的动态博弈问题，如经常见到的商业大战，因为常常是各家轮流出新招，所以也是动态博弈问题；还有如各种商业谈判、讨价还价，也常常是双方或者多方之间你来我往很多回合的较量，因此也属于动态博弈问题。下面我们看一个经济活动中常见的动态博弈的例子。

设有一个容量有限的市场已经被厂商 A 抢先占领，而另一个生产同样产品的厂商 B 也很想加入该市场，分享一定的利润。厂商 B 知道一旦自己进入该市场，先占领市场的厂商 A 就有可能通过降价等竞争手段来打击它，并且如果厂商 A 不肯善罢甘休，采取打击排挤态度的话，厂商 B 不但不能获利，而且肯定会产生亏损。那么，厂商 B 究竟要不要进入这个市场，厂商 A 是否真的会打击它（如果厂商 B 真的加入该市场），就构成了一个两人博弈问题。由于在这个博弈中必须是厂商 B 的行动在先，厂商 A 要等厂商 B 行动以后才知道是否有行动的必要，才需要采取针对性的行动，因此这肯定不是一个静态博弈问题，只能是一个动态博弈问题。这个动态博弈可以被称为市场进入博弈。

为了使问题更加具体化，我们进一步假设厂商 A 独占市场时利润为 300；厂商 A 与厂商 B 和平共处分享市场，则双方各得 50 和 40；如果厂商 B 进入市场而厂商 A 进行打击，则厂商 B 亏损 10，厂商 A 的利润则降为 0。我们可以用图 1-1 中的博弈树表示该动态博弈。这是一个有两个参与者的两阶段动态博弈，是动态博弈中最基本的一种类型。

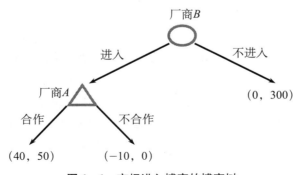

图 1-1　市场进入博弈的博弈树

由于在动态博弈中各参与者的行动有先有后，因此在参与者之间肯定有某种不对称性。先行动的参与者可能可以利用先行之利获得利益，后行动者可能会吃亏。但反过来，后行动的参与者可根据先行动的参与者的行为做出针对性的选择，而先行动的参与者在自己决策做选择时，非但不能看到后行动的参与者的选择，而且还要顾忌、考虑到后行动的参与者的反应。因此，与参与者同时行动的静态博弈相比，动态博弈肯定会有不同的特点和结果。假设我们让一个静态博弈的其他所有规则、条件都保持不变，只是将原来参与者同时行动的假设改为依次行动，则结果很可能会大不相同。今后遇到的许多例子都能说明这一点。

（3）重复博弈。

除了上述静态博弈和动态博弈以外，还有一种与静态博弈和动态博弈都有密切关系的博弈，我们称之为"重复博弈"（repeated game）。所谓重复博弈实际上就是同一个博弈反复进行所构成的博弈过程。构成重复博弈的一次性博弈（one-shot game）被称为"原博弈"或"阶段博弈"。我们研究的大多数重复博弈的原博弈都是静态博弈，或者说是由静态博弈构成的。这种由同样一些参与者，在完全相同的环境和规则下重复进行的博弈，在现实中有很多实际的例子，例如体育竞技中的多局制比赛、商业活动中的回头客问题、企业之间的长期合作或竞争等，如果不考虑环境条件方面的细小变化，它们都可以被看做重复博弈问题。

重复博弈和一次性博弈有明显的差异，无限次重复博弈和有限次重复博弈之间往往也有很大的差别。在一次性博弈，特别是一次性静态博弈中，由于各参与者在做决策时只需要考虑眼前利益，不考虑"将来"利益，根据博弈中个体理性下的利益最大化原则，一般来说不能期望参与者会相互考虑对方的利益或"情绪"。只要能实现自身利益最大化，每个参与者都是不惜"欺骗""伤害"其他参与者的。但如果博弈不是一次性的，而是重复的，有时还要重复进行许多次，则各参与者就可能会在前面阶段试图合作，采取对大家来说都比较有利的策略，因为一旦任何一方发觉他方不合作，就可能在以后阶段进行报复。这种未来利益的约束可能使各方的支付都得到改善，或者说重复博弈给博弈提供了实现更有效率的博弈结果的新的可能性，重复次数越多，这种可能性就越大，当重复次数无穷大时，博弈的结果更可能发生根本性的变化。一般认为重复博弈是特殊的动态博弈，所以我们通常把重复博弈放在动态博弈里面进行介绍。

5. 根据博弈的信息结构分类

知己知彼，百战不殆。当你与他方对抗、竞争，甚至是合作时，对自己和他方的处境、条件是否清楚是至关重要甚至生死攸关的。如果把上述对抗、竞争或合作理解为博弈，那么就意味着关于博弈环境和参与者情况的信息是影响参与者的选择和博弈结果的重要因素。当然，我们不是说缺乏信息就不能决策，也不是说信息越多就有越大的利益，只是说信息方面的差异通常会造成决策行为的差异和博弈结果的不同。

（1）关于支付的信息。

博弈中最重要的信息之一是关于支付的信息，即每个参与者在每种结果（策略组合）下的支付情况。在许多博弈问题中，各个参与者不仅对自己的支付情况完全清楚，而且对其他参与者的支付也都很清楚。例如在囚徒困境博弈中，因为两个囚徒所处的地位是相同的，而且警察把他们双方的处境给他们都交代清楚了，因此两个参与者都对双方在每种情况下的支付非常清楚；在田忌赛马、硬币游戏等博弈中，因为一方的赢就是另一方的输，因此双方也都有关于对方支付的全部信息；在关于产量决策的古诺模型中，假设各厂商对市场价格、自己及其他厂商的销售情况及生产成本都很清楚，那么各厂商对每种产量组合下各自的利润情况相互也都一清二楚，即都有关于支付的完全信息。

但是，并不是所有博弈的参与者都像上面这些博弈中的参与者那样有关于各参与者支付的全部信息。典型的例子是在投标、拍卖等博弈中，由于各参与者（竞投、竞拍者）很难了解对其他参与者关于标的的估价，因此即使最后的成交价是大家都能看到的，各个参与者仍然无法知道其他参与者中标、拍得标的物的真正支付究竟是多少。其他如在古诺模型中，只要假设各厂商对其他厂商的实际生产成本并不完全了解，则各个厂商参与者就不再有关于博弈中其他参与者支付情况的充分知识。一般地，我们将各个参与者都完全了解所有参与者各种情况下支付的博弈称为"完全信息博弈"（complete information game），而将至少部分参与者不完全了解其他参与者支付情况的博弈称为"不完全信息博弈"（incomplete information game）。不完全信息通常也意味着参与者之间在对支付信息的了解方面是不对称的，因此不完全信息博弈也被称为"信息不对称博弈"（asymmetric information game），其中不完全了解其他参与者支付情况的参与者被称为"具有不完全信息的参与者"。

是否了解所有参与者的支付情况显然是一个非常重要的差别，因为这会影响对其他参与者行为的判断，并最终影响各参与者的决策和行动，影响博弈的最终结果。正是因为这个原因，博弈论将博弈分为完全信息博弈和不完全信息博弈两个大类分别进行研究，本书将在不同章节分别进行介绍。

（2）关于博弈过程的信息。

前面已经介绍了动态博弈的概念，动态博弈的根本特征是行为有先后次序。在许多动态博弈中，轮到行动的参与者能看到在他行动之前行动的各个参与者的所有行动，即对前面的博弈过程或"历史"有完美的知识。例如在弈棋这种两人动态博弈中，双方的每一步棋都是一目了然的，双方在走每一步棋之前都清楚此前的对局过程。但在社会经济活动中也显然存在许多竞争对手、合作伙伴有意无意隐藏自己行动的情况，因此在动态博弈中常常也会有某些轮到行动的参与者不完全清楚此前行动的参与者的选择，对前面的阶段博弈过程没有完美的知识。例如在厂商之间争夺市场的竞争中，一方对于另一方究竟采取了哪些竞争策略或手段不一定完全清楚，因为相互竞争的厂商往往会想方设法隐藏自己的行动。在动态博弈中轮到行动的对博弈的进程完全了解的参与者被称为具有"完美信息"（perfect information）的参与者，如果动态博弈的所有参与者都具有完美信息，则该博弈被称为"完美信息动态博弈"。动态博弈中轮到行动的参与者不完全了解此前全部博弈进程的，被称为具有"不完美信息"（imperfect information）的参与者，有这种参与者的动态博弈被称为"不完美信息动态博弈"。

在动态博弈中各个参与者是否具有完美信息对参与者的决策、行为和博弈结果有很大的影响。没有关于博弈进程的完美信息意味着决策和行为必然有一定的盲目性，只能依靠对博弈进程的某种"判断"、某种概率期望进行决策。因此，区别动态博弈的完美不完美信息问题也是很重要的。

6. 根据参与者的能力和理性分类

到目前为止，有一个问题我们一直没有给予足够的重视，那就是博弈问题中的参与者的理性和能力问题。这个问题的重要性是很显然的，因为理性和能力决定了参与者的行为逻辑，不搞清楚参与者的基本行为逻辑，就不可能对他们的策略选择和相互博弈的结果做出准确的判断。参与者最主要的行为逻辑包括两个方面：一是他们的决策的根本目标；二是他们追求目标的能力。在前面两节中我们事实上接受了经济学中通常采用的"理性经济人假设"，即认为参与者都以个体利益最大化为目标，且有准确的判断选择能力，也不会"犯错误"。以个体利益最大化为目标被称为"个体理性"（individual rationality），有完美的分析判断能力和不会选择错误的行为被称为"完全理性"。

（1）完全理性和有限理性。

我们会讨论参与者的分析和行为能力问题。因为博弈问题通常包含复杂的相互依存关系，因此指望现实中的参与者都能通过博弈分析找到最优策略，而且不会因为遗忘、失误、任性等原因偏离最优选择，常常是不切实际的。也就是说，如果我们只是在完全理性假设下进行博弈分析，显然是不够的，这会影响博弈论的适用范围和价值。因此，博弈论既要研究"完全理性"的博弈问题，也要研究"有限理性"的博弈问题，即参与者的判断选择能力在有缺陷情况下的博弈问题。

区别完全理性和有限理性的重要性在于，如果决策者是有限理性的，与完全理性的要求有差距，那么他们的决策行为和博弈结果通常与在参与者有完全理性假设的基础上的预测有很大的差距，以完全理性为基础的博弈分析可能会失效。特别是由于在博弈问题中参与者之间有很强的相互依赖关系，因此只要有个别参与者的理性能力有局限性，甚至只要参与者相互对对方的能力和理性有怀疑，就会破坏整个博弈分析的基础，使我们在所有参与者有完全理性的前提下所做的理论分析全部失效。正是因为这些原因，虽然简单地假设各个参与者都有完全理性能够给分析带来很大的便利，并且这也是一般经济分析的通行做法，但我们在博弈分析中不能回避参与者的理性能力问题，必须对其有所考虑。

我们对这个问题是这样处理的：在介绍博弈论的基本思想、原理和各种基础模型的时候仍然采取完全理性参与者的假设，然后对参与者的理性局限性及其影响做一些讨论。

（2）个体理性和集体理性。

我们再讨论一下参与者决策行为的目标问题。理性经济人假设人们的决策和行为是以个体自身利益最大化为根本目标的。但实际上，现实中的决策者并不都是根据个体利益最大化进行决策的，至少在局部问题上存在以集体（团体）利益为目标，追求集体利益最大化的情况。追求集体利益最大化被称为"集体理性"（collective rationality）。

一般情况下，集体利益最大化本身不是参与者的根本目标，人们在经济博弈中的行为准则是个体理性而不是集体理性。但如果我们允许博弈中存在"具有约束力的协议"（binding agreement），使参与者在采取符合集体利益最大化而不符合个体利益最大化的行为时能够得到有效的补偿，那么个体利益和集体利益之间的矛盾就可以被克服，从而使参与者按照集体理性进行决策和行动成为可能。因此我们必须考虑这种允许存在具有约束力的协议的、以集体理性为基础的博弈。

一般地，我们将允许存在具有约束力的协议的博弈称为"合作博弈"（cooperative game）。与此相对，不允许存在具有约束力的协议的博弈则被称为"非合作博弈"（uncooperative game）。由于在合作博弈和非合作博弈两类博弈中，参与者基本的行为逻辑和研究它们的方法有很大差别，因此它们是两类很不相同的博弈。事实上，"合作博弈理论"和"非合作博弈理论"正是博弈论最基本的一个分类，它们在产生和发展的路径、在经济学中的作用、地位和影响等许多方面都有很大的差别。现代占主导地位，也是研究和应用较多、较广泛的，主要是非合作博弈理论。本书主要介绍的也是非合作博弈理论，当然我们在第六章对合作博弈理论也进行了介绍。

非合作博弈更受重视的原因主要有以下几方面：（1）主导人们行为方式的主要还是个体理性而不是集体理性，或者换句话说，竞争是一切社会、经济关系的根本基础，不合作是基本的，合作是有条件和暂时的，因此非合作博弈关系比合作博弈关系更普遍；（2）搞清了非合作博弈后，合作博弈就比较容易理解，在证明非合作博弈无效率或低效率的同时，自然就说明了存在合作的可能性和必要性，因此从某种意义上说非合作博弈理论是合作博弈理论的基础；（3）集体理性是更高级和更复杂的理性，因此研究合作博弈的难度更大，更难找到分析的一般概念和系统方法。合作博弈和非合作博弈理论发展速度的差异证实了这种难度差异（目前非合作博弈理论比合作博弈理论成熟得多）。

7. 小结：博弈的分类和均衡

在上面关于博弈结构所做的分析的基础上可以进一步对博弈问题进行归纳分类。其实博弈结构每个方面的特征都可以作为博弈分类的依据。例如根据参与者的数量可分为两人博弈和多人博弈；根据参与者策略的数量可分为有限博弈和无限博弈；根据支付情况可分为零和博弈、常和博弈和变和博弈；根据博弈过程可分为静态博弈、动态博弈和重复博弈；根据信息结构可分为完全信息博弈和不完全信息博弈，以及完美信息动态博弈和不完美信息动态博弈；最后还可以根据参与者的理性和行为逻辑的差别分为完全理性博弈和有限理性博弈，非合作博弈和合作博弈。所有这些分类都有重要的意义，因为博弈结构这些方面的差异对博弈结果和博弈分析都有重要的影响。

上述各种博弈分类相互之间都是交叉的，并不存在严格的层次关系。但我们可以根据各种分类对博弈分析方法影响程度的大小排出大致的次序。

第一个层次分为非合作博弈和合作博弈两大类。本书第二、三、四、五章主要介绍非合作博弈理论（非合作博弈的分类与均衡见表1-2），合作博弈理论在第六章进行介绍。

表1-2   非合作博弈的分类与均衡

	静态博弈	动态博弈
完全信息	完全信息静态博弈 纳什均衡 纳什	完全信息动态博弈 子博弈精炼纳什均衡 泽尔腾
不完全信息	不完全信息静态博弈 贝叶斯纳什均衡 海萨尼	不完全信息动态博弈 精炼贝叶斯纳什均衡 泽尔腾 克瑞普斯和威尔逊 弗登伯格和梯若尔

第二个层次为在非合作博弈的范围内分为完全理性博弈和有限理性博弈两大类。本书介绍大多数基本博弈概念、原理和分析方法时主要以完全理性假设为基础，因为这样可以使分析比较简单。有限理性只是作为完全理性博弈的扩展进行讨论。

第三个层次分为静态博弈和动态博弈，由于静态博弈和动态博弈在表达和分析方法方面有很大的不同，因此我们会对它们分别进行讨论。第二、三章分别讨论完全信息静态博弈和动态博弈。

第四个层次是根据信息是否完全和完美进行分类，共分为完全信息静态博弈和不完全信息静态博弈、完全且完美信息动态博弈、完全但不完美信息动态博弈、不完全信息动态博弈。其中完全但不完美信息动态博弈、不完全信息静态博弈和不完全信息动态博弈是新兴的信息经济学的重要基础。

上面归纳的这些层次正是博弈问题的基本分类结构，也是博弈理论的基本结构。本书的内容和章节安排力图把非合作博弈的基本理论比较完整地展现出来，使读者能尽快掌握博弈理论比较基本但清晰完整的思想、原理和方法。我们会提供大量案例分析，针对一些案例中的博弈进行求解，得到博弈的均衡解。

三、本书的内容安排

第二章我们首先要介绍的是完全信息静态博弈。作为经典案例，囚徒困境博弈可谓家喻户晓。假设在一个月黑风高之夜两个共谋犯罪的人被警方抓获，但是警方并没有马上取得证据，因此把他们隔离开，使他们不能互相沟通。如果两个人都抵赖，则由于证据不足，每个人都被判刑1个月；若一人坦白，而另一人抵赖，则坦白者因为立功而立即获释，抵赖者因不合作而被判刑10个月；若两人都坦白，则因证据确凿，二者都被判刑8个月。由于囚徒无法信任对方，他们陷入了决策困境。该博弈模型如下：

表 1-3　　　　　　　　　　囚徒困境

		囚徒 B	
		坦白	抵赖
囚徒 A	坦白	−8，−8	0，−10
	抵赖	−10，0	−1，−1

囚徒困境体现了个体理性与集体理性的冲突，也说明了单次博弈中达成合作的困难。在一个社会中，参与者是否能够突破囚徒困境的限制，是否能够尽可能达成合作，取决于他们的博弈智慧。有些行为经济学家认为，考察一个国家的社会资本，关键不是看高楼大厦或者金融资本有多少，而是看那些能够达成囚徒困境合作解的因素。

接下来我们重点介绍了求解静态博弈均衡的几种方法，包括占优策略均衡、重复剔除的占优均衡，以及纳什均衡。作为完全信息静态博弈的一般解，纳什均衡有两种形态，分别是纯策略纳什均衡与混合策略纳什均衡。

第三章我们主要介绍完全信息动态博弈。静态博弈的纳什均衡可能不止一个，甚至有些纳什均衡本身并不合理。那么，如何得到合理的纳什均衡呢？在这里我们的办法是通过子博弈精炼纳什均衡剔除不可置信威胁，然后得到合理均衡。

对不可置信威胁的研究引出了博弈论中一个很重要的概念，即承诺行动。承诺行动是博弈中的主体使自己的威胁策略变得可置信的行动。一种威胁是否可置信，取决于当事人在不实施这种威胁时是否会遭受更大的损失。承诺行动意味着当事人要为自己的失信付出成本，尽管这种成本并不一定真的发生，但承诺行动给当事人带来很大的好处，因为它会改变均衡结果。

接下来我们介绍了重复博弈。只要两次重复同一个博弈就可以构成一个重复博弈，因此重复博弈的最少重复次数是两次。许多重复博弈问题都是经过一定次数的重复就会结束，如签有一定年数合作协议的两企业之间，如果将每年双方选择是维持还是破坏合作看做一个阶段博弈，那么该问题就是一个以上述协议合作年数为重复次数的重复博弈。这种重复一定次数后肯定要结束的重复博弈被称为"有限次重复博弈"(finitely repeated game)。

但并不是所有重复博弈都有事先确定的重复次数，也就是停止重复时间，有些重复博弈似乎是会不断重复下去的。我们称这样的重复博弈为"无限次重复博弈"(infinitely repeated game)。例如在一个长期稳定的市场上相互竞争的两个寡头企业之间的博弈就可能是无限次重复博弈。当然，谁都无法证明一个博弈是真正的永远进行下去的，根据唯物主义的观点，任何事物都有存在的极限，因此真正的无限次重复博弈实际上是不可能存在的，但由于只要各个参与者自己认为重复博弈不会停止，没有可以预期的结束时间，那么他们的决策思路就会与无限次重复博弈的思路一致，就会反映无限次重复博弈的特征，因此我们不妨把这种博弈理解成无限次重复博弈。

第四章我们介绍了不完全信息静态博弈。在博弈论中，至少有一个参与者不知道其他参与者的支付函数的博弈被称为不完全信息博弈，也叫贝叶斯博弈（Bayesian game)。如果参与者是同时行动的，则该博弈被称为不完全信息静态博弈。在不完全信息博弈中，并非所有参与者均知道同样的信息，除了大家都知道的公共信息外，参与者各自具有自己的私有信息。

由于信息不完全，参与者需要对自己不确知的任何信息做出主观判断，并在此基础上决定自己的行为。因此我们要探讨的是如何在不确定的情况下做出理性、一致的决策。在信息不完全的情况下，博弈参与者不是使自己的支付或效用最大化，而是使自己的期望效用或收益最大化。

第五章我们主要介绍不完全信息动态博弈。不完全信息动态博弈的均衡是精炼贝叶斯纳什均衡。如果参与者的策略要成为博弈的一个精炼贝叶斯纳什均衡，那么它不仅必须是整个博弈的贝叶斯纳什均衡，而且还必须构成每一个后续博弈的贝叶斯纳什均衡。精炼贝叶斯纳什均衡是对贝叶斯纳什均衡的精炼，也是子博弈思想在不完全信息博弈中的推广，它本身是纳什均衡。

第六章的内容围绕合作博弈展开。在非合作博弈中，博弈中的所有参与者都独立行动，不存在具有约束力的合作、联合或联盟的关系；而在合作博弈中，一些参与者之间存在具有约束力的合作、联合或联盟的关系，并因为这种关系影响到博弈的结果。因此，非合作博弈强调的是个人理性、个人最优决策；而合作博弈强调的是集体理性、效率、公正和公平。合作博弈的本质就是讨价还价和利益分配问题，因此类似讨价还价纳什解法的公理化方法在联盟博弈中继续使用。合作博弈的主要概念包括联盟、特征函数、核和夏普利值，而核的概念是建立在优超和瓦解这两个有对应关系的概念的基础上的。针对分配问题，可以使用"夏普利值"的赋值法，它给出多人合作的联盟收益的一种适当的分配方案。

本章基本概念

博弈	博弈论	参与者
策略	策略组合	支付矩阵
扩展式	囚徒困境	两人博弈和多人博弈
有限博弈和无限博弈		零和博弈、常和博弈和变和博弈
静态博弈、动态博弈和重复博弈		完全信息和不完全信息
完美信息和不完美信息		个体理性和集体理性
合作博弈和非合作博弈		完全理性和有限理性

本章结束语

本章是对博弈论的一个概要介绍。本章通过对博弈概念的阐述，介绍了博弈论的基本内容框架、博弈论与经济学的关系及博弈论的发展史，并在此基础上对博弈的分类进行了分析。本章的主要目的是让读者尽快形成对博弈论的基本概念和问题的初步了解，为以后各章的详细分析做准备。

　　简单来说，博弈论既是一种决策理论，也是一种分析工具，是研究相互依存、相互影响的决策主体的理性决策行为以及这些决策的均衡结果的理论。博弈论的内容非常丰富，体系非常庞大。根据参与者的理性和行为逻辑的不同，可分为非合作博弈和合作博弈。在非合作博弈中，根据博弈过程的不同，可以分为静态博弈、动态博弈和重复博弈；根据参与者对支付信息的掌握情况的不同可分为完全信息博弈和不完全信息博弈。在动态博弈中根据对博弈进程信息的掌握则可以分为完美信息博弈和不完美信息博弈。这些博弈问题的类型特点，正是形成博弈理论结构的基础。此外，根据参与者的数量、参与者策略的数量、支付情况的特征等，博弈问题还可以分为两人博弈和多人博弈，有限博弈和无限博弈，零和博弈、常和博弈和变和博弈，等等，我们要理解不同类型的博弈，更重要的是学会求解不同博弈的均衡。

第二章

完全信息静态博弈

内容提要： 本章主要介绍什么是完全信息静态博弈，结合具体例子介绍了占优策略均衡、重复剔除的占优均衡、纯策略纳什均衡和混合策略纳什均衡这四种纳什均衡，介绍了纳什均衡的求解方法和应用，分析了古诺模型、伯川德模型和公地悲剧，最后讨论了纳什均衡的多重性及存在性。

在博弈论中完全信息是指所有博弈参与者对他们的收益都是确定的，静态博弈是指博弈参与者同时选择行动且只选择一次，即博弈中的任何一方在采取行动时都不知道对手采取了什么样的行动。如果一个博弈同时具备完全信息和静态的特征，这个博弈就是完全信息静态博弈。因此，可将其理解为在对各方收益均了解的情况下的同时决策行为。

完全信息静态博弈是一种比较简单的博弈。纳什均衡则是完全信息静态博弈解的一般概念，也是其他类型博弈求解的基本要求。一般地，占优策略均衡、重复剔除的占优均衡、纯策略纳什均衡和混合策略纳什均衡这四种均衡都属于纳什均衡。本章我们将通过不同的博弈案例依次对这四种均衡进行介绍，先从纳什均衡的特殊情况入手，再讨论纳什均衡的一般概念。

第一节　占优策略均衡

一、博弈的表述

博弈可以采用两种不同的方式来表述，一种是策略式表述（strategic form representation），一种是扩展式表述（extensive form representation）。从理论上讲，这两种表述形式几乎是完全等价的，但策略式表述常用于分析静态博弈，扩展式表述常用于分析动态博弈。这里先给出策略式表述以讨论静态博弈。

1. 策略式表述

策略式表述又被称为标准式表述（normal form representation），这里涉及博弈最基本的三要素：参与者、策略和支付。在这种表述中，所有参与者同时选择各自的策略，所有参与者选择的策略共同决定每个参与者的支付。根据对博弈的要素的解释，规范定义博弈的策略式表述如下：

（1）参与者的集合为：

$$i \in \{1, 2, \cdots, n\} \tag{2-1}$$

（2）第 i 个参与者的策略空间（即包含了第 i 个参与者的所有策略的集合）为：

$$S_i = \{s_i\}(i = 1, 2, \cdots, n) \tag{2-2}$$

（3）第 i 个参与者的支付函数为：

$$u_i(s_1, s_2, \cdots, s_n)(i = 1, 2, \cdots, n) \tag{2-3}$$

式（2-1）说明该博弈中有 n 个参与者；式（2-2）说明每个参与者都有哪些策略；式（2-3）说明在每个参与者都选定一种策略时，每个参与者的支付水平（获得的效用）是多少。根据上面给出的三要素，策略式表述的博弈就是：

$$G = \{S_1, \cdots, S_n; u_1, \cdots, u_n\} \tag{2-4}$$

例如，在双头垄断的产量博弈中，两个寡头厂商 A、B 是参与者，两者的产量 q_A、q_B 的范围是其策略空间，获得的利润 π_A、π_B 是其支付，策略式表述的博弈为：

$$G = \{q_A \geqslant 0, q_B \geqslant 0; \pi_A(q_A, q_B), \pi_B(q_A, q_B)\}$$

2. 策略式表述的博弈举例

完全信息静态博弈的策略式表述经常使用支付矩阵的形式直观描述。① 例如下面的斗鸡博弈。试想有两只公鸡遇到一起，每只公鸡有两个行动选择：一是进攻，二是撤退。如果一只公鸡撤退，另一只公鸡进攻，则进攻的公鸡获胜，撤退的公鸡失败；如果两只公鸡都撤退，则打个平手；如果两只公鸡都进攻，则两败俱伤。假设其支付矩阵如表 2-1 所示。

表 2-1　　　　　　　　　　　斗鸡博弈

		公鸡 B	
		进攻	撤退
公鸡 A	进攻	$-3, -3$	$2, 0$
	撤退	$0, 2$	$-1, -1$

（1）参与者集合：参与者为公鸡 A 和公鸡 B。公鸡 A 被定义为 1，公鸡 B 被定义为 2，参与者集合为 $N = \{1, 2\}$。

（2）策略空间：公鸡 A 的策略空间为 $S_1 = \{进攻, 撤退\}$，公鸡 B 的策略空间为 $S_2 = \{进攻, 撤退\}$。策略 $s_{11} = s_{21} = 进攻$，$s_{12} = s_{22} = 撤退$。

---

① 支付矩阵一般只用于表示有两个参与者的有限博弈，因为当参与者多于两个时需要建立多个矩阵，这是很不方便的。有限博弈的条件为参与者是有限的，每个参与者的策略是有限的。

（3）支付函数：定义 $u_1(s_{1j}, s_{2k})$ 和 $u_2(s_{1j}, s_{2k})$ 分别为公鸡 A 和公鸡 B 的支付函数（其中，$j, k=1, 2$），所有的支付如下：

$$u_1(s_{11}, s_{21})=-3 \qquad u_1(s_{11}, s_{22})=2$$
$$u_1(s_{12}, s_{21})=0 \qquad u_1(s_{12}, s_{22})=-1$$
$$u_2(s_{11}, s_{21})=-3 \qquad u_2(s_{11}, s_{22})=0$$
$$u_2(s_{12}, s_{21})=2 \qquad u_2(s_{12}, s_{22})=-1$$

二、占优策略均衡

1. 占优策略

由于每个参与者的效用（支付）是博弈中所有参与者的策略组合的函数，因此一般来说，某个参与者的最优策略选择会依赖于其他参与者的策略选择。但在一些特殊的博弈中，一个参与者的最优策略可能并不依赖于其他参与者的策略选择，也就是说，不论其他参与者选择什么策略，此人的最优策略都是唯一的，这一最优策略被称为占优策略（dominant strategy）。

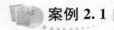 **案例 2.1**

制药公司的销售大战

斯特恩巴赫是费城的一个家庭保健医生，她很奇怪为什么辉瑞公司（Pfizer）的五位不同的推销员重复上门到她的诊所推销同样的止痛药。她在贮藏室里的一个像冰箱一样大的柜子里已装满了该止痛药，她说："众多的推销员重复推销同样的产品，没有任何新意，实在是离奇。"

长达十年的招聘狂潮使制药业的推销员人数增加到约 90 000 人，为原来人数的三倍。制药业人士笃信：推销员越频繁地向医生推销一种药，医生越有可能多开此药。据统计，2003 年制药业在推销员上的花费为 120 多亿美元，在药物广告上的花费为 27.6 亿美元。根据联邦政府的报告，2003 年美国国内在处方药上的支出激增 14%，达到 1 610 亿美元。

尽管如此，没有任何一家制药商愿意第一个单方面"裁军"。葛兰素史克公司（GlaxoSmithKline）的推销员队伍是如此壮大：它只需要七天就可以联系到美国 80% 以上的医生。"这有必要吗？"葛兰素史克公司的 CEO 加涅尔说："应该说是没有必要的，但是如果我的竞争对手能做到而我做不到，我就处于劣势。这的确是以最坏可能的方式进行的军备竞赛。"

"拥有众多推销员不是竞争优势的源泉。"默克公司的 CEO 吉尔马丁如是说。他认为制药商通过发现新药来获得优势。然而，默克公司自 2001 年起至 2003 年在美国已增加了 1 500 名推销员，使得其推销员总数达到约 7 000 人。

既然谁都知道拥有众多推销员并不是竞争优势的源泉，那为什么各家制药公司的推销员数量仍然在不断增加呢？

在上述销售大战的博弈中，我们可以看到，每一家制药商在销售队伍的人数方面都有两种策略选择：节约或扩张。显然，不管其他竞争对手选择什么策略，每一家制药商的占优策略都是"扩张"，就像加涅尔所说的："如果我的竞争对手能做到而我做不到，我就处于劣势。"

2. 占优策略均衡

如果一个博弈的某个策略组合中的所有策略都是各博弈方的占优策略，那么这个策略组合肯定是所有博弈方都愿意选择的，从而必然是比较稳定的博弈结果，该策略组合被称为该博弈的一个"占优策略均衡"（dominant strategy equilibrium）或"上策均衡"。

下面具体说明博弈中占优策略均衡的概念。为了把一个特定的参与者与其他参与者区别开来，用 s_{-i} 表示由除 i 之外的所有参与者的策略组成的向量：

$$s_{-i} = (s_1, \cdots, s_{i-1}, s_{i+1}, \cdots, s_n)$$

在博弈 $G = \{S, u\}$ 中，在其他参与者任意给定的策略组合下，即 $\forall s_{-i} = (s_1, \cdots, s_{i-1}, s_{i+1}, \cdots, s_n) \in S_{-i} = (S_1, \cdots, S_{i-1}, S_{i+1}, \cdots, S_n)$，参与者 i 存在一个策略 s_i^* 使得对于 $\forall s_i \in S_i, s_i^* \neq s_i$，都有

$$u_i(s_1, \cdots, s_i^*, \cdots, s_n) > u_i(s_1, \cdots, s_i, \cdots, s_n) \tag{2-5}$$

就称 s_i^* 为参与者 i 的占优策略，所有参与者的占优策略的组合策略 $s^* = (s_1^*, \cdots, s_i^*, \cdots, s_n^*)$ 被称为占优策略均衡。

占优策略均衡是博弈分析中最基本的均衡概念之一，占优策略分析是最基本的博弈分析方法。正因为占优策略均衡反映了所有博弈方的绝对偏好，理论上才可以根据占优策略均衡对博弈结果做出肯定的预测。因此，在进行博弈分析时，应该先判断各博弈方是否有占优策略，博弈是否存在占优策略均衡。

事实上，占优策略均衡只要求每个参与者是理性的，而不要求每个参与者知道其他参与者是理性的。因为无论其他参与者是否理性，占优策略总是一个理性参与者的最优选择。如果所有参与者都有占优策略存在，则占优策略均衡就是唯一的均衡。但其存在前提是所有参与者都有占优策略存在，否则就不可解。

和占优策略不同的是"优策略"的概念。在博弈 $G = \{S, u\}$ 中，在其他参与者任意给定的策略组合下，即 $\forall s_{-i} = (s_1, \cdots, s_{i-1}, s_{i+1}, \cdots, s_n) \in S_{-i} = (S_1, \cdots, S_{i-1}, S_{i+1}, \cdots, S_n)$，参与者 i 存在一个策略 s_i^* 使得对于 $\forall s_i \in S_i$，都有

$$u_i(s_1, \cdots, s_i^*, \cdots, s_n) \geq u_i(s_1, \cdots, s_i, \cdots, s_n) \tag{2-6}$$

并且至少存在一个 s_i 使得 $u_i(s_1, \cdots, s_i^*, \cdots, s_n) > u_i(s_1, \cdots, s_i, \cdots, s_n)$ 成立，就称 s_i^* 为参与者 i 的优策略。如果参与者只存在优策略而不是占优策略，一个可能的后果是博弈不存在唯一的均衡解，从而我们无法对博弈的结果做出明确的预测。

三、囚徒困境

囚徒困境是博弈论最具代表性的经典案例，反映了个人的最优选择，也突出了个人理性与集体理性的冲突，同时也是解释众多经济现象和研究经济效率问题的非常有

效的基本模型和范式。它由塔克提出，作为博弈论、纳什均衡以及与之伴随而来的非社会意愿均衡的例子，它常被用来分析某些特定类型的博弈。继塔克的简单解释后，有大量涉及哲学、社会学、经济学、政治科学等领域的文献出现。

囚徒困境讲的是两个犯罪嫌疑人被警方抓获，分别被关在不同的屋子里审讯。警方告诉他们：如果两人都坦白，各被判刑 8 个月；如果两人都抵赖，各被判刑 1 个月（因证据不足）；如果其中一人坦白而另一人抵赖，坦白的人被释放，抵赖的人被判刑 10 个月。表 2-2 给出了囚徒困境模型的表述。这里，每个囚徒都有两种选择：坦白或抵赖。表 2-2 的格子中的两个数字代表在两个囚徒的选择组合下他们各自的刑期（用负值表示），其中第一个数字是囚徒 A 的刑期，第二个数字为囚徒 B 的刑期。

表 2-2　　　　　　　　　　　　　　　　囚徒困境

		囚徒 B	
		坦白	抵赖
囚徒 A	坦白	−8，−8	0，−10
	抵赖	−10，0	−1，−1

在这个博弈中，每个囚徒都有两种可选择的策略：坦白或抵赖。显然，不论另一个囚徒选择什么策略，每个囚徒的最优策略都是"坦白"。比如说，如果 B 选择坦白，A 选择坦白时的支付为 −8，选择抵赖时的支付为 −10，因而坦白比抵赖好；如果 B 选择抵赖，A 选择坦白时的支付为 0，选择抵赖时的支付为 −1，因而坦白还是比抵赖好。也就是说，"坦白"是囚徒 A 的占优策略。同样，"坦白"也是囚徒 B 的占优策略。那么这样一来，（坦白，坦白）就构成一个占优策略均衡。

囚徒困境反映了一个深刻的问题，即个人理性与团体理性的冲突。如果每个人都选择抵赖，各被判刑 1 个月，显然比都被判刑 8 个月好。但这个帕累托改进不好实现，因为它不满足个人理性的要求，（抵赖，抵赖）不是一个均衡。换个角度看，即使两个囚徒在作案之前建立了一个攻守同盟（都抵赖），这个攻守同盟也没用，因为没有人有积极性遵守协定。在这个博弈中，每个人都是根据对方的策略选择自己的最优策略，如果所有人都这样做，则每一位参与者所选定的策略都是针对他人策略的最优反应，然而这样做的结果对于参与者整体而言却未必是最优的。

 案例 2.2

囚徒困境的延伸

在生活中，往往有很多囚徒困境博弈的例子，比如有这样一个故事：两个旅行者麦克和约翰从一个以出产瓷器闻名的旅游胜地回来时各买了一个相同的瓷花瓶。在提取行李时，他们发现花瓶被碰破了。他们向航空公司索赔。航空公司估计花瓶的价格为 80～90 元，但不知道这两个旅客购买的准确价格（假设真实价格是 100 元）。航空公司要求两个旅客在 100 元以内各自单独写下花瓶的价格。若两人所写价格相同，说明他们说了真话，就按照他们所写的数额进行赔偿；如果两人所写价格不一样，那就认定价格写得低的旅客讲的是真话，按这个低的价格进行赔偿，但是对讲真话的旅客奖励2元，对讲假话的旅客罚款2元。如果两人都写100元，他们都会获得100元。但是，假定约翰根据真实价格写100元，麦克改写99元，则他会获得101元。约翰又想，若麦克写99元，他自己写98元比写100元好，因为这样他将获得100元，而当自己写100元、麦克写99元时，自己只获得97元。而假定约翰写98元，麦克又会写97元……这样，最后的最后，他们不得不陷入两个人只写1元的境地。

我们可以看到，在囚徒困境中，每一方在选择策略时都是选择对自己最有利的策略，而并不顾及其他对手的利益和社会效益。从表面上看，这种策略组合是由当事双方各自认为的最优策略所构成。实际上，双方都选择拒绝招供才是真正的最优策略，因为这样才会使双方都获得最大利益。但是，没有人会主动改变自己的策略以便使自己获得合作的最大利益，因为这种改变会给自己带来不可预料的风险——万一对方没有改变策略呢？这就是囚徒困境中的两难境地。

资料来源：萧然. 每天读点博弈论：日常生活中的博弈策略. 北京：海潮出版社，2009.

四、囚徒困境的应用

其实，在囚徒困境中，两个嫌疑人有一个隐形的共同目标，就是尽量减少坐牢时间。但由于是被隔离审讯，所以出于个体理性的考虑囚徒会选择占优策略，各自选择坦白。在现实中，我们还可以发现很多类似的情节，例如婚姻博弈，两个人在结婚时也有一个隐形的共同目标，即认为他们一定会白头到老，但每个人在生活中又都会更加看重自己的付出，所以合作完成这一目标是很困难的。

再比如厂商之间往往通过降价来争夺市场，但一个厂商的降价往往会引起竞争对手的报复，此时降价不仅不一定能增加销售量，还可能降低利润率。这里用一个双寡头两种价格的价格竞争模型来说明这个问题。假设 A、B 两个厂商垄断生产某种商品，如果两个厂商都维持高价，则得到11万元的高额利润；如果一个降价，另一个不降价，降价的厂商的利润增加到12万元，不降价的厂商因失去市场，其利润骤降至2万元；如果两个厂商都维持低价，则分别得到7万元的较高利润。如表2-3所示，在这个博弈中，无论厂商 A 选择"高价"还是"低价"，"低价"都是厂商 B 的最优策略。同理，无论厂商 B 选择"高价"还是"低价"，"低价"都是厂商 A 的最优策略。因此，该博弈的结果是两个厂商都选择"低价"，双方都得到7万元。这是一个典型的囚徒困境博弈。

表 2-3　　　　　　　　　价格博弈

		厂商 B	
		高价	低价
厂商 A	高价	11，11	2，12
	低价	12，2	7，7

案例 2.3

彩电价格大战

自 20 世纪 90 年代中期以来，彩电行业竞争加剧，价格大战烽烟四起。由于彩电行业的寡头垄断，全国最大的 9 家彩电厂占据了全国 70％左右的彩电市场。1999 年 4 月，长虹彩电为扩大市场突然宣布彩电降价，这给彩电行业带来了很大震动。随即，康佳、TCL、创维达成默契，建立彩电价格联盟。到 4 月 20 日下午，康佳仍表示不降价，但当天晚上康佳改变主意，导致 TCL 和创维措手不及。4 月 24 日，本来三方准备对降价后的策略做进一步商讨，结果由于康佳的退出，价格大战立即蔓延开来。谁都清楚这样做的结果是什么。1996—2000 年，彩电行业连续发生 8 次降价风波，信息产业部统计资料显示，中国彩电行业进入全面亏损时期。

资料来源：熊义杰. 现代博弈论基础. 北京：国防工业出版社，2010.

在公共物品上也存在囚徒困境问题。公共物品是用于满足社会公共消费需要的商品或服务，如路灯、国防、城市道路等。这类物品具有非排他性的特点，个人没有积极性提供这类物品，尽管这类物品很重要，但每个人都想着由别人来提供，自己"搭便车"。我们来看一个例子，假设在由甲、乙两人组成的社会中需要修一条路，甲、乙两人可以选择出力或不出力。如果两个人都出力，可以修好一条路，每人获得 4 单位收益；如果两个人都不出力，则路修不好，每人都没有收益。如果一个人出力，另一个人不出力，则出力的人的收益为−1，而不出力的人的收益为 5，博弈支付矩阵如表 2-4 所示。可见，在这个博弈中存在占优均衡策略（不出力，不出力）。实际上，公共物品很难要求由市场提供，而一般由政府或其他可强迫摊收费用的团体来提供。政府提供这种公共物品可用来自消费者的全体税收来支持，或用其他方式分摊。

表 2-4　　　　　　　　　　公共物品博弈

		乙	
		出力	不出力
甲	出力	4，4	−1，5
	不出力	5，−1	0，0

囚徒困境中这种从个人利益最大化的理性出发导致整体利益受损的现象，在博弈论中被称作"社会两难现象"。一种观点认为要避免囚徒困境导致的社会两难现象，需要借助制度和规则的作用，而制度和规则的作用在于建立一套赏罚机制，这种机制可以调整人们的行为，使人们摆脱囚徒困境，走向合作。下面我们再来看一个在对外贸易中有关关税政策的博弈案例。

博弈的参与者是两个国家 A 和 B，两个国家在贸易政策方面分别可以选择征收关税和自由贸易两种策略。如果 A、B 两国都向对方征收关税，则两国分别获得 1 单位收益；如果 A 国向 B 国征收关税，B 国对 A 国实行自由贸易，则 A 国获得 5 单位

40

收益，B 国损失 1 单位收益，反之亦然；如果 A、B 两国都选择自由贸易政策，则两国分别获得 3 单位收益。支付矩阵如表 2-5 所示。

表 2-5 关税政策博弈

		B 国	
		征收关税	自由贸易
A 国	征收关税	1, 1	5, -1
	自由贸易	-1, 5	3, 3

这个博弈的占优均衡策略是（征收关税，征收关税），从结果来看这也是一种囚徒困境。因为双方征收关税的结果显然不如双方自由贸易。如何解决这个问题呢？这就需要从博弈规则入手。假设现在有一个第三方组织比如世界贸易组织（WTO），博弈双方都加入了 WTO，那么现在 WTO 的规则之一就是鼓励成员减免关税，最终实现自由贸易，否则会受到严厉的惩罚。在有惩罚机制的新规则之下，我们再来求解下面的新关税政策博弈就会发现，现在的占优均衡策略已经变成（自由贸易，自由贸易），见表 2-6。这一结果说明博弈的规则对均衡的影响是很重要的。

表 2-6 新关税政策博弈

		B 国	
		征收关税	自由贸易
A 国	征收关税	-3, -3	-4, -1
	自由贸易	-1, -4	3, 3

同样，为了完成一项工作、实现一个共同的目标，我们会需要多人的共同努力，比如公司设置的销售团队模式。如果只设置了团队目标而没有特别的个人奖惩机制，团队里的每一个参与者都会想到两种策略选择，即"努力"或"偷懒"。假定两个人都努力，各自能得到 6 单位收益。假定两个人都偷懒，各自能得到 2 单位收益。如果一个努力，一个偷懒，则努力者得 0 单位收益，偷懒者得 8 单位收益。支付矩阵如表 2-7 所示。对支付矩阵进行分析可知，其均衡解是双方都选择偷懒。

表 2-7 销售团队的博弈

		销售人员乙	
		努力	偷懒
销售人员甲	努力	6, 6	0, 8
	偷懒	8, 0	2, 2

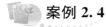

案例 2.4

生产队的博弈

生产队的底分评定会议很难选在白天召开，大多定在晚上召开，待人员到齐时间就到了晚上八九点钟，大家几度交锋，会议经常开到凌晨两三点。只要有了底分，就可以参加集体劳动，劳动中究竟能出多少力，全凭个人各自发挥。

工分登记由记工员具体计算登记。记工员根据社员自报的出勤情况和完成的任务，在昏暗的灯光下拨动着算盘，那清脆的珠子声报告着劳动成绩，然后他用笔记下，经家庭代表现场确认即可，遇到有争议的地方，由队长拍板定案。由于数目甚多，有些队的记工员文化程度不太高，要算几次才能算出结果，这样一个晚上就打发了。

大伙儿在春季耕耘，常常挥汗如雨，在秋季收获，更是热气腾腾。风里来，雨里去，面朝黄土背朝天，那时那景，正是"人民创造历史"的真实写照。区区几个工分，获得太艰难。但有时也有轻松的活儿，如某年某公社召开万人大会，某队离会场有20里，公社要求社员都要参加，队里只好歇工一天，大伙儿当做难得的休息，走着走着，有的就开溜了，后来队长英明，只要到了会场，能回答出看到某某景况的社员都可记上全天工分。

在上面的案例中，每个参与者（农民）都会面临两个决策——努力或偷懒，案例中那些努力生产的农民的积极性会受到挫伤。因此，20世纪80年代初，我国在全国推行了家庭联产承包责任制，把土地承包给农民，农民承担一定的义务，土地所有权属于集体，农民有经营权和使用权，这极大调动了农民的生产积极性，也成为我国改革开放的一个重要开始。

如何解决团队生产中的偷懒问题？1972年美国经济学家阿尔钦（Alchian）和德姆塞茨（Demsetz）在《美国经济评论》上发表了《生产、信息成本和经济组织》一文，阐述了团队生产理论，并提出了解决方案。他们认为市场是一种有效的监督（或绩效度量）机制，而由于厂商的生产是团队性质的，团队的产出大于团队各项相互合作的资源的独立产出之和。在团队生产理论中，获得厂商剩余收入的人将是团队成员的监督人。监督人通过观察和指导投入品的活动或用途，减少偷懒行为以提高厂商的生产效率，从而获得剩余收入。因此应该让团队中一部分人成为所有者，另一部分人成为雇员，让前者监督后者，即对所有权进行调整。比如在上述销售博弈中，让甲成为公司所有者，乙成为雇员，甲对投入品的使用和乙的工作进行监督管理，并根据乙的表现对其进行奖惩，其支付矩阵如表2-8所示。如果这样，则甲和乙都会有积极性努力工作，所有权解决了团队生产中的囚徒困境问题。这其实也是博弈规则的改变。

表2-8　　　　　　　所有权改善了团队困境的博弈

		销售人员乙	
		努力	偷懒
销售人员甲	努力	6，6	4，4
	偷懒	4，6	2，2

第二节　重复剔除的占优均衡

一、什么是重复剔除的占优均衡

在每个参与者都有占优策略的情况下，占优策略均衡是一个非常合理的预测，但在绝大多数博弈中，占优策略均衡是不存在的，因此占优策略均衡不能解决所有博弈问题。不过在有些博弈中，虽然没有占优策略，但是存在严格劣策略，通过重复剔除严格劣策略（iterated elimination of strictly dominated strategy），仍可能得到博弈的均衡解。

这里需要解释一下什么是严格劣策略。在一个博弈中，不管其他参与者如何选择，如果参与者选择策略 A 得到的支付严格小于选择策略 B 得到的支付，那么就称策略 A 是相对于策略 B 的"严格劣策略"，或者称策略 A 严格劣于策略 B。

如果将上述内容用数学方式表示出来，就有如下定义：

在博弈 $G=\{S, u\}$ 中，s_i' 和 s_i'' 为参与者 i 的两个可行策略，即 $\exists s_i', s_i'' \in S_i$。如果对于 $\forall s_{-i} \in S_{-i}$，有 $u_i(s_i', s_{-i}) > u_i(s_i'', s_{-i})$，那么 s_i'' 就被称为相对于 s_i' 的严格劣策略。

我们来看一个抽象的例子。在一个博弈中有两个参与者，参与者 1 的策略为上和下，参与者 2 的策略为左、中、右，博弈的支付矩阵见表 2-9。

表 2-9　　　　　　　　　　　支付矩阵（Ⅰ）

		参与者 2		
		左	中	右
参与者 1	上	1, 0	1, 2	0, 1
	下	0, 3	0, 1	2, 0

在这个博弈中，显然不存在占优策略均衡。参与者 1 的上和下两种策略中不存在占优策略，参与者 2 的左、中、右三种策略中也不存在占优策略。下面进一步来分析一下是否存在严格劣策略。对于参与者 1 来说，上、下两种策略没有严格优劣关系，两种策略都不是严格劣策略。但对于参与者 2 来说，虽然不存在占优策略，但存在严格劣策略，"右"相对于"中"就是一个严格劣策略。因为无论参与者 1 选择什么策略，参与者 2 选择"中"都要优于选择"右"。[①]

作为理性参与者，显然没有哪个参与者会选择严格劣策略，因而可以将严格劣策略从参与者的策略空间中剔除，即首先找到参与者的严格劣策略，把这个严格劣策略

---

① 峰峦如聚，波涛如怒，山河表里潼关路。望西都，意踟蹰。伤心秦汉经行处，宫阙万间都做了土。兴，百姓苦；亡，百姓苦。张养浩的《山坡羊·潼关怀古》道出了封建专制制度对老百姓的压迫，也说明这一制度其实是某种意义上的严格劣策略。

除去，重新构造一个不包含这个劣策略的新的博弈；然后再剔除新博弈中的严格劣策略，直至找到唯一的策略组合。这种博弈的均衡解被称为"重复剔除的占优均衡"（iterated dominance equilibrium）。

在上例中，对于参与者2，"右"相对于"中"是一个严格劣策略，因而可以将"右"从参与者2的策略空间中剔除，从而得到表2－10所示的支付矩阵。

表2－10 支付矩阵（Ⅱ）

		参与者2	
		左	中
参与者1	上	1, 0	1, 2
	下	0, 3	0, 1

从表2－10中可以看出，无论参与者2选择什么策略，参与者1选择"上"都优于选择"下"，因而"下"是一个严格劣策略，可以从参与者1的策略空间中剔除，如表2－11所示。

表2－11 支付矩阵（Ⅲ）

		参与者2	
		左	中
参与者1	上	1, 0	1, 2

显然（上，中）是该博弈的唯一均衡解。

上面的过程是一个重复剔除严格劣策略，最终找到均衡解的过程，这就形成了下面的定义：

如果 $s^* = (s_1^*, \cdots, s_n^*)$ 是重复剔除严格劣策略后最终剩下的唯一的策略组合，则该策略组合被称为重复剔除的占优均衡。

重复剔除严格劣策略是一种排除法，即通过比较把比较差的策略排除，缩小候选策略范围，从而更容易筛选较好的策略。而占优策略均衡分析则是一种选择法，也就是在可选择的策略中选出最好的一种。在重复剔除严格劣策略的过程中，如果参与者都存在不止一个严格劣策略，剔除劣策略的先后顺序不同并不会影响均衡结果。

与占优策略均衡不同，重复剔除的占优均衡不仅要求每个参与者是理性的，而且要求"理性"是参与者的共同知识，即所有参与者知道所有参与者是理性的，所有参与者知道所有参与者知道所有参与者是理性的，如此等等。在重复剔除严格劣策略的过程中，参与者的策略空间越大，需要剔除的步骤越多，对共同知识的要求就越严格。

重复剔除严格劣策略的方法在博弈中非常有用，特别是对于不存在占优策略均衡，却存在某些严格劣策略的博弈问题。如果重复剔除严格劣策略后剩下的策略组合是唯一的，那么该博弈是重复剔除占优可解的（dominance solvable），否则该博弈不是重复剔除占优可解的。

需要注意的是，重复剔除严格劣策略并不能推广到重复剔除弱劣策略上，因为这样有可能将部分纳什均衡剔除，并引起混乱。这里需要解释一下什么是弱劣策略。在一个博弈中，参与者选择策略 A 得到的支付有时候等于选择策略 B 得到的支付，或者偶尔小于选择策略 B 得到的支付，那么就称策略 A 是相对于策略 B 的"弱劣策略"。这与严格劣策略的定义不同。

在博弈中，设 s_i' 和 s_i'' 是参与者 i 的两个可行策略，若下式

$$u_i(s_1, \cdots, s_{i-1}, s_i', s_{i+1}, \cdots, s_n) \leqslant u_i(s_1, \cdots, s_{i-1}, s_i'', s_{i+1}, \cdots, s_n)$$

$$(2-7)$$

对其他参与者每一种可能的策略组合 $(s_1, \cdots, s_{i-1}, s_{i+1}, \cdots, s_n)$ 都成立，则称 s_i' 相对于 s_i'' 是弱劣策略，且对于某些策略组合 $(s_1, \cdots, s_{i-1}, s_{i+1}, \cdots, s_n)$，上式严格不等式成立。

例如，在表 2-12 所示的博弈中，如果参与者 2 选择 L，那么不管参与者 1 选择 L 还是 R，收益都是 3.8。然而如果参与者 2 选择了 R，那么参与者 1 选择 L 的收益会更高。因此，对于参与者 1 而言，选择 R 与选择 L 相比是一个弱劣策略。同理，从参与者 2 的角度来看，选择 L 是选择 R 的弱劣策略。该博弈中存在两个均衡解 (L, R) 和 (R, L)。但如果重复剔除严格劣策略的话，就会将 (R, L) 这个均衡解剔除，显然这是不合理的。

表 2-12　　　　　　　　博弈支付矩阵

		参与者 2	
		L	R
参与者 1	L	3.8, 3.8	4.0, 4.0
	R	3.8, 4.0	3.7, 4.0

再来看表 2-13 所示的博弈问题，用重复剔除严格劣策略的方法，这个博弈是不可解的。如果采用重复剔除弱劣策略的方法，就会发现，若按 $A_3 \rightarrow B_3 \rightarrow B_2 \rightarrow A_2$ 的顺序重复剔除弱劣策略，产生的均衡结果是 (A_1, B_1)；若按 $B_2 \rightarrow A_2 \rightarrow B_1 \rightarrow A_3$ 的顺序重复剔除弱劣策略，产生的均衡结果是 (A_1, B_3)。(A_1, B_1) 和 (A_1, B_3) 都是该博弈的解。这说明采用重复剔除弱劣策略的方法产生的结果可能与剔除顺序有关。

表 2-13　　　　　　　　博弈支付矩阵

		参与者 2		
		B_1	B_2	B_3
参与者 1	A_1	2, 5	1, 3	1, 5
	A_2	0, 5	0, 3	1, 4
	A_3	0, 5	0, 3	0, 6

可见，使用重复剔除弱劣策略的方法如果剔除的先后次序不同，可能会得到不同的均衡解，也可能会消去某些均衡解，博弈论中将这种现象称作"路径依赖"。

案例 2.5

重复剔除的占优均衡的局限性

重复剔除的占优均衡在现实应用中存在局限性：任何个体都是有限理性的，而且人的理性与特定的文化心理密切相关。重复剔除的占优均衡在现实应用中存在局限性已被一系列实验所证明。例如在"选美比赛"博弈实验中，博弈程序为：一群受试者在 0～100 之间选择一个整数，选的数字最接近猜测平均数的 2/3 为赢家，可获得奖品 10 万元。由于 67 是 100 的 2/3 的最大平均数，因此，博弈方应该选择比 67 小的数字而取得占优策略，所有博弈方的选择范围缩小为 [0, 67]。给定这个共同知识，由于 44 是 67 的 2/3 的最大平均数，因此，博弈方就应该选择比 44 小的数字而取得占优策略，所有博弈方的选择范围缩小为 [0, 44]。给定这个共同知识，由于 29 是 44 的 2/3 的最大平均数，因此，博弈方就应该选择比 29 小的数字而取得占优策略，所有博弈方的选择范围又缩小为 [0, 29]。随后再被缩小为 [0, 20]……以此类推，那么就可以得到唯一的纳什均衡 0。但事实上这个数成为大家选择的结果几乎是不可能的。在这类博弈中，尽管博弈方需要了解其他博弈方重复推理的步数，但由于人们使用的重复推理的步数是有限的，因此就不需要把别人视为完全理性的，要努力使自己的推理比其他人多走一步，而不是更多。

二、智猪博弈

为了更加深入理解重复剔除的占优均衡，我们来看一个名为"智猪博弈"（boxed pigs game）的例子。猪圈里有两头猪，一头大猪，一头小猪。猪圈的一边有一个猪槽，另一边安装了一个按钮，控制着猪食的供给。按下按钮会有 8 单位的猪食进槽，但按下按钮的猪需要付出 2 单位的成本。若大猪先到，大猪吃 7 单位，小猪只能吃 1 单位；若同时到，大猪吃 5 单位，小猪吃 3 单位；若小猪先到，大猪和小猪各吃 4 单位。表 2-14 的 I 表列出了对应不同策略组合的支付水平，如第一格数字表示两头猪同时按下按钮，就会同时走到猪食槽，大猪吃 5 单位，小猪吃 3 单位，各扣除 2 单位的成本，支付水平分别为 3 和 1。其他情形可以类推。

表 2-14　　　　智猪博弈与重复剔除的占优均衡

I　智猪博弈的支付矩阵

		小猪	
		按	等待
大猪	按	3, 1	2, 4
	等待	7, −1	0, 0

Ⅱ 剔除小猪劣策略的支付矩阵

		小猪
		等待
大猪	按	2，4
	等待	0，0

Ⅲ 再剔除大猪劣策略的支付矩阵

		小猪
		等待
大猪	按	2，4

显然，这个博弈没有占优策略均衡，因为尽管"等待"是小猪的占优策略，但大猪没有占优策略。大猪的最优策略依赖于小猪的策略。如果小猪选择"等待"，大猪的最优策略是"按"；如果小猪选择"按"，大猪的最优策略是"等待"。但这个博弈可以通过重复剔除严格劣策略找出均衡解。通过分析可以看出，无论大猪如何选择，"等待"都是小猪的最优策略，所以应首先剔除小猪的劣策略"按"，见表 2-14 的Ⅱ表。在剔除这个策略后新的博弈中，小猪只有一个策略"等待"，大猪仍有两个策略，但此时"等待"已成为大猪的劣策略，剔除这个策略，剩下的唯一策略组合是（按，等待），支付组合为（2，4），见表 2-14 的Ⅲ表。

"智猪博弈"告诉我们，谁先去按下按钮，就会造福全体，但多劳并不一定多得。比如，在某个行业，不仅存在一些小厂商，还存在一些生产能力和销售能力更强的大公司。小厂商完全没有必要自己去研发新产品或者投入大量广告做产品宣传，只要采用跟随策略即可，等待市场上占主导地位的大公司开拓本行业的主导品牌和最新产品的市场需求，将自己的品牌定位在较低价格上，以享受主导品牌的强大广告所带来的市场机会。还比如股份公司的大股东和小股东之间的关系，大股东承担着监督的职能，而小股东则坐享其成。股市上的大户和小户也是如此，大户自己搜集信息，进行分析，而小户往往选择跟随大户。

案例 2.6

智猪博弈——学会借力利更大

在商业运作上，很多小厂商在发展自己的主导产品时总是会感到力不从心。这时，小厂商就会想依赖大厂商的实力来扩大自己的市场份额。20 世纪 50 年代，美国佛雷化妆品公司独占美国黑人化妆品市场。当时美国约翰逊黑人化妆品公司是一个刚刚才建立起来的公司，其资产只有 500 美元及 3 名职工。约翰逊公司知道自己在财力、人力、物力上都无法与佛雷公司相提并论，于是它集中精力研制了一种粉质雪花膏。在广告中宣传说："当你用过佛雷化妆品之后，再擦上一层约翰逊的粉质雪花膏，将会收到意想不到的效果。"当时许多人都对约翰逊这种依附式的宣传不解，甚至嘲笑，大家都认为这是在用自己的钱为竞争对手打广告。甚至佛雷公司也这样认为，因此丝毫没有防范约翰逊公司这个新的竞争对手。而约翰逊公司的老板约翰逊却说："就是因为佛雷公司的名气大，我们才这么说。比如说，现在很少有人知道我叫约翰逊，可当我站在美国总统身边，我的名字马上尽人皆知。推销化妆品也是这个道理，在黑人社会中，佛雷化妆品已久负盛名，我们的产品与它的名字同时出现，明为捧佛雷公司，实际是抬高自己的身价。"这招果然很灵，消费者很自然地接受了约翰逊公司的产品，市场被迅速打开了。接着该公司又研制了一系列新产品，经过强化宣传和努力，不到几年时间，它便将佛雷公司挤出了市场。我国的 VCD 市场也发生过类似的案例。万燕 VCD 曾经高居 VCD 行业第一，而最后钱却都被步步高和爱多挣去了。当年万燕投入了很多钱，向消费者宣传 VCD 是一个好东西。当 VCD 有了市场且大家也接受 VCD 是好东西时，步步高和爱多及时抓住了机会：它们开始建立属于自己的品牌，并且不断完善自己的营销网络，最后把价格调低，结果它们成功了。而与此同时，万燕失败。

当然"大猪""小猪"的共同生存是有条件的。"智猪博弈"均衡只有在大猪的食物份额没有受到小猪严重威胁时才会出现。20 世纪 70 年代末 80 年代初，美国市场上小公司的软饮料质量虽低劣，但价格很便宜，因此仍然能够占有较低的市场份额。可口可乐公司和百事可乐公司最初能够容忍这些小公司的软饮料的存在是因为它们的威胁是有限的。可没过多久，一家主要的软饮料供应商 Scott 公司通过挑衅的定价和较高的质量，从一个仅有较低市场份额的地区品牌，成为一个拥有 1/3 市场份额、与两大可乐公司旗鼓相当的竞争者。后来，可口可乐公司和百事可乐公司通过降价这种进攻性的策略行动，抢占了它的软饮料市场份额，该公司瞬间土崩瓦解。

资料来源：王宇. 一读就懂的博弈学. 武汉：华中科技大学出版社，2011；萧然. 每天读点博弈论. 北京：海潮出版社，2009；迪克西特，奈尔伯夫. 妙趣横生博弈论. 北京：机械工业出版社，2009.

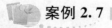

案例 2.7

输攻墨守——来自普林斯顿大学的习题

假定给你两个师的兵力，由你来当司令，任务是攻克敌军占据的一座城市。而敌军的守备力量是三个师，规定双方的兵力只能整师调动。通往城市的道路只有甲、乙两条。当你发起攻击的时候，你的兵力超过敌人，你就获胜；你的兵力比敌人的守备兵力少或者相等，你就失败。那么，你将如何制定攻城方案？

你可能说："为什么给敌人三个师而只给我两个师？这太不公平，在兵力上已经吃亏，居然还要规定兵力相等则敌胜我败，连规则都不公平，完全偏袒敌军。"为此你也许会大为不满。其实，在这次模拟作战中，每一方取胜的概率都是 50%，即谁胜谁负的可能性是一半对一半。你这个司令能否神机妙算，指挥队伍克敌制胜，还得看你的本事。

为什么说取胜的可能性是一半对一半呢？这就需要博弈论的分析。

我们来分析一下：敌人有三个师，布防在甲、乙两条通道上。由于必须整师布防，敌人有四种部署方案，即：

A. 三个师都驻守甲通道；

B. 两个师驻守甲通道，一个师驻守乙通道；

C. 一个师驻守甲通道，两个师驻守乙通道；

D. 三个师都驻守乙通道。

你有两个师的攻城部队，可以有三种部署方案，即：

a. 集中全部两个师的兵力从甲通道攻击；

b. 兵分两路，一师从甲通道，另一师从乙通道，同时发起进攻；

c. 集中全部两个师的兵力从乙通道攻击。

如果我们用"+1，−1"表示你军攻克、敌军失守，用"−1，+1"表示敌军守住、你军败退，就可以画出交战双方的胜负分析表，如表 2−15 所示。

表 2−15 博弈支付矩阵（Ⅰ）

		敌军			
		A	B	C	D
你军	a	−1，1	−1，1	1，−1	1，−1
	b	1，−1	−1，1	−1，1	1，−1
	c	1，−1	1，−1	−1，1	−1，1

通过表 2−15 可知，假如你采取 a 方案，那么如果敌军采取 A 方案，你的两个师将遇到敌军三个师的抵抗，你会败下阵来，结果是（−1，1）；如果敌军采取 B 方案，你的两个师遇到敌军以逸待劳的两个师的抵抗，你也会败下阵来，结果同样是（−1，1）；但是如果敌军采取 C 方案，你以两个师打敌军一个师，你就会以优势兵力获得胜利，结果是（1，−1）；同样，如果敌军采取 D 方案，你攻在敌军的薄弱点上，你就能长驱直入，轻取城池，结果也是（1，−1）。

现从敌军的角度入手，比较 A 方案和 B 方案。如果你军采取 a 方案，敌军采取 A 方案或 B 方案都会赢，结果一样。如果你军采取 b 方案，敌军采取 A 方案会输而采取 B 方案会赢。如果你军采取 c 方案，敌军采取 A 方案或 B 方案都会输。可见，在敌军看来，B 方案比 A 方案好：如果采取 A 方案会赢的话（如果你军采取 a 方案），采取 B 方案一定也会赢；如果采取 A 方案会输的话（如果你军采取 b 方案或 c 方案），采取 B 方案却不一定会输，因为假如你军采取 b 方案，敌军就赢了。这样比较 A 方案和 B 方案，我们知道 B 方案比 A 方案有优势，所以如果敌方是趋利避害、争赢防输的理性人，就没有道理采取 A 方案。根据同样的分析我们知道，C 方案和 D 方案相比，C 方案是优策略，而 D 方案是劣策略。把敌军在理性情况下不会考虑采取的"备选"方案 A 方案和 D 方案删去，我们得到如表 2−16 所示的分析表格。

49

表 2 - 16 博弈支付矩阵（Ⅱ）

		敌军	
		B	C
你军	a	−1, 1	1, −1
	b	−1, 1	−1, 1
	c	1, −1	−1, 1

在明白敌军只会在 B 方案和 C 方案之间做出选择后，你原来的 b 方案就变得没有意义了。作为理性的参与者，我们也在备选方案中把 b 方案删掉。最后得到如表 2 - 17 所示的博弈支付矩阵。

表 2 - 17 博弈支付矩阵（Ⅲ）

		敌军	
		B	C
你军	a	−1, 1	1, −1
	c	1, −1	−1, 1

情况最终就是这样：敌军必然采取 B 方案或 C 方案那样的二一布防，一路两个师，另一路一个师，而你军必集中兵力于某一路进行攻击，即 a 方案或 c 方案那样的攻击策略。这样，你军若攻在敌军的薄弱处，你军就获胜，你军若攻在敌军兵力较多的地方，你军就失败，总之，通过重复别除劣策略，我们发现双方获胜的可能性一样大。

资料来源：王则柯，李杰. 博弈论教程. 北京：中国人民大学出版社，2004.

第三节 纳什均衡

一、纳什均衡及求解

在前面的分析中我们知道占优策略均衡是不具有普遍性的，而且相当多的博弈无法使用重复别除劣策略的方法找到均衡解，但是这些博弈仍然是有解的，为了求解这些博弈，这里引入纳什均衡的概念。

1. 纳什均衡的定义

考虑 n 个参与者的策略式表述博弈 $G = \{S_1, \cdots, S_n; u_1, \cdots, u_n\}$，如果对于每一个参与者 i，s_i^* 是给定其他参与者的选择 $s_{-i}^* = (s_1^*, \cdots, s_{i-1}^*, s_{i+1}^*, \cdots, s_n^*)$ 的情况下第 i 个参与者的最优策略，即：

$$u_i(s_i^*, s_{-i}^*) \geqslant u_i(s_i, s_{-i}^*), \ \forall s_i \in S_i, \ \forall i \tag{2-8}$$

那么，策略组合 $s^* = (s_1^*, \cdots, s_i^*, \cdots, s_n^*)$ 是一个纳什均衡。

也就是说，一个参与者的纳什均衡策略是面对其他参与者的均衡策略时的最优选择。为了理解纳什均衡的含义，设想 n 个参与者在博弈之前协商达成一个协议，规定每一个参与者选择一个特定的策略。令 B 代表这个协议，其中 s_i^* 是协议规定的第 i 个参与者的策略。显然，只有当遵守协议带来的效用大于不遵守协议时的效用时，一个人才会遵守这个协议。如果没有任何参与者有积极性不遵守这个协议，那么这个协议是可以自动实施的，这个协议就构成一个纳什均衡；否则，它就不是一个纳什均衡。也可以这么说，如果预测 $s' = (s_1', \cdots, s_i', \cdots, s_n')$ 是博弈的一个结果，但这个结果不是一个纳什均衡，那么至少存在某些参与者有积极性偏离这个结果。

在表 2-18 的博弈支付矩阵中，没有任何一个策略严格劣于另一个策略，因而没有一个策略组合会被剔除，但 (X_3, Y_3) 是唯一的一个纳什均衡。

表 2-18 博弈支付矩阵

		B		
		Y_1	Y_2	Y_3
A	X_1	1, 5	5, 1	6, 4
	X_2	5, 1	2, 5	6, 3
	X_3	4, 6	3, 4	7, 7

再来看一个经典的博弈——情侣博弈，也被称为"性别之战"（battle of the sexes）。一男一女谈恋爱，周末安排业余活动，要么看足球比赛，要么看芭蕾演出。男士爱好足球，女士更喜欢芭蕾，但他们愿意在一起而不愿分开。支付矩阵见表2-19。在这个博弈中既不存在占优策略均衡，也不存在重复剔除的占优均衡，但存在纳什均衡。在这个博弈中有两个均衡策略：（足球，足球）和（芭蕾，芭蕾）。也就是说，如果一方选择看足球，另一方也会去看足球；同样，如果一方选择看芭蕾，另一方也会去看芭蕾。究竟哪一种均衡会发生就不得而知了，但这两个策略组合都是纳什均衡。

表 2-19 情侣博弈

		女方	
		足球	芭蕾
男方	足球	2, 1	0, 0
	芭蕾	0, 0	1, 2

通过对纳什均衡与占优策略均衡以及重复剔除的占优均衡的分析，可知它们之间的关系如下：每一个占优策略均衡、重复剔除的占优均衡一定是纳什均衡，但并非每一个纳什均衡都是占优策略均衡或重复剔除的占优均衡。这是因为一个参与者的占优策略是对于所有其他参与者的任何策略组合的最优选择，自然也一定是对于所有其他参与者的某个特定策略的最优选择，而一个参与者的纳什均衡策略只要求是对于其他参与者均衡策略（这是一个或几个特定策略）的最优选择。所以说，占优策略均衡和重复剔除的占优均衡是特殊的纳什均衡，它们所要求的条件比纳什均衡的条件要严格。例如，在囚徒困境博弈中，（坦白，坦白）是一个占优策略均衡、重复剔除的占

优均衡，也是一个纳什均衡，而（抵赖，抵赖）不是一个纳什均衡，因为假定同伙选择抵赖，自己选择抵赖时得到—1，选择坦白时得到0，因而抵赖不是自己的最优策略。同样，（坦白，抵赖）和（抵赖，坦白）也不是纳什均衡。在智猪博弈中，（按，等待）是一个重复剔除的占优均衡，也是一个纳什均衡。在情侣博弈中，（足球，足球）是一个纳什均衡，（芭蕾，芭蕾）也是一个纳什均衡，但博弈中不存在重复剔除的占优均衡，也不存在占优策略均衡。

 案例 2.8

麦琪的礼物

美国幽默小说家欧·亨利的文章《麦琪的礼物》讲述的是一对非常恩爱但很贫穷的夫妻吉姆和德拉的故事，丈夫吉姆有一只祖传的金表，却没有表链，妻子德拉有一头漂亮的长发，她对百老汇路上一个橱窗里摆放着的一套镶着美丽珠宝的发梳渴望已久。在圣诞节前夜，吉姆想给妻子一个意外的惊喜，背着妻子卖掉金表换回这套发梳；德拉也想给丈夫一个意外的惊喜，她卖掉了那头漂亮的长发换回一条表链。我们将这个故事博弈化，支付矩阵如表2-20所示。

表 2-20 　　　　　　　　　　　麦琪的礼物

		德拉	
		剪发	不剪发
吉姆	卖表	0, 0	2, 3
	不卖表	3, 2	1, 1

在该博弈中，如果吉姆卖掉金表，德拉的最优策略为不剪发，如果吉姆不卖金表，麦琪的最优策略为剪发。同理，如果德拉剪掉头发，吉姆的最优策略为不卖金表，如果德拉不剪发，吉姆的最优策略为卖掉金表。显然，该博弈有两个纳什均衡，即（卖表，不剪发）和（不卖表，剪发）。

资料来源：张照贵．经济博弈与应用（第二版）．重庆：西南财经大学出版社，2016.

2. 纳什均衡的求解方法

（1）画线法。

当参与者的策略空间很大时，要按上述方法检查每一个策略组合是不是纳什均衡是一件很费时的烦琐的工作。在两人静态博弈中，解纳什均衡的一个简单方法如下：首先考虑 A 的策略，对于每一个 B 的给定的策略，找出 A 的最优策略，在其对应的支付下画一条横线，再用类似的方法找出 B 的最优策略。在完成这个过程后，如果某个支付组合的两个数字下都有线，这个支付组合所对应的策略组合就是一个纳什均衡。上述在最优策略下画线分析博弈的方法被称为画线法。

以上述情侣博弈为例，对女方来说，假设男方选择的是足球，则女方选择足球时得到1，选择芭蕾时得到0，显然最优策略是足球。我们在支付矩阵的策略组合（足球，足球）对应的博弈方女方的收益 1 下画一条横线。如果男方选择的是芭蕾，则女方的最优策略是芭蕾，那么在支付矩阵的策略组合（芭蕾，芭蕾）对应的博弈方女方的收益 2 下画一条横线。男方的思路与女方相同，当女方选择足球时，男方的最优策略是足球，在支付矩阵的策略组合（足球，足球）对应的博弈方男方的收益 2 下画一条横线。当女方选择芭蕾时，男方的最优策略是芭蕾，在支付矩阵的策略组合（芭蕾，芭蕾）对应的博弈方男方的收益 1 下画一条横线。在情侣博弈的支付矩阵的四个策略组合中，（足球，足球）对应的男方和女方的收益数字下都有横线，（芭蕾，芭蕾）对应的男方和女方的收益数字下也都有横线，这表明这两个策略组合的双方策略都是对对方策略的最优策略，如果一个博弈方选择这两个策略组合中的某一个策略，另一个博弈方也会愿意选择该策略组合中的策略，两个策略组合都具有内在稳定性。（足球，足球）和（芭蕾，芭蕾）两个策略组合都是纳什均衡（如表 2-21 所示）。

表 2-21　　　　　　　　　用画线法求解情侣博弈

		女方	
		足球	芭蕾
男方	足球	2, 1	0, 0
	芭蕾	0, 0	1, 2

　　表 2-22 给出了另一个例子。在该博弈中，当参与者 A 分别选择 U、M、D 时，参与者 B 对应的最优策略分别为 C、L、R，则分别在策略组合 (U, C) (M, L) (D, R) 中参与者 B 的收益 4、4、2 下画一条横线。同理，当参与者 B 分别选择 L、C、R 时，参与人 A 对应的最优策略分别为 M、D、D，则分别在策略组合 (M, L) (D, C) (D, R) 中参与者 A 的收益 3、3、4 下画一条横线。其中 (M, L) 和 (D, R) 两个策略组合是纳什均衡。

表 2-22　　　　　　　　　寻求纳什均衡

		参与者 B		
		L	C	R
参与者 A	U	0, 2	1, 4	2, 1
	M	3, 4	2, 3	1, 0
	D	1, 1	3, 1	4, 2

　　根据前文分析，占优策略均衡和重复剔除的占优均衡都是纳什均衡，那么，画线法对于求解占优策略均衡和重复剔除的占优均衡同样适用。比如囚徒困境的例子，通过画线法求解，如表 2-23 所示。其中只有（坦白，坦白）的策略组合收益数字下都有横线，因此（坦白，坦白）是该博弈的唯一均衡解。

表 2-23　　　　　　　　　用画线法求解囚徒困境

		囚徒 B	
		坦白	抵赖
囚徒 A	坦白	−8, −8	0, −10
	抵赖	−10, 0	−1, −1

重复剔除的占优均衡也可以通过画线法求解，比如智猪博弈的例子，如表 2－24 所示，通过画线法可以看出（按，等待）是该博弈的唯一均衡解。

表 2－24　　　　　　　　用画线法求解智猪博弈

		小猪	
		按	等待
大猪	按	3，1	2，4
	等待	7，－1	0，0

画线法是非常简便的博弈分析方法，在分析用支付矩阵表示的博弈时有普遍适用性。但是这并不意味着每个用支付矩阵表示的博弈都可以用画线法找出每个数字下都有横线的策略组合。例如硬币游戏博弈。假设在硬币游戏中，如果两个参与者掷出的硬币是同一面，则参与者 2 获胜，参与者 1 给参与者 2 一枚硬币；如果两个参与者掷出的硬币是相反面，则参与者 1 获胜，参与者 2 给参与者 1 一枚硬币。每个参与者的支付直接用其赢得或输掉的硬币数量来表示：赢得一枚硬币的支付为 1，输掉一枚硬币的支付为－1。硬币游戏的支付矩阵见表 2－25。经过分析，任何一个支付组合的数字下面都不会同时有线，这意味着，硬币游戏博弈中没有哪个策略组合的双方策略相互是对对方策略的最优对策，因此该博弈没有哪个策略组合双方同时愿意接受，无法预言该博弈的结果。

表 2－25　　　　　　　　硬币游戏的支付矩阵

		参与者 2	
		正面	反面
参与者 1	正面	－1，1	1，－1
	反面	1，－1	－1，1

（2）箭头法。

除了画线法以外，箭头法也是求解纳什均衡的一种方法。它的基本思路是对博弈中的每个策略组合进行分析，考察在这个策略组合下各个参与者是否能够通过单独改变自己的策略而增加支付，如果能够在对手或对手们保持策略选择不变的情况下，通过单独改变自己的策略选择形成新的策略组合从而增加自己的支付，那么原来的策略组合就不是博弈的具有稳定性的结果，理性的参与者有单独改变自己的策略的动机，于是从所分析策略组合的支付处引一个箭头，指到他单独改变策略后新的策略组合对应的支付，当所有策略组合都这样处理完了以后，没有箭头指出去的那些格子表征的策略组合，就是博弈的纳什均衡。

以囚徒困境为例。假设开始时双方采用的策略组合是（抵赖，抵赖），但是囚徒 A 发现，如果自己改变策略使策略组合变为（坦白，抵赖），自己的收益会由－1 调整为 0，这意味着单独改变策略能增加收益，于是囚徒 A 会调整策略，在支付矩阵中用箭头表示这种倾向，即用箭头从策略组合（抵赖，抵赖）指向（坦白，抵赖）。同理，囚徒 B 也发现，如果自己改变策略使策略组合变为（抵赖，坦白），自己的收益会由 -1 调整为 0，于是用箭头从策略组合（抵赖，抵赖）指向（抵赖，坦白）。这意味着最初的策略组合（抵赖，抵赖）不可能是稳定的。

再分析策略组合（坦白，抵赖），囚徒 A 满意自己的收益，不再改变，但囚徒 B 如果改变策略使策略组合变为（坦白，坦白），那么他的收益会由 -10 变到 -8，收益能够增加，因此策略组合（坦白，抵赖）也是不稳定的。现从策略组合（坦白，抵赖）画箭头指向（坦白，坦白）。同理，在（抵赖，坦白）的策略组合下，囚徒 B 不改变策略，但囚徒 A 发现如果自己改变策略使策略组合变为（坦白，坦白），自己的收益能由 -10 变为 -8，因此（抵赖，坦白）也是不稳定的，同样从（抵赖，坦白）画箭头指向（坦白，坦白）。在（坦白，坦白）的策略组合下，无论囚徒 A 还是囚徒 B 都不会单独改变策略，在图形上，（坦白，坦白）只有指向箭头，没有指离箭头，可以确定策略组合（坦白，坦白）是该博弈的唯一的纳什均衡解，如表 2-26 所示。这种通过反映各博弈方选择倾向的箭头寻找稳定性的策略组合来求解博弈的方法就被称为"箭头法"。

表 2-26　　　　　　用箭头法求解囚徒困境

		囚徒 B	
		坦白	抵赖
囚徒 A	坦白	$-8, -8$ ←	$0, -10$
	抵赖	$-10, 0$ ←	$-1, -1$

用箭头法分析情侣博弈、硬币游戏的例子，我们会得到与画线法一致的结果。如表 2-27 所示，在情侣博弈中，（足球，足球）和（芭蕾，芭蕾）这两个策略组合都有指向箭头，没有指离箭头，因此这个博弈有两个纳什均衡。而在硬币游戏中没有一个策略组合是只有指向箭头没有指离箭头的，因此每个策略组合都不稳定，没有纳什均衡，如表 2-28 所示。

表 2-27　　　　　　用箭头法求解情侣博弈

		女方	
		足球	芭蕾
男方	足球	$2, 1$ ←	$0, 0$
	芭蕾	$0, 0$	$1, 2$

表 2-28　　　　　　用箭头法求解硬币游戏博弈

		参与者 2	
		正面	反面
参与者 1	正面	$-1, 1$ ←	$1, -1$
	反面	$1, -1$	$-1, 1$

二、古诺模型

古诺模型又称古诺双寡头模型，或双寡头模型，是由法国经济学家奥古斯丁·古诺（Augustin Cournot）于 1838 年提出的。古诺模型是早期的寡头模型，常被作为寡头理论分析的出发点。在古诺模型中已经含有了纳什均衡的思想，这比纳什给出的定义提早了 100 多年，古诺模型是纳什均衡应用的最早版本。

古诺模型的假定包括：

（1）产品市场上仅有 A、B 两个厂商，高进入壁垒阻止了其他厂商进入；

（2）两个厂商生产和销售同质产品；

（3）两个厂商面临的市场需求曲线是线性的，且它们都准确地了解市场的需求曲线；

（4）两个厂商都有不变的边际成本，固定成本为 0；

（5）每一个厂商都能生产出满足市场需求的产品数量，两个厂商同时进入市场，就制定产量进行博弈，各自的目标为利润最大化。

在古诺模型中，寡头做生产决策的关键在于如何决定自己的最优产量来实现利润最大化。这其实是一个完全信息静态博弈，其均衡实际上是一个纳什均衡。在这个博弈中，博弈参与者是两个寡头厂商，即厂商 A 和厂商 B；每个厂商的策略是选择产量；支付是利润，它是两个厂商产量的函数。

我们用 q_i 表示第 i 个厂商的产量，$C=C(q_i)$ 为厂商 i 的成本函数，$i=1,2$，设反需求函数为 $P=P(q_1+q_2)$，其中 P 为产品价格，则第 i 个厂商的利润函数为：

$$\pi_i(q_1,q_2) = q_i P(q_1+q_2) - C(q_i)，其中 i=1,2$$

对于厂商 i，给定厂商 $j(j\neq i)$ 的产量 q_j，$j=1,2$，其最优产量 q_i（利润最大化产量）满足以下一阶条件：

$$\frac{\partial \pi_i}{\partial q_i} = P(q_1+q_2) + q_i P'(q_1+q_2) - C'(q_i) = 0, \quad 其中 i=1,2$$

该式定义了厂商 i 对厂商 $j(j\neq i)$ 的反应函数：

$$q_i^* = R_i(q_j)，其中 i\neq j 且 i,j=1,2$$

反应函数意味着每个厂商的最优产量是另一个厂商产量的函数，两个反应函数的交叉点就是纳什均衡。

为了得到更具体的结果，我们来考虑上述模型的简单情况。假定每个厂商具有相同的不变单位成本，即 $C(q_i)=cq_i$，反需求函数为 $P=P(q_1+q_2)=a-b(q_1+q_2)$。那么，两个厂商的利润函数分别表示为：

$$\pi_1 = q_1[a-b(q_1+q_2)] - cq_1$$
$$\pi_2 = q_2[a-b(q_1+q_2)] - cq_2$$

则最优化的一阶条件分别为：

$$\frac{\partial \pi_1}{\partial q_1} = -bq_1 + a - b(q_1+q_2) - c = 0$$

$$\frac{\partial \pi_2}{\partial q_2} = -bq_2 + a - b(q_1+q_2) - c = 0$$

由此可得反应函数为：

$$q_1^*(q_2) = \frac{a-c}{2b} - \frac{q_2}{2}$$

$$q_2^*(q_1) = \frac{a-c}{2b} - \frac{q_1}{2}$$

两个反应函数的交叉点就是纳什均衡，联立上述方程组可得唯一最优解：

$$q_1^* = q_2^* = \frac{a-c}{3b}$$

此时的均衡利润为：

$$\pi_1(q_1^*, q_2^*) = \pi_2(q_1^*, q_2^*) = \frac{1}{9b}(a-c)^2$$

因此，两个厂商的总产量为 $\frac{2(a-c)}{3b}$，总利润为 $\frac{2}{9b}(a-c)^2$。

上述反应函数可以用坐标平面上的两条直线表示。如图 2-1 所示。其中，纵轴表示的是厂商 B 的产量，横轴表示的是厂商 A 的产量。$q_1^*(q_2)$ 表示厂商 A 的反应函数曲线，$q_2^*(q_1)$ 表示厂商 B 的反应函数曲线。厂商 A 和 B 分别按照自己的利润最大化原则，参照对方的产量，调整自己的产量。只有当双方同时实现利润最大化的时候，整个市场才能实现均衡，也就是在两条反应曲线的交点 N 上实现均衡。

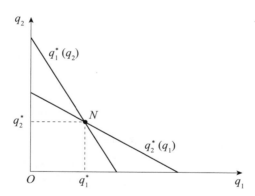

图 2-1 古诺模型中寡头厂商的反应函数

拓展阅读 2.1

反应函数（对应）分析法

寻找纳什均衡是博弈分析最基本的工作，画线法和箭头法等只适用于可两两比较的策略的静态博弈，在分析无限多种可选策略博弈时并不适用。寻找无限策略、连续策略空间博弈的纳什均衡需要不同的方法。

反应函数（对应）分析法是分析一般具有无限多种策略、连续策略空间博弈问题的基本方法，通过求每个博弈方的反应函数（对应），解出各博弈方的反应函数（对应）的交点就是纳什均衡。反应函数（对应）的定义如下：

将 $B_i(i \in N)$ 称为反应函数（对应），如果

$$B_i(s_{-i}) = \{s_i^* \in S_i : u_i(s_i^*, s_{-i}) \geqslant u_i(s_i, s_{-i}), \ \forall s_i \in S_i\}$$

函数是指单值映射 $y=f(x)$，即任意一个 x 都有唯一的 y 与之对应。对应则是指集映射 $Y=f(x)$，即任意一个 x 都有一个集合 Y 与之对应。显然，如果每个集合 Y 只有一个元素 y，对应就变成了函数。

但并不是说，反应函数（对应）可以解决一切具有无限多种策略、连续策略空间的博弈问题。因为在有些博弈中，得益函数不是可微函数，无法用先求导数找各个博弈方的反应函数（对应），再解联立方程组的方法求纳什均衡。而且即使得益函数可以求导，可以求出各个博弈方的反应函数（对应），也并不意味着一定能找到均衡结果。因为在有些博弈问题中，博弈方的得益函数比较复杂，各自的反应函数也比较复杂，并不能保证反应函数有交点，也不能保证有唯一的交点。

图 2-2 中所示的两种反应函数可以证明上述观点。其中，图 2-2（a）是反应函数不相交的情况，图 2-2（b）是交点不唯一的情况。虽然这些图形本身是虚构的，但有这种性质的反应函数是完全可能存在的。事实上，将反应函数扩展到混合策略时很容易出现具有多重交点的反应函数的图形。

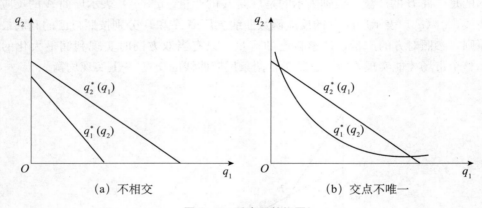

(a) 不相交　　　　　　　　　　(b) 交点不唯一

图 2-2　反应函数问题

资料来源：谢识予. 经济博弈论. 上海：复旦大学出版社，2016.

下面我们来考虑一下两个寡头联合起来形成完全垄断经营的最优决策情况。假设两个厂商总的垄断利润表达为：
$$\pi = QP(Q) - C(Q) = Q(a-bQ) - cQ$$
最优化的一阶条件为：
$$\pi' = a - 2bQ - c = 0$$
于是可知当利润最大化时，垄断厂商的最优产量为 $Q^* = \dfrac{a-c}{2b}$，此时最大利润 $\pi^* = \dfrac{1}{4b}(a-c)^2$。与上述分析中两个厂商单独决策时的最优总产量 $\dfrac{2(a-c)}{3b}$、总利润 $\dfrac{2}{9b}(a-c)^2$ 相比，两个厂商联合形成完全垄断的总产量 $\dfrac{a-c}{2b}$ 小于两个厂商单独决策时的总产量 $\dfrac{2(a-c)}{3b}$，两个厂商联合形成完全垄断的总利润 $\dfrac{1}{4b}(a-c)^2$ 大于两个厂商单独决策时的总利润$\frac{2}{9b}(a-c)^2$。这意味着两个厂商联合起来对市场进行垄断经营，总产量较小，而总利润却较高。寡头竞争的总产量大于垄断产量的原因在于每个厂商在选择自己的最优产量时，只考虑产量对本厂商利润的影响，而忽视对另一个厂商的负外部效应。这本质上仍是一个囚徒困境问题，由于两个厂商之间存在囚徒困境，串谋合作通常是不稳定的。

上述博弈是古诺模型比较简单的版本，解释了双头垄断市场的均衡状态，当然这一模型可以一般化为多头垄断模型。当市场上有 n 个完全相同的古诺型厂商时，那么反需求函数就表示为 $P=P(q_1+q_2+\cdots+q_n)$，此时，厂商 1 的利润函数为：

$$\pi_1 = q_1 P(q_1+q_2+\cdots+q_n) - cq_1$$

由利润最大化的一阶条件可得：

$$P(q_1+q_2+\cdots+q_n)+q_1 P'(q_1+q_2+\cdots+q_n)\left(1+\frac{\partial q_2}{\partial q_1}+\cdots+\frac{\partial q_n}{\partial q_1}\right)=c$$

假设反需求函数为 $P=P(q_1+q_2+\cdots+q_n)=a-b(q_1+q_2+\cdots+q_n)$，则均衡条件可以表示为：

$$MR = a-b(2q_1+q_2+\cdots+q_n)=MC=c$$

在均衡情况下，每个厂商产量相同，因此有：

$$q_1 = \cdots = q_n = q = \frac{a-c}{(n+1)b}$$

$$p = \frac{a+nc}{n+1}$$

$$Q = nq = \frac{n}{n+1}\frac{a-c}{b}$$

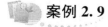

案例 2.9

西门子公司与汤姆森-CSF公司

欧洲电子公司西门子公司（厂商 S）和汤姆森-CSF公司（厂商 T）共同持有一项用于机场雷达系统的零件专利权，此零件的反需求函数为：

$$p = 1\,000 - q_S - q_T$$

式中，q_S 与 q_T 分别为两个厂商的销售量，p 为市场销售价格。两个厂商制造和销售此零件的总成本函数为：

$$TC_S = 70\,000 + 5q_S + 0.25q_S^2$$
$$TC_T = 110\,000 + 5q_T + 0.15q_T^2$$

设两个厂商独立行动，各自谋求通过销售这种零件使自己利润最大化的产量。西门子公司的利润为：

$$\pi_S = pq_S - TC_S = -70\,000 + 995q_S - q_T q_S - 1.25q_S^2$$

西门子公司最优反应行为的一阶条件为：

$$\frac{\partial \pi_S}{\partial q_S} = 995 - q_T - 2.5q_S = 0$$

汤姆森-CSF 公司的利润为：

$$\pi_T = pq_T - TC_T = -110\,000 + 995q_T - q_S q_T - 1.15q_T^2$$

汤姆森-CSF 公司最优反应行为的一阶条件为：

$$\frac{\partial \pi_T}{\partial q_T} = 995 - q_S - 2.3q_T = 0$$

由此可得两公司的反应函数分别为：

$$q_S = \frac{995 - q_T}{2.5} \quad (0 \leqslant q_T < 995)$$

$$q_T = \frac{995 - q_S}{2.3} \quad (0 \leqslant q_S < 995)$$

从而可得纳什均衡为：

$$q_S^* = 272.32 \quad q_T^* = 314.21$$

均衡价格为：

$$p^* = 413.47$$

均衡利润为：

$$\pi_S^* = 22\,695 \quad \pi_T^* = 3\,536.17$$

资料来源：于维生. 博弈论与经济. 北京：高等教育出版社，2007.

三、伯川德模型

法国经济学家约瑟夫·伯川德于 1883 年提出了另一种寡头模型——伯川德模型，又称产品竞争与替代模型。这种模型与古诺模型的差别在于，古诺模型把厂商的产量作为竞争手段，是一种产量竞争模型，而伯川德模型是价格竞争模型。伯川德认为对于厂商来说，调整价格比调整产量要简单得多，厂商间的竞争应该从价格出发。他提出如果每个寡头垄断者都假设他的对手保持其价格不变，那么博弈不会导致古诺模型的结果，而是完全竞争模型的结果。

1. 伯川德模型

伯川德模型的假设条件包括以下几点：

（1）某产品市场上仅有两个厂商，高进入壁垒阻止了其他厂商进入；

（2）两个厂商生产同质产品；

（3）厂商面临线性的市场需求曲线 $p = a - bQ$ 和不变的边际成本 $c_1 = c_2 = c$，固定成本为 0；

（4）每一个厂商都能生产出满足市场需求的产品数量，分别为 q_1 和 q_2，且 $q_1 +$

$q_2 = Q$；

（5）两个厂商同时进入市场并分割市场份额，仅在一个时期就价格制定进行博弈，每方在做决策时，假定对方的价格既定，各自的目标为利润最大化。

此时，两个厂商各自确定价格，然后根据市场需求生产产品。厂商 1 的定价取决于对厂商 2 的猜测，反之亦然。如果两个厂商定价不同，那么低定价的厂商会获得全部市场，高定价的厂商的销售额为零；如果两个厂商定价相同，则各获得市场份额的一半。

假设厂商总是能够满足对它的产品的需求，则厂商 1 的需求可由下式给出：

$$D_1(p_1, p_2) = \begin{cases} D(p_1, p_2) & p_1 < p_2 \\ \dfrac{1}{2} D(p_1, p_2) & p_1 = p_2 \\ 0 & p_1 > p_2 \end{cases}$$

当 $p_1 > p_2$ 时，厂商 1 没有获得市场需求，利润为零；当 $p_1 = p_2$ 时，厂商 1 和厂商 2 获得的市场需求各为市场总需求的一半；当 $p_1 < p_2$ 时，厂商 1 可以获得全部市场需求。因此，厂商 1 只要使其价格稍微低于厂商 2 的价格，就可以获得利润，厂商 1 有动力降价，使其价格保持在略低于厂商 2 价格的水平上。可见，厂商 1 定价的过程是厂商 1 对厂商 2 选择的最优反应，我们可以用反应函数 $p_1^*(p_2)$ 来表示。其最优定价策略可以描述为一个分段函数：（1）当厂商 1 预计厂商 2 的定价高于垄断价格 p_M 时，厂商 1 以略低于垄断价格 p_M 的价格定价，即 $p_M - \varepsilon$（ε 为非常小的正数）；（2）当厂商 1 预计厂商 2 的定价低于垄断价格但高于边际成本 MC 时，厂商 1 以略低于厂商 2 的价格定价，即 $p_1 = p_2 - \varepsilon$；（3）当厂商 1 预计厂商 2 的定价低于边际成本 MC 时，厂商 1 根据边际成本定价，即 $p_1 = MC$，因为没有厂商愿意索取低于边际成本的价格。因此反应函数曲线分为三个区间，如图 2-3（a）所示。而厂商 2 也会进行同样的考虑，其反应函数曲线 $p_2^*(p_1)$ 与厂商 1 的反应函数曲线 $p_1^*(p_2)$ 对称于 45°线，如图 2-3（b）所示。厂商 1 和厂商 2 的反应函数曲线的交点 N 点表示了纳什均衡点。N 点反映了两个厂商的最优定价都等于边际成本 MC。伯川德均衡的结果说明，即使市场中只有两个厂商，这样的垄断也能够恢复竞争，此时厂商按边际成本定价，厂商没有利润。伯川德模型的结论不同于古诺模型，而是类似于完全竞争模型。

上述分析也可以一般化到 n 个厂商的情况。当市场中有多个厂商共同进行价格竞争时，依据模型的假设条件，我们仍然可以得出相同的结论。而在古诺模型中，均衡产量是 n 的函数，即 $q^* = \dfrac{a-c}{(n+1)b}$，当 n 越来越大时，利润也越来越接近于零。

2. 伯川德悖论

事实上，市场上厂商间的价格竞争往往不能使价格降到等于边际成本，而是高于边际成本，此时，厂商仍然可以获得利润，所以，该结论也被称为伯川德悖论。伯川德模型之所以会得出和实际经验不符的结论，与它的前提假定有关。

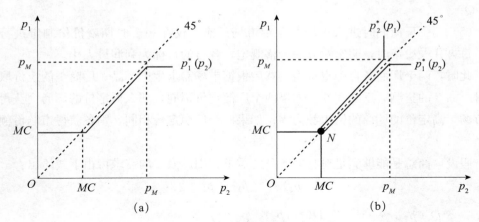

图 2-3　反应函数曲线

（1）生产能力约束。

伯川德模型假设每一个厂商都能生产出满足市场需求的产品数量，但在现实中不同厂商的生产能力是有限的。埃奇沃思在其于 1897 年发表的一篇论文中指出，由于大多数厂商的生产能力是有限的，所以，当一个开价较低的厂商以全部的生产能力所提供的供给量不能满足全社会的需求时，另一个厂商就可以以高于边际成本的价格出售产品来满足剩余的需求而获得正的利润。例如，保留两个厂商同时制定价格、边际成本不变并且对称、产品同质的假定，增加一个约束假定：每个厂商存在生产能力 k_i。那么，当 $p_2 > p_1$ 时，厂商 1 的销售量不再是全部市场，而是 k_1，厂商 2 的需求是 $D(p_1, p_2) - k_1$，在此生产能力约束条件下价格博弈的均衡点是 $p^* > MC$。可见，由于厂商生产能力有限，不能销售它没有能力生产的产品，当厂商 1 无法满足全部市场需求时，剩余的市场需求会由厂商 2 满足，厂商 2 对于这部分需求就可以收取高于边际成本的价格，从而获得利润。

（2）动态竞争。

伯川德模型是一种"静态"博弈。在伯川德模型中，由于假设参与者都只操作一次，因而一方稍微降低一点儿价格就能占领整个市场。但事实上，当厂商 1 降价时，厂商 2 不会在面对困境时不做出反应，它也很可能会降价，以重新获得其市场份额。而厂商 1 面对厂商 2 的新价格，还继续降价，使其价格保持在略低于厂商 2 的水平，如此循环往复。当厂商进行无限次定价的重复博弈时，就会引发长期的价格战，此时厂商必须考虑短期的所得和长期价格战的损失。为了避免引起价格战，两个厂商很可能产生合谋行为，在一个高于边际成本的价格处达成协议，不再降价。

（3）产品具有替代性。

伯川德模型假定两个厂商的产品没有差异，即具有完全替代性，消费者在购买的时候只关心产品的价格，哪个厂商要价最低，就从哪个厂商处购买。所以厂商降价会获得全部市场，厂商提价又会失去全部市场。而在现实中，同类产品在品牌、质量、服务、包装等方面是有差别的，这种差别可能是产品本身客观存在的特征，也可能是由广告等造成的消费者主观心理感受的不同。这种差别使产品不能完全可替代，替代程度随着产品差异的扩大而下降。当产品存在差异时，价格高的厂商仍然能够得到一部分顾客，从而出现和伯川德模型不一样的均衡结果。

下面考虑两个寡头的产品有一定差别的伯川德价格博弈模型。

假设当厂商 1 和厂商 2 的价格分别为 p_1 和 p_2 时，它们各自面临的需求函数分别为：

$$q_1 = q_1(p_1, p_2) = a_1 - b_1 p_1 + d_1 p_2$$
$$q_2 = q_2(p_1, p_2) = a_2 - b_2 p_2 + d_2 p_1$$

其中 d_1，$d_2 > 0$ 是表示两个厂商的产品有一定替代性的替代系数。我们同样假设两个厂商无固定成本，边际生产成本分别为 c_1 和 c_2。

在该博弈中，两个厂商各自的策略空间分别为 $S_1 = [0, p_{1\max}]$ 和 $S_2 = [0, p_{2\max}]$，其中 $p_{1\max}$ 和 $p_{2\max}$ 分别是厂商 1 和厂商 2 还能卖出产品的最高价格。

两个厂商的利润函数分别为：

$$\pi_1(p_1, p_2) = p_1 q_1 - c_1 q_1 = (p_1 - c_1)(a_1 - b_1 p_1 + d_1 p_2)$$
$$\pi_2(p_1, p_2) = p_2 q_2 - c_2 q_2 = (p_2 - c_2)(a_2 - b_2 p_2 + d_2 p_1)$$

由一阶条件得反应函数：

$$p_1 = \frac{1}{2 b_1}(a_1 + b_1 c_1 + d_1 p_2)$$

$$p_2 = \frac{1}{2 b_2}(a_2 + b_2 c_2 + d_2 p_1)$$

设纳什均衡为 (p_1^*, p_2^*)，必有：

$$\begin{cases} p_1^* = \dfrac{1}{2 b_1}(a_1 + b_1 c_1 + d_1 p_2^*) \\ p_2^* = \dfrac{1}{2 b_2}(a_2 + b_2 c_2 + d_2 p_1^*) \end{cases}$$

解得：

$$\begin{cases} p_1^* = \dfrac{d_1}{4 b_1 b_2 - d_1 d_2}(a_2 + b_2 c_2) + \dfrac{2 b_2}{4 b_1 b_2 - d_1 d_2}(a_1 + b_1 c_1) \\ p_2^* = \dfrac{d_2}{4 b_1 b_2 - d_1 d_2}(a_1 + b_1 c_1) + \dfrac{2 b_1}{4 b_1 b_2 - d_1 d_2}(a_2 + b_2 c_2) \end{cases}$$

(p_1^*, p_2^*) 是该博弈唯一的纳什均衡解。

拓展阅读 2.2

产品差异化的博弈分析——霍特林（Hotelling）模型

产品差异化是解释伯川德悖论的原因之一，造成产品差异化的因素有很多，比如产品的物理因素（功能、形状、颜色等）、心理因素（品牌、消费条件等）以及空间位置等。霍特林模型考虑在产品的物理因素、心理因素等相同的情况下，通过空间位置的差异来体现产品差异性。

假定在一个长度为 1 的线性区间 $[0, 1]$ 上，两个厂商分别坐落在两个不同的位置，其中厂商 1 位于 $x = 0$ 的位置，其产品价格为 p_1，厂商 2 位于 $x = 1$ 的位置，其产品

价格为 p_2，两个厂商的产品替代弹性不是无限大。消费者均匀分布在线性区间 $[0, 1]$ 上，其购买产品的运输成本与离商店的距离成比例，为每单位长度支付运输费用 t，每个厂商提供单位产品的成本为 c。这样，住在 x 的消费者如果在厂商 1 处购买，需要花费 tx 的运输成本；如果在厂商 2 处购买，需要花费 $t(1-x)$。假设当消费者位于 x 时，其对两个厂商的产品的偏好无差异。令 $D_i(p_1, p_2)$ 为两个厂商的需求函数，$i=1, 2$。如果住在 x 左边的都在厂商 1 处购买，住在 x 右边的都在厂商 2 处购买，需求分别为 $D_1(p_1, p_2) = x$，$D_2(p_1, p_2) = 1-x$。这里，x 满足：

$$p_1 + tx = p_2 + t(1-x)$$

解上式可得：

$$x = \frac{p_2 - p_1 + t}{2t}$$

因此：

$$D_1(p_1, p_2) = x = \frac{p_2 - p_1 + t}{2t}$$

$$D_2(p_1, p_2) = 1 - x = \frac{p_1 - p_2 + t}{2t}$$

利润函数分别为：

$$\pi_1(p_1, p_2) = (p_1 - c)D_1(p_1, p_2) = \frac{1}{2t}(p_1 - c)(p_2 - p_1 + t)$$

$$\pi_2(p_1, p_2) = (p_2 - c)D_2(p_1, p_2) = \frac{1}{2t}(p_2 - c)(p_1 - p_2 + t)$$

厂商 i 选择自己的价格 p_i 以最大化利润 π_i，给定 p_j，两个一阶条件分别是：

$$\frac{\partial \pi_1}{\partial p_1} = p_2 + c + t - 2p_1 = 0$$

$$\frac{\partial \pi_2}{\partial p_2} = p_1 + c + t - 2p_2 = 0$$

由此可得最优解为：

$$p_1^* = p_2^* = c + t$$

每个厂商的均衡利润为：

$$\pi_1 = \pi_2 = \frac{t}{2}$$

即每个厂商都有正利润，伯川德悖论不成立。可见，在存在产品空间位置差异的条件下，厂商通过同质产品在不同地区的销售就可以取得厂商预期的利润。

实施产品差异化策略对于厂商获得竞争优势的作用具体表现在以下几个方面：

(1) 产品具有某种特殊性提高了某一细分市场顾客的忠实程度，从而为潜在的竞争者进入这一细分市场设置了很强的进入障碍。

(2) 由于顾客对厂商提供的与众不同的产品具有某种程度的忠诚度，当这种产品的价值发生变化时，顾客对价格的敏感程度会因为营销时表现出的产品的独特性而降低，从而使厂商在同行业的竞争中形成一个隔离地带，减少被竞争者侵害的可能，并且削弱购买者讨价还价的能力。

（3）产品具有与众不同的特征可以为厂商带来较高的边际收益，从而增强厂商对供应者讨价还价的能力。

（4）厂商的产品具有某种特殊性可以使厂商依赖顾客的信任，在与替代品的较量中，较替代品生产商处于更为有利的地位。

资料来源：魏农建．价格竞争悖论与差异化策略．中国物价，2001（10）：27-28.

四、公地悲剧

公地悲剧是由英国科学家哈丁（Hardin）于 1968 年在其发表的论文《公地悲剧》（The Tragedy of the Commons）中首次提出的，他在这篇文章中描述了理性地追求自身利益最大化的个体行为是如何导致公共利益受损的。公地作为一项资源或财产有许多拥有者，他们中的每一个都有使用权，但没有权利阻止其他人使用，由于资源产权不明，个人使用资源的直接成本小于社会所需付出的成本，从而每一个人都倾向于过度使用，造成资源枯竭，发展变为不可持续的发展。过度砍伐的森林、过度捕捞的渔业资源及严重污染的河流和空气都是公地悲剧的典型例子。

假设在一个村庄，n 个农民共同拥有一片草地，每个农民的直接利益取决于他所放牧的羊的数量。由于草地的面积是有限的，且受到牧草生长速度的限制，草地每年有最合适的放牧数量。当超过这个数量的羊进入草地时，草地就会变得稀疏。每年春天，每个农民都要决定养多少只羊。假定每个农民在做出决定时并不知道其他农民的养羊数，即农民的决策是同时做出的，同时假定所有农民都清楚在不同的羊只总数下每只羊的产出。这就构成了一个 n 个农民之间关于养羊数的静态博弈。

在此博弈中，博弈参与者是 n 个农民，他们各自的决策空间是他们可能选择的养羊数 $g_i(i=1, 2, \cdots, n)$ 的取值范围；当各个农民的养羊数为 $g_1, g_2, \cdots, g_n$ 时，$G = \sum_{i=1}^{n} g_i$，表示 n 个农民饲养的羊的总数量；v 表示每只羊的平均价值，它是饲养羊只总数 G 的减函数，$v=v(G)$，且存在草地最大牧羊数量 G_{max}，当 $G<G_{max}$ 时，$v(G)>0$；当 $G \geqslant G_{max}$ 时，$v(G)=0$。随着饲养羊只数量的增多，每只羊的平均价值会急剧下降，因此，我们假定：$\dfrac{\partial v}{\partial G}<0$，$\dfrac{\partial^2 v}{\partial G^2}<0$，一阶导数为负表明随着羊的数量的增加，羊的价值会下降，二阶导数为负表明随着羊的数量的增加，羊的价值的下降幅度是递增的，$v(G)$ 是 G 的单调递减的上凸函数。

假设农民购买一只羊的价格为 c，那么农民 i 的利润函数为：

$$\pi_i(g_1, g_2, \cdots, g_n) = g_i v(G) - g_i c \text{ 且 } i=1, 2, \cdots, n$$

最优化的一阶条件是：

$$\frac{\partial \pi_i}{\partial g_i} = v(G) + g_i v'(G) - c = 0$$

上述一阶条件可以做如下解释：增加一只羊有正负两方面的效应，正的效应是这只羊本身的价值，负的效应是这只羊使所有之前的羊的利润下降 $[g_i v'(G) < 0]$。最优解满足边际收益等于边际成本的条件。

上述 n 个一阶条件定义了 n 个反应函数：

$$g^* = g_i(g_1, \cdots, g_{i-1}, g_{i+1}, \cdots, g_n) \text{ 且 } i = 1, 2, \cdots, n$$

因为

$$\frac{\partial^2 \pi_i}{\partial g_i^2} = v'(G) + v'(G) + g_i v''(G) < 0$$

$$\frac{\partial^2 \pi_i}{\partial g_j \partial g_i} = v'(G) + g_i v''(G) < 0$$

所以

$$\frac{\partial g_i}{\partial g_j} = -\frac{\dfrac{\partial^2 \pi_i}{\partial g_j \partial g_i}}{\dfrac{\partial^2 \pi_i}{\partial g_i^2}} < 0$$

也就是说，第 i 个农民的最优饲养量随其他农民的饲养量的增加而递减，n 个反应函数的交叉点就是纳什均衡：$g^* = (g_1^*, \cdots, g_i^*, \cdots, g_n^*)$，纳什均衡的总饲养量为：

$$G^* = \sum_{i=1}^{n} g_i^*$$

仔细观察一阶条件，我们发现，尽管每个农民在决定增加饲养量时考虑了对现有羊的价值的负效应，但他考虑的只是对自己的羊的影响，而并不是对所有的羊的影响。因此，在最优点上个人边际成本小于社会边际成本，纳什均衡的总饲养量大于社会最优的饲养量。这一点可以用下述方法证明。

将 n 个一阶条件相加，我们得到：

$$v(G^*) + \frac{G^*}{n} v'(G^*) = c$$

社会最优的饲养量的目标是最大化社会总剩余价值：

$$\max_G [Gv(G) - Gc]$$

最优化一阶条件为：

$$v(G^{**}) + G^{**} v'(G^{**}) = c$$

这里 G^{**} 是社会最优的饲养量，比较社会最优的一阶条件与个人最优的一阶条件可以看出，$G^* > G^{**}$，公地被过度使用了。

为了更加直观地了解该结论，我们来看一个具体的例子。假设有 $n = 3$，即只有三个农民，每只羊的平均价值为 $v = v(G) = 100 - G = 100 - (g_1 + g_2 + g_3)$，成本 $c = 4$ 元。那么这三个农民的利润函数可以表示为：

$$\pi_1 = g_1[100 - (g_1 + g_2 + g_3)] - 4g_1$$

$$\pi_2 = g_2[100 - (g_1 + g_2 + g_3)] - 4g_2$$

$$\pi_3 = g_3[100 - (g_1 + g_2 + g_3)] - 4g_3$$

则三个农民各自对其他两个农民策略的反应函数为：

$$g_1 = R_1(g_2, g_3) = 48 - \frac{1}{2}g_2 - \frac{1}{2}g_3$$

$$g_2 = R_2(g_1, g_3) = 48 - \frac{1}{2}g_1 - \frac{1}{2}g_3$$

$$g_3 = R_3(g_1, g_2) = 48 - \frac{1}{2}g_1 - \frac{1}{2}g_2$$

这三个反应函数的交点（g_1^*，g_2^*，g_3^*）就是博弈的纳什均衡，将g_1^*、g_2^*、g_3^*代入反应函数，联立方程组可得$g_1^* = g_2^* = g_3^* = 24$，那么三个农民各自的利润则为$\pi_1^* = \pi_2^* = \pi_3^* = 576$元，三个农民的总利润为1 728元。

如果考虑总体利润最大的最优羊只数量，当羊只总数为G时，总利润函数为：

$$\pi = G(100 - G) - 4G$$

当总利润最大时，$\pi' = 96 - 2G^* = 0$，此时$G^* = 48$，代入利润函数可知此时的总利润为$\pi^* = 2\,304$元。可见，当每个农民独立决策时，他们会每人饲养24只羊，草地上的总羊数为72只，获得的总利润是1 728元；而当他们自觉将养羊数限制在每人16只时，可以获得的总利润是2 304元，比在独立决策时能获得更多利润，但这种理想的结果很难实现。在缺乏约束的条件下，当存在过度放牧问题时，每个农民虽然明知公地会退化，但个人博弈的最优策略仍然只能是增加牧羊数量，久而久之，牧场可能会彻底退化。

拓展阅读 2.3

奥斯特罗姆对"公地悲剧"治理问题思路的突破

2009年美国印第安纳大学经济学教授埃莉诺·奥斯特罗姆（Elinor Ostrom）被授予诺贝尔经济学奖。人们关注埃莉诺·奥斯特罗姆，不仅仅因为她是自1969年诺贝尔经济学奖设立以来首位女性得主，而且因为她对"公地悲剧"的不同于传统的理解。

"公地悲剧"自哈丁发表题为《公地悲剧》的文章后引起了自然科学界和社会科学界的广泛讨论和争议。哈丁认为，"公地悲剧"源于每个个体为了私人利益，倾向于最大限度地使用公共资源，导致公共资源遭到破坏，最终所有人的利益都受到损害，据此，哈丁认为市场机制无法实现公共资源的有效配置，应该转向政府干预方式。一般来说，避免"公地悲剧"的简单而有效的办法之一是尽可能地使资源的所有权明晰，并制定相应的政策法规，明确责任和义务。此外，政府可以通过征税来增加厂商或个人使用该资源的成本，也可以通过发放许可证等方式来控制公共资源的使用。

但是，奥斯特罗姆通过大量的案例研究发现，在一些实行政府干预的公共领域出现了资源的过度使用或退化现象，相反，在许多成功的公共资源治理案例中，主导的治理模式是使用者自治。显然，这些现象与传统的公共经济理论相悖。奥斯特罗姆认为，造成这种现象的根本原因在于传统的博弈分析在方法上存在致命的缺陷，它是从一些与现实不符的"理论前提"出发来解释现实问题的。传统理论习惯于从自私自利的经济人假设出发，从一次单阶博弈的角度来看待公共资源的配置问题。在这个分析框架中，资源使用者是自私自利的，他们拥有完全信息，独立行动，互不沟通，他们之间的博弈是一次性的。奥斯特罗姆从小规模的公共池塘资源系统入手，说明实践中的资源使用者尽管是有限理性的行为人，但是并非像囚徒那样独立行动，这些使用者因共享一份资源而结成一个社群，使用者之间存在长期的沟通、互动和互惠互利关系，对彼此的行动互为了解，也掌握资源存量、变量、承载量等地方信息。更为重要的是，这些使用者都在力求有效地解决问题，由于他们有相当部分的经济收益来自公共资源，因此都有强烈的愿望去解决公共问题以便提高他们自己的生产力。同时，实践中的使用者们不断地沟通，相互打交道，知道谁是能够被信任的，他们的行为将会对其他人产生什么影响，对公共资源产生什么影响，以及如何把自己组织起来趋利避害。另外，奥斯特罗姆也指出，传统理论认为资源使用者的博弈结构无法变化，不会有其他的均衡解，只能达成非合作均衡解，而现实中资源使用者能够改变博弈结构，也就是能够达到合作的均衡解，因此，她认为传统理论的博弈方法根本不适合分析这个问题。

因此，在奥斯特罗姆看来，所谓的"公地悲剧""囚徒困境""集体行动困难"等只是一些使用极端假设的特殊模型，它们无法被用作解释公共资源问题的一般理论模型。

资料来源：安宇宏．公地悲剧．宏观经济管理．2009（12）：67. 柴盈，曾云敏．奥斯特罗姆对经济理论与方法论的贡献．经济学动态，2009（12）：100－103.

五、纳什均衡的多重性

纳什均衡理论奠定了现代主流博弈理论和经济理论的根本基础，其对经济学以及其他社会科学甚至自然科学产生了重要影响。但是，在许多博弈中都存在多个纳什均衡，有些博弈甚至存在无穷多个纳什均衡，纳什均衡的多重性问题仍然是困扰博弈论学者的主要问题。例如，两个人分一块蛋糕，每个人独立地提出自己要求的份额，设第一个人要求的份额为 x_1，第二个人要求的份额为 x_2，如果 $x_1+x_2 \leqslant 1$，每个人都可以得到自己所要求的份额；否则谁也得不到什么。在这个博弈中，任何满足 $x_1+x_2=1$ 的 (x_1, x_2) 都是纳什均衡，因而该博弈有无穷多个纳什均衡。

当一个博弈出现多个纳什均衡时，就会给博弈的实际应用带来麻烦。当面对多个纳什均衡时，要求参与者预测同一个纳什均衡会非常困难。参与者拿不出一个标准来判断应该以多个纳什均衡中的哪一个来作为理论预测的结果。在这种情况下，如果不同的参与者预测的不是同一个纳什均衡，那么实际出现的就不是纳什均衡，而是非纳什均衡。面对多重纳什均衡导致的选择问题，有必要对博弈方的决策行为方式等进行讨论。博弈理论家就此问题提出了帕累托上策均衡、风险上策均衡、聚点均衡等理论。

1. 帕累托上策均衡

帕累托效率（Pareto efficiency），又称帕累托最优（Pareto optimality），是指资

源分配的一种理想状态。假定对于固有的一群人和可分配的资源，当不存在另一种状态能使没有任何人的处境变坏同时至少一个人的处境变得更好时，这种状态就被称为帕累托效率。反过来，如果还能够在不损害某一个人或一部分人利益的条件下使另一个人或另一部分人的利益得到改善，就可以认为资源尚未得到充分利用，也就不能说已经实现了帕累托效率。帕累托最优状态不可能再有帕累托改进的余地，如果一种状态不是帕累托最优，意味着存在帕累托改进的可能。

拓展阅读 2.4

帕累托改进

下面用一个两人社会模型解释一下帕累托改进。假设一个社会中只有两个人 A 和 B，图 2-4 表示的是可行分配线，表示收入在两人之间所有可以分配的可能性，其中直线和纵轴的交点 E 点表示全部收入被分配给 B，而直线与横轴的交点 F 点表示全部收入被分配给 A，直线上的点表示收入一部分被分配给 A，一部分被分配给 B。可行分配线上的点都代表帕累托最优的状态。但直线内侧的点则表示分配不是帕累托最优的，存在帕累托改进的可能。比如从 Z 点到 X 点和从 Z 点到 Y 点均是帕累托改进，因为在一方主体收入不变的情况下，另一方主体的收入因此增加了。或者可以看出从 Z 点到三角形 XYZ 中的任何一点进行改进，都是帕累托改进，因为在改进过程中双方的收入都得到了提升。但从 Z 点到 M 点不是帕累托改进，尽管在调整过程中个人 B 的收入得到了提升，但个人 A 的收入因此减少了，这不符合帕累托改进的标准。可见，从非帕累托最优点到帕累托最优点并不一定是帕累托改进。

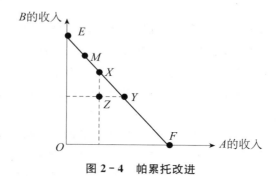

图 2-4　帕累托改进

但这种情况在现实中有很多，于是需要引进新的衡量社会效率的标准，一个可选择的标准就是"卡尔多-希克斯标准"。如果有一种变革，受益者的所得可以弥补受损者的损失，这样的变革就是卡尔多-希克斯改进。比如在两人社会中，设想第一个人得到 100，第二个人也得到 100，假如现在有另一种可以选择的状态，第一个人得到 1 000，第二个人得到 99，按照帕累托标准，这个改进是不可行的，但它使社会的总财富增加了，按照卡尔多-希克斯标准，这个改变是可行的，并且卡尔多-希克斯改进有可能转化为一个帕累托改进。如果两个人可以谈判，第一个人补偿第二个人 1 以上的话，就形成了帕累托改进，所以卡尔多-希克斯改进是潜在的帕累托改进。因此，要实现将卡尔多-希克斯改进转化为帕累托改进，必须解决受损者的补偿问题。根据科斯定理，如果交易成本很小，个人之间的谈判将可以保证卡尔多-希克斯效率作为帕累托效率出现，效率与收入分配没有关系。在现实中，如果变革涉及的人数不多，补偿问题一般通过当事人之间的谈判就可以解决，市场交易大量涉及这类谈判。但对社会层面的大变革来说，由于受益者和受损者都人数众多，谈判并不是一件容易的事。更由于人们对相对收入水平和相对地位的重视，许多潜在的卡尔多-希克斯改进根本没办法进行。仍然假设原来的状态是每个人得到100，现在第一个人得到1 000，第二个人得到100，按照先前的标准，这是一个帕累托改进，但如果公平与否进入了人们的效用函数，这种改进就不见得是帕累托改进。第一个人现在的收入比原来多很多，他自然很高兴。但与此同时，第二人发现第一个人的收入和自己的收入的差距变大了，他可能会因此很不愉快。因此，这就不再是一个帕累托改进。考虑到心理成本，究竟应该给受损者补偿多少才能使他觉得自己没有受损，很难有客观的标准。这是在平均主义观点相对强的社会进行变革更困难的原因。再进一步讲，即使事后的补偿实际上不会发生，因而变革不可能得到一致同意，但如果在做出制度安排前每个人成为赢家的机会均等，从事前的角度看，卡尔多-希克斯改进也是帕累托改进。比如说，在前边的例子中，如果每个人都有50％的可能性成为得到1 000的赢家，那么变革后每个人的预期所得 $0.5 \times 1\,000 + 0.5 \times 99 = 549.5$，大于现在的100，从事前看这样的变革没有任何人受损，所以是帕累托改进，尽管从事后看不是帕累托改进。

资料来源：张维迎. 博弈与社会. 北京：北京大学出版社，2013：24-27.

根据帕累托效率意义上的优劣关系选择出来的纳什均衡就是帕累托上策均衡。在一个博弈中存在多个纳什均衡，但纳什均衡之间有明显的优劣差异，某个纳什均衡给所有博弈方带来的利益都大于其他纳什均衡，各博弈方不仅自己会选择该纳什均衡的策略，而且可以预料其他博弈方也会选择该纳什均衡的策略，这个策略组合即为该博弈的帕累托上策均衡。

我们通过"战争与和平"博弈来了解帕累托上策均衡。从国家和人民长远利益的角度看，战争通常对任何一方都是有害无益的，选择战争比选择和平有利的唯一情况是对方选择战争。表2-29显示了两个国家对战争与和平的选择博弈。在这个博弈中有两个纳什均衡，即（战争，战争）和（和平，和平），其中（和平，和平）显然是两个纳什均衡中帕累托最优的，也是本博弈的帕累托上策均衡。

表2-29   "战争与和平"博弈

		国家2	
		战争	和平
国家1	战争	−5，−5	8，−10
	和平	−10，8	10，10

2. 风险上策均衡

在上述的"战争与和平"博弈中，（和平，和平）是两个纳什均衡中帕累托效率较好的一个，构成了博弈的最终结果。但是当一个博弈中某个策略组合具有帕累托效率意义上的优势时，该策略组合一定是博弈的最终解吗？答案是不一定，因为博弈方可能还会考虑风险因素。由于考虑风险因素，即使几个纳什均衡之间存在帕累托效率意义上的优劣关系，也不能保证帕累托上策均衡一定是博弈的最终结果。博弈参与者会考虑不同纳什均衡之间的风险状况，优先选择风险小的策略组合。因此，在一个博弈中，如果所有的博弈方在预计其他博弈方采用各个纳什均衡的策略概率相同时都偏爱其中某一纳什均衡，则该纳什均衡就是风险上策均衡。

比如在表 2－30 所示的博弈中，存在（上，左）、（下，右）两个纳什均衡，（上，左）是帕累托上策均衡，但是如果考虑风险因素的话，我们来分析一下两个策略中哪一个发生的可能性比较大。从甲的角度考虑，如果乙选择左和右各有一半的可能性，那么甲选择上策的期望效用是 4.5，选择下策的期望效用是 7.5，这样来看，甲选择下策是比较稳妥的。同理，乙也假设甲选择上和下各有一半的可能性，如果乙选左，期望效用是 4.5，选择右的期望效用是 7.5。所以乙多半会选择比较稳妥的右策略。所以博弈的结果多半是（下，右）的策略组合。

表 2－30　　　　　　　　博弈支付矩阵

		乙	
		左	右
甲	上	9，9	0，8
	下	8，0	7，7

博弈论中有一个著名的"猎鹿模型"，讲述了两个猎人共同猎鹿的故事：某一天他们在狩猎的时候看到一头梅花鹿。要猎到这头鹿并不是一件容易的事情，只有这两个人齐心协力都去猎鹿时，才会得到那只鹿。如果猎鹿的时候一只兔子突然在其中一个人身边经过，而这个人转而去抓兔子，这个人会得到兔子，但鹿就跑掉了。两个人得到一头鹿的效用比分别得到一只兔子的效用大。假设一头鹿的价值是 10，1 只兔子的价值是 3，我们可以看到一共有四种方案供选择，如表 2－31 所示。如果两个人合力抓鹿，可以抓住这头鹿并平分，每人获得的价值是 5；如果两个人都抓兔子，各自可以获得 1 只价值为 3 的兔子，而鹿就会跑掉；如果一个人抓鹿而另一个人抓兔子，抓兔子的人能获得 1 只价值为 3 的兔子，而抓鹿的人什么也得不到。假定两个人不能商量，必须在瞬间做出决策。

表 2－31　　　　　　　　猎鹿博弈

		博弈方 2	
		鹿	兔
博弈方 1	鹿	5，5	0，3
	兔	3，0	3，3

显然在这个博弈中存在两个纳什均衡（鹿，鹿）和（兔，兔），其中（鹿，鹿）是帕累托上策均衡，因此选择（鹿，鹿）是符合双方利益的。但是，虽然（鹿，鹿）比（兔，兔）多 2 单位利益，但如果一方抓鹿时另一方去抓兔子，那么抓鹿的一方就会一无所获，而抓兔子的一方则会有比较保底的利益。即使一方只有一半的可能性选择抓兔子，选择抓鹿的期望效用也只有 2.5，小于抓兔子的确定效用 3。因此，如果考虑这种风险，（鹿，鹿）不再是必然的选择，而（兔，兔）是这个博弈更合理的选择和结果。（兔，兔）是这个博弈的一个风险上策均衡。

⬇ 拓展阅读 2.5

偏离损失比较法

上述介绍的通过比较参与者期望效用大小从而确定风险上策均衡的方法存在不严密的地方，为什么我们能够假设双方采用两个策略的概率分别是 50%？现在一些经济学家采用的方法不是期望盈利比较法，而是损失乘积比较法，又称偏离损失比较法。以表 2-32 所示的博弈矩阵为例，在这个博弈中，有 $A=(U, L)$、$B=(D, R)$ 两个纳什均衡。如果甲从 A 偏离出去，盈利从 6 变成 5，他会损失 1，我们写"甲的离 A 损失为 1"；如果甲从 B 偏离出去，盈利从 4 变成 0，他会损失 4，我们写"甲的离 B 损失为 4"。如果乙从 A 偏离出去，盈利由 6 变成 5，他会损失 1，我们写"乙的离 A 损失为 1"；如果乙从 B 偏离出去，盈利由 4 变到 0，他会损失 4，我们写"乙的离 B 损失为 4"。由于

甲的离 A 损失×乙的离 A 损失＜甲的离 B 损失×乙的离 B 损失

我们得出结论，均衡 B 比均衡 A 具有风险优势。

表 2-32　　　　　　　博弈支付矩阵

		乙	
		L	R
甲	U	6，6	0，5
	D	5，0	4，4

资料来源：王则柯，李杰. 博弈论教程. 北京：中国人民大学出版社，2004.

3. 聚点均衡

事实上，并不是所有博弈都存在帕累托上策均衡，比如在交通博弈里，甲、乙两车相向行驶，这就涉及向左行驶和向右行驶的问题。假如两车都向左或都向右行驶，则双方都可以顺利通过，各得 1 单位效用。而当两车一个向左一个向右行驶，则两车都无法通过，各得−1 单位效用。于是可以得到以下支付矩阵（见表 2-33）。在这个博弈里，（向左，向左）和（向右，向右）都是纳什均衡，同时我们也发现，这两个纳什均衡给参与者带来的效用是相同的，没有人严格偏好其中一个纳什均衡。

表 2 - 33   交通博弈

甲		乙	
		向左	向右
	向左	1，1	-1，-1
	向右	-1，-1	1，1

但是人们受心理、文化、习惯等因素的影响，可能会相互预期博弈中某一特定的均衡将会出现，从而选择执行这个特定的均衡。诺贝尔经济学奖获得者托马斯·谢林对这种现象进行了探讨并提出聚点均衡理论（又称焦点效应、关键点均衡等）。所谓聚点，是博弈双方或多方可能共同知道或认同的一些明显的事项，它的产生可能是由于共同的文化、习惯、社会背景关系和知识理解以及参与者过去博弈的历史经验，也可能是其他能够共同想到的事物特征、某些特殊的量、位置关系、具体环境、纯粹的偶然因素等。谢林认为，当博弈参与者之间没有正式的信息交流或信息不完备时，他们所处的"环境"往往可以提供某种线索或建议使他们不约而同地选择与各自的条件相称的策略（聚点），从而达到均衡。

聚点均衡可以理解为是一个与所有别的均衡相比有让人特别注意的性质的均衡，是在博弈参与者具有多种策略选择情况下做出的协调性的决策。最简单的典型对称协调博弈收敛于聚点的数学模型可以表述为：

设 $S=\{s_1, s_2, \cdots, s_N\}$ 为 N 个参与者的行动集合，$U(n_1, n_2)$ 为收益函数，则：

$$U(n_1, n_2) = \{1, n_1 = n_2; 0, n_1 \neq n_2\} \qquad (2-9)$$

式中 n_1、n_2 为行为人 1 和行为人 2 的选择。

聚点是多重纳什均衡博弈的一个解决方案，根据谢林的描述，该解决方案的依据是某些易于被发现的显著特征，如果存在某些醒目的标识能够发挥提醒或者警示的作用，成为参与者确定自身策略的依据，则有助于聚点的形成。聚点的产生一般以缺乏有效沟通为前提，在聚点均衡形成的过程中，参与者为了追求共同利益的实现，会努力寻求参与者之间的协作因素来达成默契或共识。

聚点均衡最简单的例子之一是"城市博弈"：要求两个人各自独立地把上海、北京、南京、天津四个城市分成两个一组的两组，如果两个人的分组方法相同，则他们都可以得到奖励，如果分法不同，则都没有奖励。通常在这个实验中，参加者都把上海和南京分成一组，而把北京和天津分为另一组。因为前两个城市都在南方，后两个城市都在北方，这种地理知识正是帮助人们进行选择的聚点。结果，两个人都把上海和南京分成一组，把北京和天津分成一组，就是这个博弈的一个聚点均衡。

再比如，假定两个人被要求各选择 13 个英文字母，第一个人的选择必须包括 F，第二个人的选择必须包括 W，如果两个人的选择没有重复，每个人能得到一定的奖励，那么第一个人选择（A，B，$\cdots$，M），第二个人选择（N，O，$\cdots$，Z）是一个聚点均衡。

在前面分析的情侣博弈中，纳什均衡是（足球，足球）和（芭蕾，芭蕾），不存在帕累托上策均衡，也不存在风险上策均衡，但如果今天是男方的生日，（足球，足球）可能是一个聚点均衡，而如果是女方的生日，（芭蕾，芭蕾）可能是一个聚点均衡。在分蛋糕的博弈中，如果参与者都有公平意识的话，（0.5，0.5）可能是一个聚点均衡，而如果是姐弟分蛋糕，姐姐疼爱弟弟，弟弟也知道姐姐疼爱自己，（0.4，0.6）可能是一个聚点均衡。

除了均衡本身有引人注目的特征外，当存在事先交流的可能性时，事先磋商可以使某些纳什均衡实际出现。"廉价磋商"是指参与者在博弈开始前进行不花什么成本的事前磋商。尽管不能保证磋商能够达成一个协议，或者参与者尽管达成一个协议也不一定能够遵守，但事前磋商确实可以使某些纳什均衡实际发生。例如在情侣博弈中，如果男女双方事先能打个电话，非纳什均衡大概不会出现。但是这一结论也并不总是成立。例如以下博弈（见表 2-34）有两个纳什均衡 (X_1, Y_1)、(X_2, Y_2)。显然 (X_1, Y_1) 的帕累托效率好于 (X_2, Y_2)。在有事前磋商时，(X_1, Y_1) 可能是一个聚点均衡。但奥曼指出，即使事前磋商也不能保证 (X_1, Y_1) 一定会出现。因为，在未磋商时，X_2 是 A 的最安全的选择，Y_2 是 B 的最安全的选择，只要 A 认为 B 选 Y_2 的可能性大于 $1/3$，X_2 就是 A 的最优选择；同理，只要 B 认为 A 选 X_2 的可能性大于 $1/3$，Y_2 就是 B 的最优选择。假如事先 B 告诉 A 他会选 Y_1，A 也不一定会相信 B，因为无论 B 自己选什么，A 选 X_1 都会使 B 获益，因此，即使 B 并不打算选 Y_1，他也会告诉 A 他将选 Y_1。所以没有理由认为 A 应该相信 B 的话，(X_2, Y_2) 很可能会出现。

表 2-34　　　　　　　　　　博弈支付矩阵

		B	
		Y_1	Y_2
A	X_1	10, 10	0, 7
	X_2	7, 0	6, 6

如果一个个体能当众向所有局中人提议应都实现某均衡，这样的方法也可以确定博弈里的聚点均衡，这个个体可以被称作"聚点仲裁人"。即使聚点仲裁人的提议可能没有约束力，当每个局中人认为其他局中人将接受聚点仲裁人的提议时，博弈中的每个局中人就会认为接受仲裁提议是最优的。博弈的聚点均衡可由效用的内在性质决定，文化、传统、社会心理等方面的一些因素也会导致出现聚点均衡。

拓展阅读 2.6

"冲突"与"均衡"的魅力

以色列耶路撒冷希伯来大学理性分析中心教授罗伯特·奥曼与马里兰大学经济学系和公共政策学院教授托马斯·谢林获得了 2005 年的诺贝尔经济学奖。瑞典皇家科学院在颁奖文告中称，这两位经济学家"因通过博弈论分析加强了我们对冲突和合作的理解"而获奖，他们的研究成果有助于"解释价格战和贸易战这样的经济冲突以及为何一些社区在运营共同拥有的资源方面更具成效"。

自 1994 年纳什等因对博弈论的贡献获得诺贝尔经济学奖起，1996 年、2001 年和

2002 年的诺贝尔经济学奖也都与博弈论密切相关，因此这两位教授的获奖多少有些出人意料。但事实上，早在 1994 年经济学家因对博弈论的贡献而首获诺贝尔经济学奖时，这两位学者就已经是主要候选人了。

奥曼在过去的 40 多年中一直是数理经济学领域的领袖人物，很早就开始研究经济学中的"知识"等基础概念，对"知识"的定义方法提出过改进意见。他在这方面更重要的工作是 1976 年给出了关于"共同知识"的数学定义。"共同知识"实际上也是把奥曼和谢林两个人联系在一起的一个概念。奥曼利用自己定义的"共同知识"证明了一个著名的结论，即如果人们能够充分交流，而且都是理性的，那么人们之间不可能对给定事件的判断存在不一致。根据这个结论进一步可以证明的是，在人们都做风险规避的前提下，不可能在有共同的事先概率的情况下做相反方向的投机。因此只有在交流不够、信息不充分或者人们并不理性的情况下才可能存在投机，否则投机是不可能发生的。这就是所谓的"无投机定理"。这个定理对于理解市场经济中的许多现象和问题有重要的意义。奥曼 1974 年提出的"相关均衡"也是博弈分析中非常重要的概念，是在博弈有多重均衡也就是人们有多重选择但需要协调的情况下解决决策选择方面的协调困难和避免冲突的重要机制之一。

与奥曼相比，谢林更多从事博弈论的应用研究而非理论研究。谢林的博弈分析方法主要是思想、逻辑分析而非数学模型分析，但这并不妨碍谢林对人们在各种冲突和合作情况下的行为、决策方式进行深入分析。谢林最著名的代表作是《冲突的策略》。这本书主要讨论军事策略、核战争、武器竞赛等方面的问题，但谢林在这本书中使用的分析方法和思想，在一般的议价、谈判和冲突管理等方面都有重要的应用。谢林在该书中提出了聚点理论。这本书在出版后受到非常广泛的关注，被公认是西方自 1945 年以来影响最大的 100 本书之一。

显然，谢林的聚点均衡思想与奥曼的相关均衡思想是相似的，也是在存在多重纳什均衡时帮助人们预测均衡和进行选择的最简单但又最重要的机制，是博弈论的均衡选择理论的重要组成部分。而且奥曼的相关均衡完全可以被看做谢林的聚点均衡的发展。

最近 10 多年来，诺贝尔经济学奖多次被授予博弈论及相关领域的研究人员，这反映出一个主要趋势，即诺贝尔经济学奖或者由诺贝尔经济学奖所反映的现代经济学发展越来越重视深入分析人类的经济行为及其对社会经济的影响。这显然是在纠正以往在理性经济人假设、完全市场、完美信息的基础上忽视人类经济行为的新古典经济分析方法的错误。以新古典数理分析方法和经典计量经济学为两大支柱的经济学大厦，正处于一个重要的重建过程中。

4. 相关均衡

在现实中，当人们反复遇到相似的选择难题时，很有可能会通过反复试探、培养默契等形成特定的机制来摆脱困境。奥曼在 1974 年提出的"相关均衡"就是这样一种解决多重均衡选择难题的机制。所谓"相关均衡"，就是设计一种规则，这个规则发出"相关信号"，参与者根据自己观察到的信号（信息）来选择自己的行动，这时尽管每个参与者仍是独立行动的，但他们的行动通过这样的信号而变得相关了，这种由参与者的行为规则构成的纳什均衡被称为相关均衡，相关均衡可以使所有参与者受益。

相关均衡最简单的例子就是交通信号灯的作用。在没有信号灯时，车辆、行人通过路口时很容易发生事故，原因是驾驶员或者行人在选择停或行方面存在多重纳什均衡，而且缺乏协调机制，只能盲目选择，但信号灯的出现给人们提供了一种协调机制，使人们能做出正确的选择，顺利通过路口。相关均衡可能是参与者事先磋商的结果。比如在前面提到的情侣博弈中，如果双方同意根据天气情况选择行动，比如"如果天气好就看足球，如果天气不好就看芭蕾"，这样通过天气变化的信号，两个人的选择就相关了。

为了说明相关均衡的概念，让我们来考虑以下这个例子（见表 2-35）。该博弈包括两个纯策略纳什均衡（U，L）和（D，R），这两个纯策略纳什均衡都能够使参与者获得总计 6 单位效用，但由于在两个策略下双方的利益相差很大，双方很难自然达成一致。在这个博弈中还有一个混合策略纳什均衡 [（1/2，1/2），（1/2，1/2）]，即双方都以 1/2 的概率在自己的两个纯策略中随机选择，那么双方各得 2.5 的期望效用。现假设双方都根据某一信号选择行动，比如抛硬币，假如正面朝上，参与者 A 选 U，参与者 B 选 L；如果反面朝上，参与者 A 选 D，参与者 B 选 R。双方按这一规则进行选择，这样两个纯策略纳什均衡（U，L）和（D，R）各有 1/2 出现的可能，那么每个人的期望效用是 3，大于他们独立选择混合策略时的期望效用 2.5。

表 2-35 博弈支付矩阵

		参与者 B	
		L	R
参与者 A	U	5，1	0，0
	D	4，4	1，5

进一步发展上述思路可能实现更好的结果。在表 2-35 所示的博弈中，有一个总效用更高的策略组合（D，L），由于不是纳什均衡，因此除了混合策略纳什均衡包含采用它的可能性外，在一次性博弈中无法实现它。但我们可以设计一种均衡选择机制，既能以较高概率选择该策略组合，又能排除（U，R）。这种选择机制的关键是发出"相关信号"的装置：（1）该装置以相同概率（各 1/3）随机发 A、B、C 三种信号；（2）参与者 A 只能看到信号是不是 A，参与者 B 只能看到信号是不是 C；（3）参与者 A 看到 A 选择 U，否则选择 D；参与者 B 看到 C 选择 R，否则选择 L。

该机制有如下性质：（1）保证 U 和 R 不会同时出现，即排除了（U，R）；（2）（U，L）、（D，L）和（D，R）各以 1/3 的概率出现，从而两个参与者的期望效用为 3.33；（3）双方按照该机制做出的选择构成纳什均衡；（4）上述相关装置并不影响原来的均衡，即如果一个博弈方忽视信号，另一个博弈方也可以忽视信号，并不影响原来能实现的效用。我们称双方根据上述相关装置达成的纳什均衡为"相关均衡"。上述相关均衡至少部分实现了（D，L），对提高博弈效率是有意义的。

六、混合策略纳什均衡

1. 混合策略纳什均衡

案例 2.10

田忌赛马是否存在纳什均衡？

田忌和齐威王赛马，双方各出三匹马，一对一比赛三场，比赛为三局两胜制。马按实力分为上、中、下三等。齐威王的上等马、中等马、下等马分别比田忌的上等马、中等马、下等马略胜一筹，由于总是同等次马比赛，因此田忌每次都连输三场。实际上田忌的上等马虽然不如齐威王的上等马，却比齐威王的中等马和下等马都要好，而田忌的中等马也要比齐威王的下等马要好一些。后来田忌的谋士孙膑为田忌献策，在下一次比赛中第一局时田忌出下等马对齐威王的上等马先输一局，第二局田忌出上等马对齐威王的中等马，第三局田忌出中等马对齐威王的下等马，这样可连赢两局。田忌依计而行，果真取得了胜利。

这个故事被很多人当做博弈论的例子来演绎，但实际上这个故事更体现为一个单方面运用了策略的问题。因为只有田忌一方在安排马的出场次序方面运用了策略，齐威王一方没有运用策略与之对抗，当田忌依次出下等马、上等马、中等马时，齐威王仍然依次出上等马、中等马、下等马，当然要输了。事实上，一旦齐威王发觉田忌在使用计谋，必然也会改变自己三匹马的出场顺序，比如当田忌出下等马时，齐威王应出下等马，但当齐威王出下等马时，田忌不应出下等马而是出中等马，此时齐威王又应出中等马而不是下等马了。于是，双方的赛马变成了具有策略依存特性的决策较量，构成典型的博弈问题。

现假设田忌和齐威王赛马，双方在决定出场次序时不能预先知道对方的次序，并且一旦决定谁也不准反悔。双方决定其马的出场顺序，比赛获胜的一方可以获得一千斤铜，其博弈支付矩阵如表2-36所示。

表 2-36　　　　　　　　　　田忌赛马

| | | 田忌 | | | | | |
		上中下	上下中	中上下	中下上	下上中	下中上
齐威王	上中下	3, −3	1, −1	1, −1	1, −1	−1, 1	1, −1
	上下中	1, −1	3, −3	1, −1	1, −1	1, −1	−1, 1
	中上下	1, −1	−1, 1	3, −3	1, −1	1, −1	1, −1
	中下上	−1, 1	1, −1	1, −1	3, −3	1, −1	1, −1
	下上中	1, −1	1, −1	1, −1	−1, 1	3, −3	1, −1
	下中上	1, −1	1, −1	−1, 1	1, −1	1, −1	3, −3

这个博弈中的齐威王和田忌会怎样选择策略？最终结果应该是什么？

资料来源：谢识予. 经济博弈论. 上海：复旦大学出版社，2016.

那么，田忌赛马是否存在纳什均衡呢？是不是所有的完全信息静态博弈都存在纳什均衡呢？其实在前边提到的硬币游戏博弈中，我们就发现没有哪个策略组合的双方策略相互是对对方策略的最优对策，因为这种零和博弈的任何一方都不会选择失败，所以单纯形式的纳什均衡并不存在。

再比如石头-剪刀-布博弈也并不存在纳什均衡（见表 2-37）。这是因为每个参与者都试图能先猜中对手可能采取的策略，从而选择相应的策略。例如，如果参与者 1 猜测参与者 2 可能采取策略石头，那么参与者 1 的最优策略就是布，但是如果参与者 2 猜测参与者 1 可能采取策略布，参与者 2 的最优策略就是剪刀，而不是石头。

表 2-37　　　　　　　　　　　　石头-剪刀-布博弈

		参与者 2		
		石头	剪刀	布
参与者 1	石头	0，0	1，-1	-1，1
	剪刀	-1，1	0，0	1，-1
	布	1，-1	-1，1	0，0

显然，硬币游戏博弈、石头-剪刀-布博弈和田忌赛马都并不存在单纯形式的纳什均衡，因为无论双方采取哪个策略组合，结果都是一方赢一方输，输的一方总是可以通过单独改变策略反输为赢。

为了解决这类均衡不存在的问题，需要把策略的概念扩充为混合策略的概念，进而把纳什均衡的概念扩充为混合策略意义下的纳什均衡的概念。为了便于区分，在前边分析中提到的策略和纳什均衡被称作"纯策略"和"纯策略纳什均衡"。比如在前面介绍的囚徒困境中，"坦白""抵赖"就是纯策略，唯一的纳什均衡解（坦白，坦白）就是纯策略纳什均衡。同样，在情侣博弈中的两个纳什均衡（足球，足球）、（芭蕾，芭蕾）都是纯策略纳什均衡。

相应地，在博弈中，博弈方的决策内容不是确定性的具体的策略，而是在一些策略中随机选择的概率分布，这样的决策我们称之为"混合策略"，具体定义如下：

在博弈 $G=\{S_1, \cdots, S_n; u_1, \cdots, u_n\}$ 中，博弈方 i 的策略空间为 $S_i=\{s_{i1}, \cdots, s_{ik}\}$，则博弈方 i 以特定概率分布 $p_i=(p_{i1}, \cdots, p_{ik})$ 在其 k 个可选策略中随机选择的策略被称为一个"混合策略"，其中 $0 \leqslant p_{ij} \leqslant 1$ 对 $j=1, \cdots, k$ 都成立且 $p_{i1}+\cdots+p_{ik}=1$。

当然，纯策略也可以看做混合策略的特例。纯策略可以被理解为：选择相应纯策略的概率为 1、选择其余纯策略的概率为 0 的混合策略。因此，混合策略包含纯策略。例如在硬币游戏博弈中，参与者 1 的一个混合策略为概率分布 $(p, 1-p)$，其中 p 表示掷出正面的概率，$1-p$ 表示掷出背面的概率，$0 \leqslant p \leqslant 1$。在此博弈中，（1/2, 1/2）表示参与者 1 掷出正面和背面的概率相同，而 (1, 0) 则表示参与者 1 掷出正面的概率为 1。那么混合策略 (1, 0) 为掷出正面的这个纯策略。可见，在一个博弈中，一个博弈参与者的混合策略是对该参与者的纯策略的随机选择。

那么博弈方应该以什么样的概率选择自己的每一个纯策略呢？这就引出了混合策略博弈的原则：

第一，硬币游戏博弈、石头-剪刀-布博弈、田忌赛马这些博弈都有一个显著的特征，即每个参与者都想猜透对方的策略，而每个参与者又都不想让对方猜透。如果自己的策略被对方猜透的话，对方则会做出针对性的选择。因此，不让其他博弈方事先了解自己的选择是各博弈方必须遵循的原则。

第二，在这类博弈的多次重复中，每个博弈方一定要避免自己的选择带有任何的规律性，因为一旦自己的选择有某种规律性而被对手发觉，对手就可以根据这种规律性判断你的选择，从而对症下药选择策略。比如在石头-剪刀-布博弈中如果参与者1总是固定地按照石头、剪刀、布的顺序有规律性地出，那么参与者2就可以根据参与者1前一次的策略轻易猜中他后一次会出什么，从而做出有针对性的选择。这意味着每个博弈方都必须随机选择自己的策略。

第三，在进行选择时，自己选择每个策略的概率一定要恰好让对方无机可乘，即让对方无法通过有针对性地倾向某一策略而在博弈中占上风。也就是说，任何一个博弈方究竟应该以什么样的概率选择自己的每一个纯策略，其原则应该是这一概率组应该能够使对方对他的每一个纯策略的选择持无所谓的态度，也就是要使对方的每一个纯策略的预期收益或赢的期望值相等。比如在硬币游戏博弈中，如果两个参与者都以$1/2$的相同概率随机选择正面、反面，双方都无法根据对方的选择方式选择或调整自己的策略或选择方式获得利益，从而双方在对两个可选策略随机选择概率分布的意义上达到了稳定或均衡。

由此可知，当任何博弈方单独改变随机选择各个纯策略的概率分布都不能保证增加收益时，就实现了混合策略纳什均衡。需要强调的是，在纯策略纳什均衡里关注的是效用的最大化，由于混合策略伴随着的是支付的不确定性，因此参与者关心的是其期望效用。在给定对方的混合策略的情况下，使期望效用最大化的混合策略即为最优混合策略。在两人博弈里，最优混合策略的组合即为混合策略纳什均衡。可做如下表述：如果博弈为$G=\{S,u\}$，其中$N=\{1, 2, \cdots, n\}$，$S_i=\{s_{i1}, \cdots, s_{ik}\}$，$u=(u_1, \cdots, u_n)$，$\forall i \in N$，参加者$i$的混合策略为$p_i=(p_{i1}, p_{i2}, \cdots, p_{ik})$，期望效用函数为$v_i(p_i, p_{-i})=E[u_i(s)]$。一个混合策略组合$p^*=(p_1^*, p_2^*, \cdots, p_n^*)$是博弈$G=\{S,u\}$的一个混合策略纳什均衡，对每一个参与者$i=1, 2, \cdots, n$，对于所有的$p_i \in P_i$，不等式$v_i(p_i^*, p_{-i}^*) \geqslant v_i(p_i, p_{-i}^*)$成立。

在引进了混合策略的概念之后，我们可以将纳什均衡的概念扩大到包括混合策略的情况。对各博弈方的一个策略组合，不管它是由纯策略组成的还是由混合策略组成的，只要满足各博弈方都不想单独偏离它，我们就称之为一个纳什均衡。

2. 混合策略纳什均衡的求解

（1）用支付最大化方法求解混合策略纳什均衡。

在前面提到的硬币游戏博弈中没有纯策略纳什均衡，但是存在混合策略纳什均衡。假设参与者1的混合策略为$\sigma_1=(q, 1-q)$（即参与者1以q的概率掷出正面，以$1-q$的概率掷出反面），参与者2的混合策略为$\sigma_2=(r, 1-r)$（即参与者2以r的概率掷出正面，以$1-r$的概率掷出反面）。参与者1的期望效用函数为：

$$v_1(\sigma_1, \sigma_2) = q[-r+(1-r)] + (1-q)[r-1 \times (1-r)] = (2q-1)(1-2r)$$

参与者 1 最优化的一阶条件为:

$$\frac{\partial v_1}{\partial q} = 2 - 4r = 0$$

此时有:

$$r^* = 1/2$$

参与者 2 的期望效用函数为:

$$v_2(\sigma_1, \sigma_2) = r[q-(1-q)] + (1-r)[-q+(1-q)] = (2r-1)(2q-1)$$

参与者 2 最优化的一阶条件为:

$$\frac{\partial v_2}{\partial r} = 4q - 2 = 0$$

此时有:

$$q^* = 1/2$$

硬币博弈中两个博弈方都以 $(1/2, 1/2)$ 的概率分布随机投掷正面和反面的混合策略组合,就是一个混合策略纳什均衡。

再来看一个社会福利博弈的例子。在这个博弈中,参与者是政府和流浪汉,流浪汉有两个策略:寻找工作或游荡。政府也有两个策略:救济或不救济。政府想帮助流浪汉,但前提是后者必须试图寻找工作,否则,前者不予帮助;而流浪汉只有在得不到政府救济时才会找工作。表 2-38 给出了该博弈的支付矩阵。

表 2-38　　　　　　　　　　社会福利博弈

		流浪汉	
		寻找工作	游荡
政府	救济	3, 2	-1, 3
	不救济	-1, 1	0, 0

这个博弈不存在纯策略纳什均衡,任何一个纯策略组合都有一个博弈方可通过单独改变策略得到更好的收益,那么我们来找出混合策略纳什均衡。假定政府的混合策略为 $\sigma_G = (\theta, 1-\theta)$(即政府以 θ 的概率选择救济,以 $1-\theta$ 的概率选择不救济),流浪汉的混合策略为 $\sigma_L = (\gamma, 1-\gamma)$(即流浪汉以 γ 的概率选择寻找工作,以 $1-\gamma$ 的概率选择游荡)。政府的期望效用函数为:

$$\begin{aligned}v_G(\sigma_G, \sigma_L) &= \theta[3\gamma+(-1)\times(1-\gamma)] + (1-\theta)[-\gamma+0\times(1-\gamma)] \\ &= \theta(4\gamma-1)-(1-\theta)\gamma \\ &= \theta(5\gamma-1)-\gamma\end{aligned}$$

政府最优化的一阶条件为:

$$\frac{\partial v_G}{\partial \theta} = 5\gamma - 1 = 0$$

此时有:

$$\gamma^* = 0.2$$

这意味着在混合策略均衡下，流浪汉以 0.2 的概率选择寻找工作，以 0.8 的概率选择游荡。

同样，流浪汉的期望效用函数为：

$$v_L(\sigma_G, \sigma_L) = \gamma[2\theta + 1 \times (1-\theta)] + (1-\gamma)[3\theta + 0 \times (1-\theta)]$$
$$= \gamma(\theta + 1) + 3(1-\gamma)\theta$$
$$= -\gamma(2\theta - 1) + 3\theta$$

流浪汉最优化的一阶条件为：

$$\frac{\partial v_L}{\partial \gamma} = -(2\theta - 1) = 0$$

此时有：

$$\theta^* = 0.5$$

纳什均衡要求每个参与者的混合策略是给定对方的混合策略下的最优选择。故 $\theta^* = 0.5$，$r^* = 0.2$ 是唯一的纳什均衡。在均衡时，政府以 0.5 的概率选择救济，以 0.5 的概率选择不救济；流浪汉以 0.2 的概率选择寻找工作，以 0.8 的概率选择游荡。此时谁都无法通过单独改变自己的选择改善自己的期望效用，因此这个混合策略组合是稳定的。

（2）用支付等值法求解混合策略纳什均衡。

找出混合策略纳什均衡的方法除了支付最大化方法，还有一种是支付等值法，这两种方法是等价的，在上述社会福利博弈的例子中我们使用支付最大化方法找出了 $\theta^* = 0.5$，$\gamma^* = 0.2$ 是唯一的纳什均衡。下面我们介绍一下支付等值法的求解过程。

以上述社会福利博弈为例，假定政府的混合策略为 $\sigma_G = (\theta, 1-\theta)$（即政府以 θ 的概率选择救济，以 $1-\theta$ 的概率选择不救济），流浪汉的混合策略为 $\sigma_L = (\gamma, 1-\gamma)$（即流浪汉以 γ 的概率选择寻找工作，以 $1-\gamma$ 的概率选择游荡）。根据混合策略纳什均衡概率分布必须让对方两个纯策略期望效用相同的原理，政府选择救济和不救济的概率 θ 和 $1-\theta$ 一定要使流浪汉选择寻找工作和游荡的期望效用相等，于是有 $2\theta + 1 \times (1-\theta) = 3\theta + 0 \times (1-\theta)$，解得 $\theta^* = 0.5$。同理，流浪汉选择寻找工作和游荡的概率 γ 和 $1-\gamma$ 一定要使政府选择救济和不救济的期望效用相等，因此，$3\gamma + (-1) \times (1-\gamma) = -\gamma + 0 \times (1-\gamma)$，于是有 $\gamma^* = 0.2$。

我们用这种方法来分析一下当齐威王也在马的出场次序上使用策略后，双方决定本方马出场次序的博弈方法和博弈结果。博弈矩阵如表 2-39 所示。假设齐威王的策略从上到下分别为 a、b、c、d、e、f；田忌的策略从左到右分别为 g、h、i、j、k、l。齐威王选择各策略的概率分别为 p_a、p_b、p_c、p_d、p_e、p_f，则田忌选择 g、h、i、j、k、l 的期望效用分别为 $-3p_a - p_b - p_c + p_d - p_e - p_f$，$-p_a - 3p_b + p_c - p_d - p_e - p_f$，$-p_a - p_b - 3p_c - p_d - p_e + p_f$，$-p_a - p_b - p_c - 3p_d + p_e + p_f$，$p_a - p_b - p_c - p_d - 3p_e - p_f$，$-p_a + p_b - p_c - p_d - p_e - 3p_f$。令 6 个期望效用相等，又因为 $p_a + p_b + p_c + p_d + p_e + p_f = 1$，则可解得 $p_a = p_b = p_c = p_d = p_e = p_f = 1/6$。同样田忌选择各策略的概率分别为 p_g、p_h、p_i、p_j、p_k、p_l，则这 6 个概率也应使齐威王选择各纯策略的期望效用都相等，最终解得 $p_g = p_h = p_i = p_j = p_k = p_l = 1/6$。齐威王和田忌都以 1/6 的

概率随机选择各自的 6 个纯策略是本博弈唯一的混合策略纳什均衡。

表 2-39 　　　　　　　　　田忌赛马

			田忌					
			g	h	i	j	k	l
			上中下	上下中	中上下	中下上	下上中	下中上
齐威王	a	上中下	3，-3	1，-1	1，-1	1，-1	-1，1	1，-1
	b	上下中	1，-1	3，-3	1，-1	1，-1	1，-1	-1，1
	c	中上下	1，-1	-1，1	3，-3	1，-1	1，-1	1，-1
	d	中下上	-1，1	1，-1	1，-1	3，-3	1，-1	1，-1
	e	下上中	1，-1	1，-1	1，-1	-1，1	3，-3	1，-1
	f	下中上	1，-1	1，-1	-1，1	1，-1	1，-1	3，-3

（3）用反应对应求解混合策略纳什均衡。

在前面我们分析了用反应函数求解纳什均衡的方法，这种方法也可以被用于求解混合策略纳什均衡。反应函数是由博弈中的一个参与者对另一个参与者每种可能决策的最优反应决策构成的函数，表示的是一个参与者只有一个特定的策略是其他人给定策略的最优选择，然而在混合策略纳什均衡中，我们可以使用反应对应的概念来描述一个参与者对应于其他参与者混合策略的最优选择，反应对应允许一个参与者有多个（甚至无穷多个）策略是其他给定策略的最优选择。

以前面提到的社会福利博弈为例。假设 $(\theta, 1-\theta)$ 是政府随机选择救济和不救济的混合策略概率分布，$(\gamma, 1-\gamma)$ 是流浪汉选择寻找工作和游荡的混合策略概率分布，两个博弈参与者的反应对应就是 θ 和 γ 之间的相互决定关系。

根据前面的分析可知，如果流浪汉选择寻找工作的概率 $\gamma < 0.2$，政府将选择不救济，如果流浪汉选择寻找工作的概率 $\gamma > 0.2$，政府将选择救济。只有当 $\gamma = 0.2$ 时，政府才会选择混合策略（$\theta \neq 0, 1$）或任何纯策略。同样，如果政府选择救济的概率 $\theta < 0.5$，流浪汉的最优选择为寻找工作，如果政府选择救济的概率 $\theta > 0.5$，流浪汉的最优选择为游荡，只有当 $\theta = 0.5$ 时，流浪汉才会选择混合策略（$\gamma \neq 0, 1$）或任何纯策略。因此，政府和流浪汉的反应对应分别为：

政府：

$$\theta = \begin{cases} 0, & \text{如果 } \gamma < 0.2 \\ [0, 1], & \text{如果 } \gamma = 0.2 \\ 1, & \text{如果 } \gamma > 0.2 \end{cases}$$

流浪汉：

$$\gamma = \begin{cases} 1, & \text{如果 } \theta < 0.5 \\ [0, 1], & \text{如果 } \theta = 0.5 \\ 0, & \text{如果 } \theta > 0.5 \end{cases}$$

因此得到图 2-5 中的反应曲线。在图 2-5 中，横纵坐标分别表示概率 θ 和 γ，其中 $\gamma = \gamma(\theta)$ 曲线是流浪汉对政府的反应曲线，即图形中的实线曲线。$\theta = \theta(\gamma)$ 曲线是政府对流浪汉的反应曲线，即图中的虚线曲线。图中的黑点表示曲线的端点。两条曲线的交点 N 点即为本博弈唯一的混合策略纳什均衡，混合策略纳什均衡可以表示为 $[(\theta, 1-\theta), (\gamma, 1-\gamma)] = [(0.5, 0.5), (0.2, 0.8)]$，即当政府选择混合策略 $(0.5, 0.5)$，流浪汉选择混合策略 $(0.2, 0.8)$ 时博弈达到了均衡，图中除 N 点外其他各点均未实现均衡。

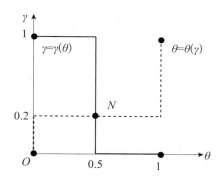

图 2-5　社会福利博弈的混合策略纳什均衡

3. 多重均衡博弈和混合策略

混合策略的概念和混合策略纳什均衡的分析方法也适用于分析有多个纯策略纳什均衡的博弈。比如在前面分析的情侣博弈中，男方喜欢看足球，女方喜欢看芭蕾，他们都愿意在一起而不分开。该博弈的支付矩阵见表 2-40。

表 2-40　　　　　　　　　　　情侣博弈

		女方	
		足球	芭蕾
男方	足球	2, 1	0, 0
	芭蕾	0, 0	1, 2

这个博弈有两个纯策略纳什均衡（足球，足球）、（芭蕾，芭蕾）。在纯策略范围内，该博弈无法对双方的选择提出确定的建议，也需要考虑博弈双方采用混合策略的可能性。假定男方的混合策略为 $\sigma_1 = (\alpha, 1-\alpha)$（即男方以 α 的概率选择足球，以 $1-\alpha$ 的概率选择芭蕾），女方的混合策略为 $\sigma_2 = (\beta, 1-\beta)$（即女方以 β 的概率选择足球，以 $1-\beta$ 的概率选择芭蕾）。那么，男方的期望效用函数为：

$$v_1(\sigma_1, \sigma_2) = \alpha[2\beta + 0 \times (1-\beta)] + (1-\alpha)[0 \times \beta + 1 \times (1-\beta)]$$

其最优化的一阶条件为：

$$\frac{\partial v_1}{\partial \alpha} = 3\beta - 1 = 0$$

此时有：

$$\beta^* = 1/3$$

女方的期望效用函数为：

$$v_1(\sigma_1, \sigma_2) = \beta[1 \times \alpha + 0 \times (1-\alpha)] + (1-\beta)[0 \times \alpha + 2(1-\alpha)]$$

其最优化的一阶条件为：

$$\frac{\partial v_2}{\partial \beta} = 3\alpha - 2 = 0$$

此时有：

$$\alpha^* = 2/3$$

分析表明，当男方以 2/3 的概率选择足球，以 1/3 的概率选择芭蕾，女方以 1/3 的概率选择足球，以 2/3 的概率选择芭蕾时，双方都无法通过单独改变策略而提高效用，因此双方上述概率分布的组合构成一个混合策略纳什均衡。因此该博弈有两个纯策略纳什均衡，还有一个混合策略纳什均衡。

通过上述分析，如果男方选择足球的概率 $\alpha < 2/3$，那么女方将选择芭蕾，如果男方选择足球的概率 $\alpha > 2/3$，那么女方将选择足球。当 $\alpha = 2/3$ 时，女方会选择混合策略（$\beta \neq 0，1$）或任何纯策略。同理，如果女方选择足球的概率 $\beta < 1/3$，那么男方将选择芭蕾，如果女方选择足球的概率 $\beta > 1/3$，那么男方将选择足球。当 $\beta = 1/3$ 时，男方会选择混合策略（$\alpha \neq 0，1$）或任何纯策略。那么男方和女方的反应对应分别为：

男方：

$$\alpha = \begin{cases} 0, & \text{如果 } \beta < 1/3 \\ [0，1], & \text{如果 } \beta = 1/3 \\ 1, & \text{如果 } \beta > 1/3 \end{cases}$$

女方：

$$\beta = \begin{cases} 0, & \text{如果 } \alpha < 2/3 \\ [0，1], & \text{如果 } \alpha = 2/3 \\ 1, & \text{如果 } \alpha > 2/3 \end{cases}$$

在图 2-6 中，实线部分是男方对女方决策的反应曲线 $\alpha = \alpha(\beta)$，虚线部分是女方对男方决策的反应曲线 $\beta = \beta(\alpha)$。在这个图形中有三个交点，即 O 点、M 点和 N 点。其中 O 点和 M 点表示的是两个纯策略纳什均衡，即（芭蕾，芭蕾）和（足球，足球）。而 N 点则是混合策略纳什均衡，可以表示为 $[(\alpha，1-\alpha)，(\beta，1-\beta)] = [(2/3，1/3)，(1/3，2/3)]$，即当男方选择混合策略（2/3，1/3），女方选择混合策略（1/3，2/3）时实现混合策略纳什均衡。

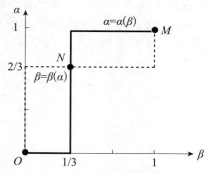

图 2-6 情侣博弈的混合策略纳什均衡

七、纳什均衡的存在性

纳什在20世纪50年代证明了纳什均衡的存在性，即任何有限博弈都存在至少一个纳什均衡，这为非合作博弈打下了重要基础。纳什的工作不仅解决了存在性问题，而且还为其后的博弈论研究提供了一整套方法论工具，即运用不动点定理这一强有力的数学工具进行博弈论数学分析，这对后来的博弈论甚至数理经济学的发展产生了很大的影响。

1. 纳什均衡的存在性定理 I

在一个有 n 个博弈方的博弈 $G = \{S_1, \cdots, S_n; u_1, \cdots, u_n\}$ 中，如果 n 是有限的，且 S_i 都是有限集（对 $i=1, \cdots, n$），则该博弈至少存在一个纳什均衡（纯策略的或混合策略的）。

由于纳什均衡的概念在数学上就是一个不动点的概念，因此我们需要介绍一下不动点和不动点定理。

（1）布劳尔（Brower）不动点定理。

布劳尔不动点定理的表述为：如果 $f(x)$ 是自身对自身的映射（即 $f: X \to X$），$f(x)$ 是连续的，X 是非空的、闭的、有界的和凸的，那么，至少存在一个 $x^* \in X$，使得 $f(x^*) = x^*$，x^* 是一个不动点。函数的连续性及集合的闭性、有界性和凸性是保证不动点存在的充分条件，而不是必要条件。

考虑一元函数的例子。在图 2-7 中，BD 是 45°线，它实际上等价于函数 $y = f(x) = x$。BD 线上的每一点都满足 $f(x) = x$，把满足 $f(x) = x$ 的 x 称为不动点。BD 线所代表的函数的自变量 x 的取值范围为 $[0, 1]$，被称为定义域，而因变量 y 的取值范围为 $[0, 1]$，被称为值域。定义域和值域都为 $[0, 1]$ 的函数 $f(x)$，又可写作 $f: [0, 1] \to [0, 1]$，读作从 $[0, 1]$ 到 $[0, 1]$ 的映射。现从 AB 线出发任意画一条连续不断裂的曲线，直到 CD 线结束，我们会发现无论如何画，这条曲线都会和 BD 线相交，这个交点就是不动点。任意画的曲线等价于一个函数 $g(x)$，没有断裂意味着它是连续的，与 BD 相交意味着 $g(x^*) = x^*$，所以交点叫做不动点。

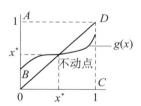

图 2-7 在区间 [0，1] 上的连续函数具有不动点

所以任意画的曲线都有如下特点：

第一，定义域 $[0, 1]$ 是非空的、有界的、闭的、凸集合，简称非空凸集。所谓有界集合就是任意画一个圆（圆的半径可以任意大，但不能无穷大）可以把它包括在内。闭集是指包含边界的集合，有界闭集即为紧致集合，简称紧集。而凸集就是在集合内任意找两点，连接两点的直线一定位于集合中。

第二，函数 $f(x)$ 是连续的，并且是自身对自身的映射。

布劳尔不定点定理证明了对于 n 元函数如果满足上述要点就存在不动点。

（2）角谷静夫（Kakutani）不动点定理。

由于在纳什均衡存在性证明中所遇到的反应函数一般是多个因变量函数，即所谓对应，这就有了对布劳尔不动点定理的扩展。函数是集合上点与点之间的联系规则，对应是点与子集之间的联系规则。简单地说，给定 X 上的一个点 x，如果 $f(x)$ 给出唯一的一个点 $y \in Y$，$f(x)$ 被称为从 X 到 Y 的函数；如果 $f(x)$ 给出一个点集 $Y(x) \in Y$，$f(x)$ 被称为从 X 到 Y 的对应。函数是对应的特例，即 $Y(x)$ 只包括唯一点的情况。而角谷静夫不动点定理正好描述的是对应的一种性质。但角谷静夫不动点定理自身的证明要用到布劳尔不动点定理。

假定 $f(x)$：$X \rightarrow X$ 是定义在点集 X 上的一个对应。根据角谷静夫不动点定理，如果 X 是非空的、闭的、有界的和凸的，$f(x)$ 对于所有的 $x \in X$ 是非空的、凸的且上半连续，那么至少存在一个 $x^* \in X$，使得 $x^* \in f(x^*)$，x^* 被称为一个不动点。

关于对应的上半连续，通俗地讲就是如果存在一个序列 x^1，x^2，…，x^n 收敛于 x，并且 $y^1 \in f(x^1)$，$y^2 \in f(x^2)$，…，$y^n \in f(x^n)$ 收敛于 y，那么一定有 $y \in f(x)$ [如果 $f(x)$ 只有唯一值，那么 $\in$ 就变 $=$]，即对应包含着它的极限点。在图 2-8（a）中，当 $x \rightarrow a$，即从 a 的左边向其收敛时，$f(x) \rightarrow A$，但我们看到 $A \notin f(a)$，即对应 $f(x)$ 并不包含极限点 A，所以它不是上半连续的。而在图 2-8（b）中，对应 $f(x)$ 包含它的每一个序列的极限点，特别是 $A \in f(a)$，因而它满足上半连续，但它不是连续的。但对函数而言，上半连续就是连续的。

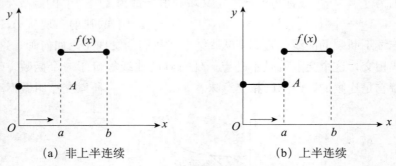

(a) 非上半连续　　　　　　　(b) 上半连续

图 2-8　对应的上半连续

现在用角谷静夫不动点定理证明纳什均衡的存在性。假定有 n 个参与者，每个参与者都有有限个纯策略。定义 $\sigma = (\sigma_1, \cdots, \sigma_i, \cdots, \sigma_n)$ 为 n 个参与者的混合策略组合，其中 $\sigma_i \in \sum_i$ 是第 i 个参与者的混合策略；$\sum = x_i \sum_i$ 为混合策略组合空间（即 $\sigma \in \sum$）。我们用 $r_i(\sigma)$ 代表 i 的反应对应，将其定义为给定其他参与者的混合策略 σ_{-i} 时 i 的最优策略。数学上讲，$r_i(\sigma)$ 将每一个策略组合 σ 映射到 i 的策略空间 $\sum_i$ 的一个子集上。定义对应 r：$\sum \rightarrow \sum$ 为 r_i 的笛卡尔积。如果存在一个不动点 $\sigma^* = (\sigma_1^*, \cdots, \sigma_i^*, \cdots, \sigma_n^*) \in \sum$，使得 $\sigma^* \in r(\sigma^*)$，且对所有的 i，$\sigma_i^* \in r_i(\sigma^*)$，这个不动点就是

纳什均衡。因此，我们的任务是说明角谷静夫不动点定理的条件是满足的。

首先，因为每一个 $\sum_i$ 都是一个概率空间，因而是 $(J-1)$ 维的单纯形（这里 J 是第 i 个参与者的纯策略数量）。这意味着 $\sum_i$（从而 $\sum$）是闭的、有界的、凸的和非空的。其次，因为期望效用是混合概率的线性函数，因而是连续的和拟凹的，$r_i(\sigma)$ 是非空的（有界闭集上的连续函数一定有最大值）。进一步，期望效用函数的线性意味着，如果 $\sigma' \in r(\sigma)$，$\sigma'' \in r(\sigma)$，那么 $\lambda\sigma' + (1-\lambda)\sigma'' \in r(\sigma)[\lambda \in (0,1)]$（即如果 σ_i' 和 σ_i'' 是对应于 σ_{-i} 的最优选择，那么它们的加权平均也是对应于 σ_{-i} 的最优选择），因此 $r(\sigma)$ 是凸的。最后，我们要证明，$r(\sigma)$ 是上半连续的，即如果 $(\sigma^m, \bar{\sigma}^m) \to (\sigma, \bar{\sigma})$，$\bar{\sigma}^m \in r(\sigma^m)$，那么 $\bar{\sigma} \in r(\sigma)$。假定不是这样，即存在一个序列 $(\sigma^m, \bar{\sigma}^m) \to (\sigma, \bar{\sigma})$，$\bar{\sigma}^m \in r(\sigma^m)$，但 $\bar{\sigma} \notin r(\sigma)$，那么，对某些 i，$\bar{\sigma} \neq r_i(\sigma)$。这样的话，存在一个 $\varepsilon > 0$ 和一个 σ_i 使得 $v_i(\sigma_i', \sigma_{-i}) > v_i(\bar{\sigma}_i, \sigma_{-i}) + 3\varepsilon$。因为 v_i 是连续的，$(\sigma^m, \bar{\sigma}^m) \to (\sigma, \bar{\sigma})$，如果 m 足够大，我们有：

$$v_i(\sigma_i', \sigma_{-i}^m) > v_i(\sigma_i', \sigma_{-i}) - \varepsilon > v_i(\bar{\sigma}_i, \sigma_{-i}) + 2\varepsilon > v_i(\bar{\sigma}_i^m, \sigma_{-i}^m) + \varepsilon$$

因此，σ_i 严格优于 $\bar{\sigma}_i^m$（给定 σ_{-i}^m），即 $\bar{\sigma}_i^m \notin r_i(\sigma^m)$，与假设矛盾。因此，我们证明 $r(\sigma)$ 是上半连续的。

因为角谷静夫不动点定理的条件是满足的，所以，$r: \sum \to \sum$ 有一个不动点 $\sigma^* = (\sigma_1^*, \cdots, \sigma_i^*, \cdots, \sigma_n^*) \in \sum$，使得 $\sigma^* \in r(\sigma^*)$，且对所有的 i，$\sigma_i^* \in r_i(\sigma^*)$。根据构造，这个不动点就是纳什均衡。

以上证明了有限博弈纳什均衡的存在性。在上述存在性定理中，每个参与者都有有限个纯策略只是纳什均衡存在的充分条件，而不是必要条件。比如在古诺模型中，每个参与者都有无穷多个纯策略，但纳什均衡是存在的。但是，当参与者有无穷多个纯策略时，纳什均衡的存在性要求支付函数在纯策略上是连续的。如果支付函数不连续，均衡就可能不存在。

2. 纳什均衡的存在性定理 Ⅱ

在 n 个参与者标准式博弈 $G = \{S_1, \cdots, S_n; u_1, \cdots, u_n\}$ 中，如果每个参与者 i 的纯策略空间 S_i 是欧氏空间上的一个非空的、闭的、有界的凸集，支付函数 $u_i(s)$ 是连续的且对 s_i 是拟凹的，那么，存在一个纯策略纳什均衡。

支付函数是拟凹的是一个很严格的条件，这个条件在许多情况下是不满足的。当支付函数不满足拟凹性时，纯策略均衡可能不存在。当然，这些条件是充分条件而非必要条件，当支付函数在纯策略空间上是连续的但不一定是拟凹的时，引入混合策略可以保证纳什均衡的存在。

3. 纳什均衡的存在性定理 Ⅲ

在 n 人策略式博弈中，如果每个参与者的纯策略空间 S_i 是欧氏空间上的一个非空的、闭的、有界的凸集，支付函数 $u_i(s)$ 是连续的，那么存在一个混合策略纳什均衡。

可见，纳什均衡的存在性定理 Ⅲ 是：在纳什均衡的存在性定理 Ⅱ 中的支付函数 $u_i(s)$ 的拟凹条件不具备时，引入混合策略才能保证纳什均衡的存在性。

本章基本概念

完全信息静态博弈	占优策略均衡	重复剔除的占优均衡
纯策略纳什均衡	混合策略纳什均衡	古诺模型
伯川德模型	公地悲剧	纳什均衡的多重性
帕累托均衡	风险均衡	聚点均衡
相关均衡	纳什均衡的存在性	

本章结束语

完全信息静态博弈可理解为在对各方收益均了解的情况下的同时决策行为，纳什均衡则是完全信息静态博弈解的一般概念。占优策略均衡、重复剔除的占优均衡、纯策略纳什均衡和混合策略纳什均衡这四种均衡都属于纳什均衡。在这四种均衡概念中，每种均衡依次是前一种均衡的扩展。前一种均衡是后一种均衡的特例。占优策略均衡是重复剔除的占优均衡的特例；重复剔除的占优均衡是纯策略纳什均衡的特例；纯策略纳什均衡是混合策略纳什均衡的特例。

在一个博弈中，一个参与者的最优策略可能并不依赖于其他参与者的策略选择。如果一个博弈的某个策略组合中的所有策略都是各博弈方的占优策略，该策略组合就被称为该博弈的"占优策略均衡"。囚徒困境是博弈论的非零和博弈中具有代表性的例子，反映个人的最优选择。囚徒困境中这种从个人利益最大化的理性出发导致整体利益受损的现象，被称作为"社会两难"现象。而通过制度和规则的作用可以调整人们的行为，使人们摆脱囚徒困境，走向合作。

在有些博弈中，虽然没有占优策略，但是存在严格劣策略，通过重复剔除严格劣策略仍可能得到博弈的均衡解。如果重复剔除严格劣策略后剩下的策略组合是唯一存在的，那么该博弈是重复剔除占优可解的。

一个参与者的纳什均衡策略是面对其他参与者均衡策略时的最优选择。纳什均衡的求解方法有画线法、箭头法和反应函数（对应）分析法。反应函数（对应）分析法是分析一般具有无限多种策略、连续策略空间博弈问题的基本方法。

古诺模型、伯川德模型、公地悲剧等都是纳什均衡的具体应用。在许多博弈中都存在多个纳什均衡，有些博弈甚至存在无穷多个纳什均衡。面对多重纳什均衡导致的选择问题，博弈理论家提出了帕累托上策均衡、聚点均衡、风险均衡等理论。

在一个博弈中，一个博弈参与者的混合策略是对该参与者的纯策略的随机选择。当任何博弈方单独改变随机选择各个纯策略的概率分布都不能保证增加收益时，即实现了混合策略纳什均衡。对各博弈方的一个策略组合，不管它是由纯策略组成的还是由混合策略组成的，只要满足各博弈方都不会想要单独偏离它，我们就称之为一个纳什均衡。纳什均衡的存在性定理表明任何有限博弈都存在至少一个纳什均衡。

第三章

完全信息动态博弈

内容提要： 本章主要介绍完全信息动态博弈以及子博弈精炼纳什均衡，子博弈精炼纳什均衡最大的特点是剔除了不可置信威胁，得到合理的纳什均衡。然后我们介绍有限次重复博弈和无限次重复博弈。

上一章讨论的是博弈双方都同时行动的情况，这种静态博弈其实只是博弈问题中的一种。在现实中，博弈双方除了同时决策的情况以外，还要面对很多依次进行的决策行为。在这种决策过程中，后行者可以看到先行者的选择，不同于第二章的静态博弈情形，如商业谈判中的讨价还价、象棋和围棋等诸多棋类游戏……本章将对此类问题进行讨论，即在完全信息下的动态博弈，博弈的各方先后依次行动，由这种决策问题构成的博弈与静态博弈有很大的不同，是博弈的一个重要形式。

根据博弈方是否相互了解信息，动态博弈又可分为完全信息动态博弈和不完全信息动态博弈，本章主要讨论完全信息动态博弈。

第一节　动态博弈简介

在上一章的静态博弈中，所有参与者被认为是在无先决干扰因素的条件下行动的。静态博弈描述的是无论同时行动还是先后行动，参与者均不能够在自己行动之前观测到别人的行动。但在动态博弈中，其关键是通过各博弈方可能的行为和理性的反应来考虑自身下一步的决策。首先，参与者的行动一定分先后顺序，而且后行动者在行动之前能够观测到先行动者的行动，并据此进行自己下一步的行动决策。动态博弈在表示方法、利益关系、分析方法、均衡概念上均与静态博弈不同。本节首先对动态博弈的表示方法、策略等方面的特点进行介绍，为后续的分析奠定一定的基础。

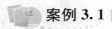

案例 3.1

人生的分叉路

人的一生要走过数不尽的路口，每次都要选择往哪个方向去，就像走在黄树林中的罗伯特·弗罗斯特（Robert Frost）（见图 3-1）。

> 两条路在树林里分岔，而我，
>
> 我选择人迹罕至的那一条，
>
> 从此一切变了样。

可想而知，无论选择了哪条路，后面还会继续分出岔路来。可见，人的一生就是在和未来的自己博弈的过程……

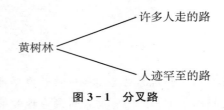

图 3-1 分叉路

一、博弈的阶段和扩展式表述

在动态博弈中，每个博弈方的选择行为是分先后顺序的，它们依次相连，因此其中一个博弈方的一次选择行为常被称为一个"阶段"（stage）。如果动态博弈中出现了几个博弈方同时决策的情况，则称这些博弈方同时构成了一个阶段。一个动态博弈至少存在两个阶段，因此动态博弈有时也被称为"多阶段博弈"（multistage games）或"序贯博弈"（sequence games），其决定于动态博弈本身的次序性。

我们通常用扩展式来表述并分析动态博弈的阶段。对比一下在完全信息静态博弈中学习过的支付矩阵表述方法，支付矩阵只简单地给出参与者有些什么策略可供选择，而扩展式博弈要给出每个策略的动态描述，所扩展的主要是参与者的策略空间：谁在什么时候行动？每次行动有些什么具体行动可供选择？他们知道些什么？博弈的扩展式有时又被称为"博弈树"（game tree），即使一个孤立的决策者置身于一个有其他参与者参加的策略博弈中，也可能会面对需要向前展望或向后推理的决策序列。如案例 3.1 中罗伯特·弗罗斯特描述的人生之路就可以用博弈树来表示，但由于后面的阶段和分岔有很多，所以会很烦琐。

博弈树可以反映动态博弈中博弈双方的选择次序和阶段描述，因此常常被使用。也正因为扩展式（或博弈树）的广泛使用，动态博弈又被称为"扩展式博弈"。博弈树可以向任何方向延伸，它由一些"点"和"线段"组成。其中，"点"包括起点、中间点和终点。"起点"又称"初始决策点"，通常只有一个。起点即博弈树之"根"，是博弈的开始，也是最先行动者决策的起点。

1. 博弈的扩展式表述的要素

博弈的扩展式表述有如下几个要素：

（1）参与者集合：$i=1$，2，$\cdots$，n；此外，用 N 表示虚拟参与者"自然"。

（2）参与者的行动顺序：谁在什么时候行动。

（3）参与者的行动空间：在每次行动时，参与者有些什么选择。

（4）参与者的信息集：在每次行动时，参与者知道些什么。

（5）参与者的支付函数：在行动结束后，参与者得到些什么（支付是所有行动的函数）。

（6）外生事件（即自然的选择）的概率分布。

如同用支付矩阵描述策略式表述一样，下面我们用图 3－2 中的博弈树来描述扩展式博弈。如果有两个参与者 A 和 B 进行博弈，第一个参与者 A 的决策点用"○"来表示，他有两种策略：1 或 2。第二个参与者 B 的决策点用"△"来表示，当参与者 A 选择 1 时，参与者 B 有 11 或 12 两种选择；当参与者 A 选择 2 时，参与者 B 有21 或 22 两种选择。（A_{11}，B_{11}）、（A_{12}，B_{12}）、（A_{21}，B_{21}）和（A_{22}，B_{22}）表示两个参与者选择不同策略后的最终支付，这就是博弈树的形式。

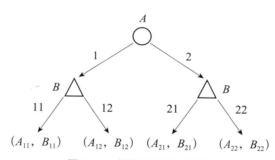

图 3－2　博弈树的形式举例

2. 博弈树的基本结构及内涵

（1）博弈树的基本信息。

博弈树给出了有限博弈的几乎所有信息，其基本构建包括：节（nodes）、枝（branches）和信息集（information sets）。

节分为决策节（decision nodes）和终点节（terminal nodes）两类。其中，决策节是参与者采取行动的时点，如图 3－2 中的"○"和"△"为三个决策节；终点节是博弈行动路径的终点，如图 3－2 中的四个支付组合（A_{11}，B_{11}）、（A_{12}，B_{12}）、（A_{21}，B_{21}）和（A_{22}，B_{22}）。

枝（branches）是从一个决策节到下一个后续节的连线，如图 3－2 中的六个箭头，它表示参与者的行动选择。

决策节又可以划分成不同的信息集，其中每一个信息集都是整个决策节集合的子集。如在图 3－2 中，三个决策节分出三个信息集：一个是参与者 A 的，选择 1 或选择 2。另外两个是参与者 B 的：在参与者 A 选择 1 时，参与者 B 选择 11 或选择 12；在参与者 A 选择 2 时，参与者 B 选择 21 或选择 22。

如同两人有限策略博弈的策略式表述可用博弈支付矩阵表述一样，n人有限策略博弈的扩展式表述我们一般用博弈树表示。以房地产开发博弈为例。假定该博弈的行动顺序如下：

①开发商 A 先行动，选择开发或不开发；

②在 A 决策后，由自然 N 来选择市场需求的大小；

③开发商 B 在观测到 A 的决策和市场需求后，决定开发或不开发。

其博弈树如图 3-3 所示。

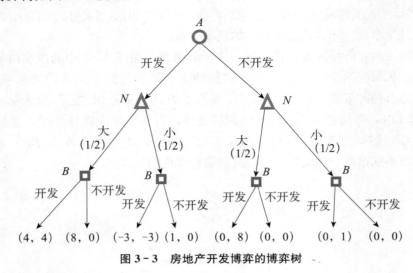

图 3-3　房地产开发博弈的博弈树

（2）信息集的类型。

每个信息集是决策节集合的一个子集，该子集满足下列条件：①每个决策节都是同一参与者的决策节；②该参与者知道博弈进入该集合的某个决策节，但有可能不知道自己究竟处于哪一个决策节。一个信息集里可能包含多个决策节，也可能只包含一个决策节。只包含一个决策节的信息集被称为单节信息集。如果博弈树的所有信息集都是单节的（如果有虚拟参与者自然 N，则所有参与者都知道 N 的行动），则该博弈被称为完美信息博弈（game of perfect information），否则就是不完美信息博弈。

完美信息（perfect information）是指在博弈的每次行动中参与者完全知道博弈的历史，即每个信息集只有一个决策节。完美信息博弈意味着博弈中没有哪两个参与者同时行动，而且所有后行动者都能确切地知道先行动者选择的行动，所有参与者都知道 N 的行动。它描述的是对博弈进程的掌握程度。这里要把完美信息和完全信息区分开，完全信息（complete information）是指参与者完全了解对手的特征，完全了解参与者在各种情况下的支付，即没有事前的不确定性。它描述的是对对手类型和支付信息的掌握程度。不完全信息一定意味着不完美信息，但其逆定理不成立，即完全信息不一定是完美信息，也有完全而不完美信息博弈，这一点将在后面的章节进行解释。

引入信息集的目的在于描述当一个参与者要做出决策时，他可能并不知道之前发生的所有事件。为了说明这一点，现以开发商的土地开发为例进行信息集的各种情形分析：

情形1：在图3-3中，假定B在知道A和N的选择后进行决策，此时，博弈树的7个决策节分割成7个信息集（每个信息集只包含一个决策节），意味着所有参与者在决策时准确地知道自己处于哪一个决策节。情形1属于完全且完美信息博弈，以下情形均为完全不完美信息博弈。

情形2：假定行动顺序如前，但B在决策时并不确切地知道N的选择。此时，B的信息集由原来的4个变成2个，2个信息集分别对应着B的两个不同的决策：若A开发，B是否开发；若A不开发，B是否开发。用虚线将属于同一信息集的两个决策节联结起来（如图3-4所示）。

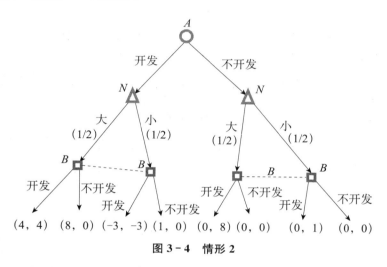

图3-4 情形2

情形3：B知道N的选择，但不知道A的选择（如B和A同时决策）。此时，B也有两个信息集，每个信息集包含两个决策节。两个信息集分别对应两种不同的决策：当N选择的市场需求大时B是否开发，以及当N选择的市场需求小时B是否开发（如图3-5所示）。

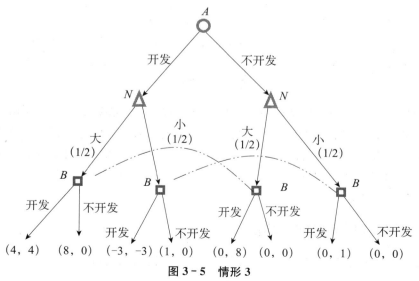

图3-5 情形3

93

情形 4：B 知道 N 的选择但不知道 A 的选择，而 A 不知道 N 的选择（如图 3-6 所示）。

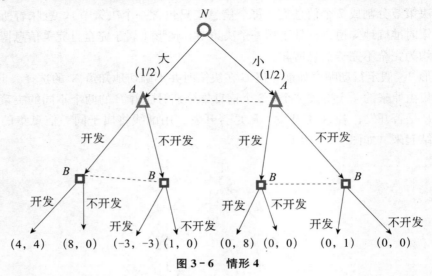

图 3-6 情形 4

情形 5：B 既不知道 N 的选择也不知道 A 的选择，此时整个博弈只有一个信息集（如图 3-7 所示）。

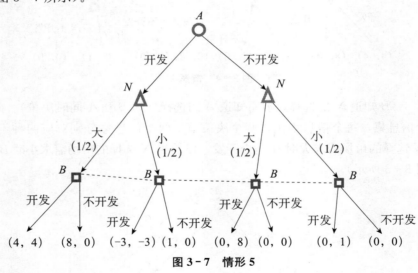

图 3-7 情形 5

一个信息集可能包括多个决策节，也可能只包括一个决策节，后者叫做单节信息集。若博弈树的所有信息集都是单节的，该博弈被称为完美信息博弈，它意味着博弈中没有哪两个参与者同时行动，且所有后行动者能确切地知道前行动者选择了什么行动，所有参与者可观测到 N 的行动。在博弈树上，完美信息意味着没有哪两个决策节是用虚线连起来的。

二、扩展式博弈的纳什均衡

在上一章的静态博弈中，我们已经了解纳什均衡的决定过程，而动态博弈的求解思路则有所不同。从动态博弈的角度分析，参与者在给定信息集的情况下选择行动的规则即为策略，它规定参与者在什么情况下选择什么行动，是参与者的相机决策方案。下面将继续以房地产开发博弈为例，从 A、B 两个开发商的各个策略组合来分析动态博弈的纳什均衡。

首先把开发商的各个策略的扩展式表述构造成策略式表述。假定在博弈开始之前自然就选择了小的市场需求且已成为共同信息；A 先做出决策，B 在观测到 A 的选择后再做出决策。博弈的扩展式表述如图 3-8 所示。由于 A 只有一个信息集，两个可选择的行动，因而 A 的行动空间也就是策略空间：$S_A=$（开发，不开发）。但 B 有两个信息集，每个信息集上有两个可选择的行动，因而 B 有四个纯策略，分别为：

（1）无论 A 开发还是不开发，B 开发——开发策略，即 {开发，开发}；

（2）A 开发 B 开发，A 不开发 B 不开发——跟随策略，即 {开发，不开发}；

（3）A 开发 B 不开发，A 不开发 B 开发——互补策略，即 {不开发，开发}；

（4）无论 A 开发还是不开发，B 不开发——不开发策略，即 {不开发，不开发}。

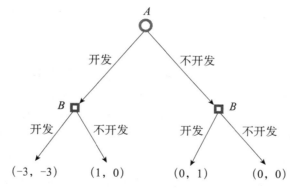

图 3-8　房地产开发博弈：扩展式表述

需要说明的是，B 在分析其策略时还不知道 A 的具体选择，所以以上四个纯策略是 B 为自己提前做出的计划，即当遇到 A 的任何决策时，B 会按照事先决定的计划做出相机反应，每个"{ }"中的第一个选择是遇到 A 开发时 B 的选择，第二个选择是遇到 A 不开发时 B 的选择，整个"{ }"是一个纯策略。而每个"（ ）"中会先列出 A 的策略，再列出 B 的策略，中间以逗号隔开，整个"（ ）"是一个策略组合。那么策略组合就好比行动前双方的"纸上谈兵"，组合形成后，便可以分析出博弈的结果以及双方的得益情况。按照这个思路，我们把扩展式表述归纳成策略式表述，则可得到表 3-1。在策略式表述中，我们以 B 选择开发策略 {开发，开发} 为例说明双方的得益情况。在 B 选择了开发策略的前提下，如果遇到 A 也开发了，此时 A 和 B 的策略组合表述为（开发，{开发，开发}），双方的得益为（-3，-3）；如果遇到 A 不开发的情况，B 继续选择开发策略的结果是双方的得益为（0，1）；依次类推。该博弈有三个纯策略纳什均衡：（开发，{不开发，开发}）、（开发，{不开发，不开发}）和（不开发，{开发，开发}）。

　　　　　　　　　　　　房地产开发博弈：策略式表述

		开发商 B			
		{开发，开发}	{开发，不开发}	{不开发，开发}	{不开发，不开发}
开发商 A	开发	−3，−3	−3，−3	1，0	1，0
	不开发	0，1	0，0	0，1	0，0

（开发，{不开发，开发}）：B 选择了互补策略，则在 A 开发的情况下，B 不开发，双方的得益为（1，0）。

（开发，{不开发，不开发}）：B 选择了不开发策略，则在 A 开发的情况下，B 依然会不开发，双方的得益为（1，0）。

（不开发，{开发，开发}）：B 选择了开发策略，则在 A 不开发的情况下，B 会选择开发，双方的得益为（0，1）。

因为均衡的条件是当给定对方的策略时，自己的策略是最优的，所以前两个策略组合均衡的结果是（A 开发，B 不开发）；第三个均衡的结果是（A 不开发，B 开发）。

当用扩展式表述博弈时，所有 n 个参与者的一个纯策略组合为 $s=(s_i, \cdots, s_n)$，这一组合给定了博弈树上的一条路径，如其中的一条博弈路径为：A 开发→B 不开发→（1，0）。

当然，也不是所有动态博弈都可以用扩展式表述。上述房地产开发博弈的阶段比较少，因此比较容易描述。如果遇到有些动态博弈的阶段很多，即博弈方在一个阶段可能遇到许多可选择的行为，继而在下一阶段又会产生更多选择，那么使用扩展式表述就会很困难，当然，这样的博弈使用策略式表述就更加困难了。最典型的就是下棋，棋手的每一步都会遇到很多选择，而且每走一步棋都是一个阶段，那么 n 个阶段的无数选择就会使博弈树无比庞大而不便于表述。另外，在双寡头市场中，双方相互猜测以决定自身的产量也是一个动态博弈过程，但由于产量选择太多（可以选择的产量有无数个），也无法用博弈树表示。类似这一类动态博弈的过程，可以考虑直接使用文字描述或数学函数式表示。

三、动态博弈的基本特点

本节我们介绍了动态博弈的基本规则和表述方法，重点介绍了博弈树的结构。动态博弈的基本特点如下：

1. 动态博弈决策具有完全性

静态博弈的博弈方是同时选择行动的，但动态博弈的各方是依次、多次决策而形成多个阶段，这些阶段的行为之间是存在内在联系而不可分割的整体，决策也是有关这些阶段所有选择的计划。

2. 动态博弈计划具有过程性

动态博弈的决策是由一系列计划形成的选择路径。既然动态博弈应考虑各个博弈方在整个博弈的每个阶段中的选择并形成计划，那么计划型路径的组合就形成了结果。

3. 动态博弈中的得益具有不可分性

动态博弈的结果也是得益，每个得益都对应一条路径。如果把动态博弈理解成各博弈方之间以这样的策略进行博弈、对抗，其形式就与前一章的静态博弈的形式相统一了，此时也可以用得益矩阵来表示。但动态博弈的得益矩阵只能反映每条路径的决策结果，不能反映路径中经历的阶段次序和内在联系，所以描述动态博弈的最优方法是扩展式而不是策略式。

4. 动态博弈的博弈方具有非对称性

动态博弈不同于静态博弈的突出特点是决策具有次序性，在依次完成决策的过程中，后者总能通过观察到前者的决策而获得更多信息，来做出更有针对性的选择。据此判断，动态博弈中各方的地位是非对称的。如果是单人博弈，那么信息量越大，其决策越优化，但对于多人博弈而言，后者是否一定会根据所掌握的信息获得更大的利益？我们会在本章后续内容中做进一步的分析。

第二节　完全信息动态博弈的均衡

在动态博弈中，决策方可以针对各种情况改变计划或策略，仍以房地产开发博弈为例，思考一下两个房地产开发商真的会按照事先设计好的策略方案行动吗？其实，在这些纳什均衡中博弈方是否采取行动的问题取决于方案的可信性。那么，当把我们在上一章学习的纳什均衡运用到完全信息动态均衡中时，如果出现了对可信性的质疑，又该如何给出一个完美的均衡解呢？这一节将对此进行分析。

在这一节中，我们首先需要对博弈论中的几种行为模式进行讨论，包括承诺、威胁、许诺、警告、保证等，其中承诺和威胁是博弈论中非常重要的概念，尤其是谢林[①]将承诺直接定义为讨价还价博弈中的一个策略，为在博弈论中讨论承诺和威胁规定了一个基本框架，讨论也从这里开始。

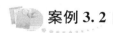 **案例 3.2**

司马相如与卓文君的私奔

卓文君（公元前 175 年—公元前 121 年），西汉临邛（今四川邛崃）人，中国古代四大才女之一，她有不少佳作，如《白头吟》，诗中"愿得一心人，白头不相离"堪称经典佳句。卓文君为临邛巨商卓王孙之女，姿色娇美，精通音律，善弹琴。她与才子司马相如演绎过一段私奔的爱情故事。

司马相如（公元前 179 年—公元前 118 年），原名司马长卿，蜀郡成都（今四川

---

　　① 托马斯·谢林在 2005 年与罗伯特·奥曼共同获得了诺贝尔经济学奖。在其经典著作《冲突的策略》一书中，谢林首次定义并阐明了威慑、强迫性威胁与承诺、策略移动等概念。尽管当时谢林并没有刻意强调正式建立模型的问题，但是他的很多观点后来随着博弈论的新发展而定型，而他所定义的概念也成为博弈论中最基本的概念。

成都）人，因仰慕战国时的名相蔺相如而改名。他少年时代喜欢读书练剑，二十多岁时做了汉景帝的武骑常侍，因汉景帝不好辞赋而不得志，遂投靠梁孝王刘武门下，为梁王写了那篇著名的《子虚赋》。不久梁孝王刘武病死，司马相如不得不离开梁地回到家乡成都。

司马相如回到蜀地，与之有交情的县令王吉请他一起到当地富豪卓王孙家赴宴。赴宴的众客人被司马相如的堂堂仪表和潇洒风度所吸引，正当酒酣耳热的时候，王吉请司马相如弹一曲助兴。司马相如推辞不过，即兴弹了一两曲，其中一曲就是《凤求凰》。他琴技精湛，博得了大家的喝彩，也使隔帘听曲的卓文君为之倾倒。此后，他们两人经常来往，彼此便产生了爱慕之情。一天夜里，卓文君没有告诉父亲，就私自去找司马相如，最后两人在成都结了婚。卓王孙得知女儿私奔之事，大怒道："女儿极不成才，我不忍心伤害她，但也不分给她一文钱。"有的人劝说卓王孙，但他始终不肯听。有一天，卓文君对司马相如说："只要你同我一起去临邛，向兄弟们借贷也完全可以维持生活，何至于让自己困苦到这个样子！"司马相如就同卓文君来到临邛，把自己的车马全部卖掉，买下一家酒店，做卖酒生意。卓文君站在炉前卖酒，与雇工们一起劳动，在闹市中洗涤酒器。最终卓文君父亲承认了他们的婚姻，并送给他们100个家仆，100万两白银等，两人终于过上了富足的生活。

思考：故事中卓文君的父亲曾威胁一文不给，最终这个威胁为什么没有实现？

一、博弈论中的策略与策略行动

要区分博弈论中的这些行为的作用，我们应该考虑应该做什么以及如何去做。如何去做体现了行为的策略性。即使你不是博弈中的先行者，依然可以通过这些行为实现一个虚拟的先前行动，后行者必须在先行者行动之前做出这些行为，这样才能发挥作用。因此，我们将能够改变博弈以确保参与者采取行动能得到更好的结果的此类行动称为博弈论中的策略行动。

作为博弈论中的策略行动，威胁和许诺两个词的含义与生活中所理解的词义不同，因为在这里它们是被作为博弈的特有策略而使用的，目的是为了使参与者获得策略上的优势，抢占先机，所以对其定义要更加严谨。另一个要区分的是承诺和许诺，在中文体系中，这两个词在很多情况下都可以互相替代，而在博弈论中，承诺的含义和许诺不同，因为不同的行动对动态博弈的影响有所不同。同样，当我们在生活中见到"承诺"和"承诺行动"的表达时，它们并没有实质区别，而它们在博弈论中的定义却并不相同。为了更清晰地看到它们在动态博弈中所起到的不同作用，必须对这几个概念与其他相关概念加以区分。

1. 威胁

博弈论中的威胁是对不肯与你合作的对手进行惩罚的一种回应规则，是一种有条件的策略。例如，强迫性威胁的一个例子是恐怖分子劫持了人质，并要求答应他所有的条件，否则就要杀光人质。也有阻吓性威胁，例如美国向苏联宣称，如果苏联出兵攻打任何一个北约国家，美国就将武力回敬。强迫性威胁的用意在于促使对方按照自己的要求行动，而阻吓性威胁的用意在于阻止对方的某些行动。值得注意的是，当威胁作为讨价还价的策略时，这种威胁就很可能是不可置信的。例如在古巴导弹危机中，肯尼迪向赫鲁晓夫发出了一个威胁：你以为我不敢使用核武器？发出这个威胁的后果很可能是核战争，如果肯尼迪不是疯子，那么这个威胁就是一个骗招——他并没有真的打算发动核战争，结果赫鲁晓夫受骗了。核大国的核博弈只有一个均衡结果——核和平。关键问题在于，赫鲁晓夫不知道肯尼迪到底是一个骗子，还是一个疯子。他这个时候最需要的是一个超级间谍，而不是任何博弈论专家。至今没有任何人知道肯尼迪的底牌到底是什么，博弈论甚至不可能知道肯尼迪到底是不是一个"理性的"博弈参与者。

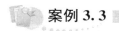 **案例 3.3**

上帝的话能信吗

"园中其他树上的果实你们可以随便吃，但是你们不能吃善恶树上的果实，因为吃了以后你们肯定会死。"这是《圣经》中上帝对住在伊甸园里的亚当和夏娃说的话。但狡猾的蛇引诱他们说："你们肯定不会死……因为上帝知道，如果你们吃了这种果实，你们的视野就会开阔起来，而且你们就能像上帝一样知道善与恶。"

不出所料，他们偷吃了禁果，懂得了善与恶，而且产生了羞耻之心。因此，上帝将他们逐出伊甸园，并诅咒亚当必须在贫瘠的土地上耕作、夏娃必须承受分娩之苦，以及那条蛇失去双脚只能用肚子行走。为什么上帝不直接杀了亚当和夏娃呢？对上帝来说，实践威胁的代价过高，杀掉两人意味着摧毁了上帝自己想象和创造出的生灵，于是先前的威胁失效，他选择了次级惩罚措施，这与之前的死亡相差很大。

2. 许诺

博弈论中的许诺就是诱使对方采取对自己有利的策略行为，通过影响对方的预期判断而限制对方的选择，这也是对愿意与你合作的人给予回报的方式。许诺有强迫性许诺，例如"如果你愿意出庭作证，法官就会少判你 5 年有期徒刑"，还有阻吓性许诺，例如"如果你好好照顾人质，我就不报警"。威胁和许诺的结果都可能会陷入同样的结局：如果对方这样做（或不做），事先的行动是否还算数？这涉及行动的可信性问题。

需要注意的是，威胁和许诺必须是有行为对应的，而不是一个简单的警告或单方面的保证。例如"离电插座远一点儿，否则会被电死"，这看起来像是一个"威胁"，但对方知道你无法用电死这个条件来约束他，因此这是一个警告而不是威胁。再例如托孤者行为——"你一定要把我的孩子养大"，对方答应托孤者以让他安详地离开人世。对方的保证是广义的许诺，而不是博弈论中承诺的含义，因为这个保证对保证方没有提出任何约束或支付条件。相反，项羽命令部下"破釜沉舟"、曹操选择背水一战都是发出了一种承诺行动的信号，即如果不能战胜敌人，那就是死路一条，这些策略都是有对价的，或者说是有条件的。把警告和保证从广义的威胁和许诺里剥离出来，是为了让读者更加理解博弈论中策略行为的含义，即威胁或许诺是必须有条件的：它们要求你提前确定一个回应规则，规定在实际博弈中，你如何对另一个参与者的行动做出回应。威胁是惩罚那些不按你的意愿行事的参与者的一种回应规则；许诺是对那些按照你的意愿行事的其他参与者的一种给予或奖励。如果说承诺是参与者为了创造有利条件而单方面采取的"第一个行动"，那么，威胁和许诺就如同采取了"第二个行动"，它会影响先行者的策略。

威胁和许诺有时难以区分，它们更像一个问题的两个方面，例如歹徒说"不给钱的话你就没命了"，这是一个威胁，但如果你给了钱之后他就放掉了你，那么之前的话又可以理解为"给钱的话你就能活命"，这又是一个许诺。有意思的是，我们会时常在生活或工作中思考什么时候使用威胁、什么时候使用许诺。例如公司的人力资源部门常常要衡量是选择激励员工的规则，还是选择惩罚员工的规则，于是在"全勤奖"和"迟到扣工资"之间带给公司不同的支付可以成为它选择的一个依据，当然，有些支付是无形的或者隐形的，在现实中我们都要考虑。

使用威胁还是许诺的另外一个需要考虑的因素是你的目的究竟是要阻吓还是要强迫。威胁主要起到阻吓的作用，上帝不让亚当和夏娃偷吃禁果，所以威胁说吃了禁果会死去，说明上帝想要达到阻吓的目的（尽管由于其他原因这个目的最终没有达到），此处上帝如果许诺他们不吃禁果就多给奖励，那么亚当和夏娃很可能毫不犹豫地选择去吃这种让他们好奇的果子。许诺可以起到强迫做到某些事的作用，例如某些电商平台规定"多评价、送积分、积分当钱用"，通过价格优惠来激励消费者，实现强迫多买且多评的目的，此处如果换用不评价就要扣积分就不合适了。

3. 承诺

与威胁不同的是，承诺是一种无条件的策略，因为它的实施并不对应博弈参与者的某个条件或支付。例如，毕业将近，你的论文还没有写出初稿，于是你制定了"撰写论文计划表"，它起到了对自己的承诺作用，但事实是明天你可能依然拖延，《明日歌》中"明日复明日，明日何其多，我生待明日，万事成蹉跎……"就是对这种情况的描述。注意，如果把每一天的自己都看做一个独立的博弈参与者，之前这样的承诺并不能对之后的自己（明天的参与者）形成约束条件，所以很显然，这是一种无条件或无支付的承诺，而不是策略行动所定义的能够改变博弈的行为。因此此处的承诺就只是博弈中的一般性策略，不构成策略行动。

4. 承诺行动

在博弈中，通过采取具体的行动将一般性的承诺变成承诺行动，也就是要设定条件让其他参与者知道，博弈结果已经改变，这样才能使行动变得可信。继续以你的"撰写论文计划表"为例，如果把它放在一个只有自己能看见的地方，就很难见效。但如果贴在一个公共场所，如宿舍的墙上公之于众，那么此刻你会产生一种压迫感，因为明天的自己作为另一个博弈参与者将面对如果不按照计划实施就会被舍友鄙视的局面，即产生了潜在的"声誉"支付。但公之于众这样的策略可能还不够，如果加上和舍友打赌，若不按照计划执行就输掉 100 元钱，就会使这个行动的支付条件更大，从而使行动变得更加可信。此时，我们可以称这个带有赌注的计划为承诺行动，它是有支付条件的可以改变博弈的策略行动。可想而知，若 100 元的赌注变成 200 元，就会使这个承诺行动变得更加可信。所以，将承诺变为承诺行动时，往往和支付大小（或违约成本）有关系，但也并不是有越大的支付就会越可信，这一点我们放到策略的可行性问题中去讨论。

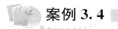 **案例 3.4**

破釜沉舟——可信性的改变

　　破釜沉舟的故事梗概为：项羽诛杀了楚军统帅宋义，威震楚国，名扬诸侯。他首先派遣当阳君、蒲将军率领两万人渡过漳河，援救巨鹿。战争只有一些小的胜利，陈馀又来请求增援。项羽就率领全部军队渡过漳河，把船只全部弄沉，把锅碗全部砸破，把军营全部烧毁，只带上三天的干粮，以此向士卒表示一定要决死战斗，毫无退还之心。部队抵达前线，包围了王离，与秦军交战多次，阻断了秦军所筑甬道，大败秦军，杀了苏角，停虏了王离。涉间拒不降楚，自焚而死。这时，楚军强大居诸侯之首，前来援救巨鹿的诸侯各军筑有十几座营垒，没有一个敢发兵出战。到楚军攻击秦军时，它们都只在营垒中观望。楚军战士无不以一当十，士兵们杀声震天，诸侯军人人战栗胆寒。项羽在打败秦军以后，召见诸侯将领，当他们进入军门时，一个个都跪着用膝盖向前走，没有谁敢抬头仰视。自此，项羽真正成了诸侯的上将军，各路诸侯都隶属于他。

　　思考： 在这段故事中项羽命令沉船砸锅发出了什么样的信号？和仓亭之战中曹操选择背水一战有没有相似点？

二、策略中的可信性问题

　　前面我们引用了《圣经》中的故事来分析威胁的可信性问题。继续以房地产开发博弈为例，它是一个完美信息博弈，A 先行动，B 在知道 A 的选择后再行动。这个博弈存在三个纳什均衡：（开发，{不开发，开发}），（开发，{不开发，不开发}）和（不开发，{开发，开发}）。那么由分析可知，（不开发，{开发，开发}）这一组合之所以构成纳什均衡，是因为 B 威胁无论 A 是否选择开发，自己都将选择开发；A 相信了 B 的威胁，不开发是其最优选择。类似地，B 假定 A 将选择不开发，给定该假定，则 {开发，开发} 也是 B 的最优策略。

　　但 A 为什么要相信 B 的威胁呢？如果 A 真的选择开发，B 的信息集为 x，显然，B 的最优选择为不开发。若 A 知道 B 是理性的，A 将选择开发，逼迫 B 选择不开发，自己的得益为 1，而不会选择自己不开发，让 B 开发，自己的得益为 0。由于（不开发，{开发，开发}）依赖于 B 的一个不可置信策略，因此它是一个不合理的结果。

我们在生活中也会经常遇到类似的博弈，例如朋友找你借钱投资，并承诺投资成功后分一定的收益给你。假设朋友的投资一定会获得收益，那么你是否愿意相信并借钱给他？如果不借，你的钱不会损失；如果借钱给他，则有两种可能，一种是你得到了他承诺的收益，另一种是他借走钱后赖账不理，更不会分钱给你，那么你不但失去了金钱，也失去了朋友。[①] 通过分析，如果没有任何制度约束，那么这里 {借钱，分收益} 的决策就是朋友给你的不可置信许诺，这种不可置信许诺会使这次借钱行动无法继续，即双方不能合作。但如果确定朋友的投资项目是有较高收益率的，你也会心有不甘，因为很明显这里存在更好的结局，即合作。那么我们经常看到的打借条就起到了通过订立合同约束借款方违约行为的作用。因此，在出现不可置信许诺时，制度约束是关键问题，它可以解决双方的合作困境。借条至少保证了出借方对于本金的合法索取权，相当于一个承诺行动，让策略变得可以被信赖，也让博弈得以继续进行。关于改变不可置信策略的具体方法有哪些，我们在第三节会做更加详细的叙述。

三、动态博弈纳什均衡的问题

在动态博弈中，参与者的选择有先有后，后行动者的选择空间依赖于先行动者的选择，而先行动者在选择自己的行动时不能不考虑自己的选择对后行动者的影响。之前的章节已述，纳什均衡假定了每个参与者在选择自己的最优策略时，其他所有参与者的策略选择都是给定的。那么，如果采用参与者同时行动的静态博弈分析方法分析动态博弈，给定他人选择情况下的纳什均衡一定是一个合理的解吗？从上一节的房地产开发博弈分析中可以看出，一个博弈可能有多个（甚至无穷多个）纳什均衡，究竟得到的这些纳什均衡中会不会有不合理的均衡策略，哪些均衡更为合理，上一节内容中还没有具体分析。

先以较为简单的市场销售博弈为例，为了构造这个动态博弈的策略式表述，先来分析销售者和购买者的策略空间，博弈树参照图 3-9（Ⅰ），销售者是先行动的，有两种策略：高价和低价。购买者是后行动的，根据销售者的行动，有四种策略：高价时多购，低价时少购；高价时多购，低价时多购；高价时少购，低价时少购；高价时少购，低价时多购。将这四种策略分别简记为：高多低少；高多低多；高少低少；高少低多。市场销售博弈的支付矩阵见表 3-2。[②]

---

① 莎士比亚在《哈姆雷特》中写道："不要向别人借钱，向别人借钱将使你丢弃节俭的习惯。更不要借钱给别人，你不仅可能失去本金，也可能失去朋友。"

② 当销售者采用高价策略时，购买者的"高多低少"和"高多低多"策略都是多购，所以支付组合均为（4，1）；购买者的"高少低少"和"高少低多"策略都是少购，所以支付组合均为（2，7）。同样，可以找到销售者采用低价策略时两个参与者的支付组合。

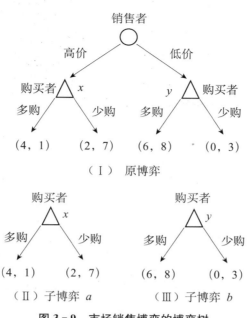

（Ⅰ） 原博弈

（Ⅱ） 子博弈 a　　　　　　（Ⅲ） 子博弈 b

图 3 - 9　市场销售博弈的博弈树

表 3 - 2　　　　　　　　　　市场销售博弈的策略式表述

		购买者			
		高多低少	高多低多	高少低少	高少低多
销售者	高价	4, 1	4, 1	2, 7	2, 7
	低价	0, 3	6, 8	0, 3	6, 8

纳什均衡的概念适用于所有的博弈，而不仅仅是参与者同时行动的静态博弈。但博弈分析的目的是预测参与者的行为，纳什均衡给出的策略中可能存在不是非常合理的结果。如表 3-2 市场销售博弈的策略式表述也可以理解为使用静态分析方法得到的描述，有 3 个纳什均衡：（高价，高少低少）、（低价，高多低多）和（低价，高少低多）。但究竟哪一个均衡实际上会发生，静态分析难以确定。况且，在纳什均衡中，参与者在选择策略时，默认其他参与者的策略都是给定的，同时也不考虑自己的选择如何影响对手。所以说，纳什均衡允许了不可置信威胁（incredible threats）的存在。这是本节讨论过的一个问题——策略中的可信性问题——在动态博弈中的表现。

可信性问题有很多表现形式，例如朋友在借钱时给你的收益许诺、上帝向亚当和夏娃发出的关于吃伊甸园里的禁果会死去的威胁，以及房地产开发商 B 的开发策略。不可置信是指对于先行动的参与者来说，后行动的参与者的选择空间依赖于先行动者的选择，在先行动者已做出行动选择的前提下，有一些对先行动者不利的策略将不会被后行动者选择，即这些策略是不可置信的。例如在市场销售博弈中，策略组合（高价，高少低少）意味着不管销售者采取高价策略还是低价策略，购买者将始终会少购，在这个策略威胁下，销售者似乎就不会采取低价策略，否则得到的支付为 0。但事实上销售者并不会相信这个威胁。在销售者真的选择低价时，如果购买者是理性的就会选择多购，多购的得益是 8，而少购的得益是 3。可见，一些事先看起来很可信的策略，事后就变得不是那么可信了。

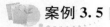 **案例 3.5**

策略行动的可信度——以败取胜

我们看过《幸存者》(*Survivor*) 这个节目，但我们从不曾在孤岛上参加这种节目。我们面临的挑战是要预测比赛结果。当那个矮矮胖胖的理查德·哈奇机智地战胜对手，最终成为哥伦比亚广播公司（CBS）《幸存者》系列节目的首届冠军得主，并获得百万美元奖金时，我们毫不意外。他之所以获胜，是因为他具有不动声色地开展策略行动的才能。

理查德最巧妙的一招表现在最后一个环节。比赛进行到只剩下三个选手。理查德的对手还剩两个，一个是 72 岁的海豹特种部队退役海军鲁迪·伯什，另一个是 23 岁的导游凯莉·维格尔斯沃斯。在最后的挑战中，他们三个人都需要站在一根柱子上，一只手扶在豁免神像上。坚持到最后的人将进入决赛。而同样重要的是，胜出者要选择他的决赛对手。

大家的第一印象可能认为，这只不过是一项体能竞赛。再仔细想想，这三个人都很清楚，鲁迪是最受欢迎的选手。若鲁迪进入决赛，他就极可能获胜。理查德最希望的就是在决赛中与凯莉对阵。

这种情况的发生可以有两种方式。一种是凯莉在柱子站立比赛中胜出，并选择理查德作为决赛对手。另一种是理查德胜出，然后选择凯莉作为决赛对手。理查德有理由认为凯莉会选择他。因为凯莉也知道鲁迪最受欢迎。她只有进入决赛，并与理查德对阵，才最有希望最终获胜。

事情似乎是这样：不论理查德和凯莉两人谁进入决赛，他们都会选择对方作为自己的对手。因此，理查德应该尽量留在比赛中，最起码也要等到鲁迪跌下来。唯一的问题是，理查德和鲁迪之间有持久的盟友关系。若理查德赢得此次挑战却不选择鲁迪，就会使鲁迪（和鲁迪的所有朋友）反过来与理查德为敌，这可能葬送理查德的胜利。扭转幸存者局势的方法之一是，由被淘汰的选手们投票决定最终的获胜者。因此，选手在如何击败对手的问题上必须深思熟虑。

从理查德的视角来看，终极挑战会以如下三种方式之一呈现出来：

（1）鲁迪赢，然后鲁迪选择理查德，但鲁迪最有可能成为赢家。

（2）凯莉赢。凯莉很聪明，她知道只有淘汰鲁迪，与理查德对阵，才最有希望获胜。

（3）理查德赢。若他选择鲁迪继续对阵，鲁迪就会在决赛中打败他。若他选择凯莉，凯莉将击败他，因为理查德将失去鲁迪及其朋友的支持。

比较这几个选择，理查德最好先输掉比赛。他希望鲁迪被淘汰，但倘若由凯莉替他做这种有点卑鄙的事情那就更好了。懂行者的赌注皆押在凯莉身上。因为在此前的四个挑战环节中，她有三次获胜。并且身为一个导游，她的身材是三个选手中最好的。

作为额外的收获，放弃比赛使理查德免去了在烈日下站柱子的煎熬。比赛刚开始，主持人杰夫·普罗博斯特为每个声称愿意放弃的选手提供了一个橙子。理查德从柱子上下来，接了橙子。

4小时11分钟后，鲁迪在改变姿势时跌了下来，他松开了抓在豁免神像上的手，他最终失败了。凯莉选择了与理查德继续对决。鲁迪投出了关键的一票，最终理查德·哈奇成为《幸存者》系列节目的首届冠军。

理查德的比赛之所以令人印象深刻，是因为他能够提前预料到所有不同的行动。有意思的是，理查德若能预测到他赢得100万美元奖金后不缴税的后果那就更好了。2006年5月16日，他由于逃税被判处51个月有期徒刑。

资料来源：迪克西特，奈尔伯夫. 妙趣横生博弈论. 北京：机械工业出版社，2009.

四、子博弈的概念

前面讲述了信息集的概念，每个信息集是决策节集合的一个子集，信息集和子博弈有一定的联系。子博弈（subgame）是指从每一个行动选择（一个决策节）开始，至博弈结束这一阶段的行动过程，是动态博弈中满足一定要求的局部所构成的次级博弈，它是原博弈的一部分。一个子博弈可以用一个扩展式博弈 G 表示，它由一个决策节 x 和所有该决策节的后续节 $T(x)$（包括终点节）组成，满足下列条件：（1）x 是一个单节信息集；（2）子博弈的信息集和支付向量都直接继承于原博弈。

以市场销售博弈为例，该博弈的博弈树如图3-9（Ⅰ）所示，图中的这棵"树"分出的购买者的决策节 x 和它的后续节就构成了一个子博弈［如图3-9（Ⅱ）所示］；购买者的决策节 y 和它的后续节也构成了一个子博弈［如图3-9（Ⅲ）所示］。另外，原博弈自身也是自己的一个子博弈。这样，市场销售博弈中一共存在3个子博弈，由两个动态阶段博弈和一个原博弈相加得到。事实上，在房地产开发博弈的例子中，也存在3个子博弈。

子博弈是原博弈的一部分，它本身也可以作为一个独立的博弈被加以分析。子博弈需满足两个条件：（1）子博弈必须从一个单节信息点开始，即只有在决策者在原博弈中确切地知道博弈进入哪一个特定的决策节时，该决策节才能作为一个子博弈的初始节；（2）子博弈的信息集和支付向量都直接继承于原博弈，即只有当 x 和 y 在原博弈中属于同一信息集时，它们在子博弈中才属于同一信息集，子博弈的支付函数只是原博弈支付函数留存在子博弈上的部分。一旦满足了以上两个子博弈的条件，就意味着在形成一个子博弈时不能切割原博弈的信息集。继续来看房地产开发博弈，如果参与者 A 的两个信息集都是单节的，则因参与者 B 的一个信息集包含两个决策节，参与者 A 的信息集不能开始一个子博弈，因为这样的话参与者 B 的信息集将被切割（见图3-10）。

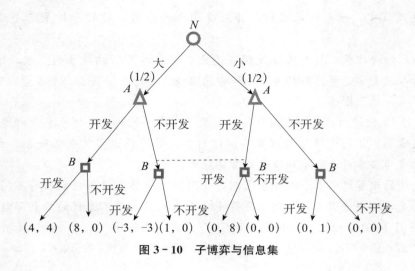

图 3 - 10   子博弈与信息集

五、子博弈精炼纳什均衡

在已经理解了在动态博弈纳什均衡中确实存在一些不可置信的解后，要考虑如何甄别和剔除这些解，而留下一个最优解。泽尔腾[①]通过对动态博弈的分析完善了纳什均衡的概念，定义了"子博弈精炼纳什均衡"。这一概念的意义就是将纳什均衡中包含的不合理策略剔除出去，要求参与者的决策在任何时点上都是最优的。我们对子博弈的分析是，每个子博弈都代表着博弈方所面临的一个决策时机或情形，即每个子博弈都是一个独立的博弈，从而也有它的纳什均衡。而子博弈精炼纳什均衡则是指在一个博弈中的多个子博弈中，博弈方在每一个子博弈上选择的最优行为，其定义如下：一个扩展式表述的策略组合 $s^* = (s_1^*, \cdots, s_i^*, \cdots, s_n^*)$，如果是其原博弈的纳什均衡，又给出其每一个子博弈上的纳什均衡，那么它就是一个子博弈精炼纳什均衡。

仍以市场销售博弈为例，回顾图 3 - 9 可以分析子博弈精炼纳什均衡的过程。除了原博弈外，其他两个子博弈只有购买者一人做出决策。

通过前面的分析已经知道，该博弈共有 3 个纳什均衡：（高价，高少低少）、（低价，高多低多）和（低价，高少低多）。在子博弈 a 中，购买者的最优选择是"少购"，在子博弈 b 中，购买者的最优选择是"多购"。纳什均衡（高价，高少低少）中的购买者的均衡策略是"高少低少"，给出了子博弈 a 上的纳什均衡（少购），却没有给出子博弈 b 上的纳什均衡，即在任何情况下购买者都要少买是不可置信威胁，因为低价时购买者会选择多买。所以，（高价，高少低少）不是子博弈精炼纳什均衡。再来看另一个纳什均衡（低价，高多低多），购买者的均衡策略"高多低多"给出了子博弈 b 上的纳什均衡（多购），却没有给出子博弈 a 上的纳什均衡，即在任何情况下购买者都会选择多买是不可置信承诺，因为高价时购买者会选择少买。所以，（低价，

①　莱茵哈德·泽尔腾，1994 年诺贝尔经济学奖获得者，其代表作《一个具有需求惯性的寡头博弈模型》发表于 1965 年，其中定义了子博弈精炼纳什均衡。

高多低多）也不是子博弈精炼纳什均衡。而对于纳什均衡（低价，高少低多）中的购买者的均衡策略"高少低多"来说，既给出了子博弈 a 上的纳什均衡，也给出了子博弈 b 上的纳什均衡（即高价时少购，低价时多购）。所以，（低价，高少低多）才是子博弈精炼纳什均衡。于是，销售者采取低价策略、购买者多购是最终的结果。

那么前面图 3-8 中的房地产开发博弈的子博弈精炼纳什均衡又应该如何分析呢？按照构成该均衡的每个参与者的均衡策略都必须合理的原则，首先我们淘汰纳什均衡（不开发，{开发，开发}），因为它依赖于 B 的一个不可置信威胁。接下来看（开发，{不开发，不开发}）这个纳什均衡，其结果（A 开发，B 不开发）尽管似乎是合理的，但均衡策略本身是不合理的。因为在 A 选择开发时，B 的最优选择是不开发；但若 A 选择不开发，B 的最优选择应该是开发，而不符合 B 原先选择的不开发策略。故 {不开发，不开发} 不是 B 的合理策略。

最后，我们分析纳什均衡（开发，{不开发，开发}）：若 A 选择开发，B 的最优选择是不开发；若 A 选择不开发，B 的最优选择是开发。由于 A 预测到自己的选择对 B 的选择的影响，所以对 A 来说开发是它的最优选择。所以均衡结果是 A 选择开发，B 选择不开发，支付为（1，0）。因此，（开发，{不开发，开发}）这个纳什均衡，无论遇到哪个节点（即对应 A 的哪种策略），都会产生合理的解，即最优的纳什均衡。这当然是一个合理的均衡，因为构成该均衡的每个参与者的均衡策略都是合理的。事实上，（开发，{不开发，开发}）是该博弈唯一的子博弈精炼纳什均衡。

以上的子博弈精炼过程甄别了不可置信策略，从而剔除了不合理的纳什均衡，最后留下的解在每一个子博弈上都能给出纳什均衡，所以参与者的决策由任何节点出发进行博弈都是最优的，它是完全信息动态博弈的均衡解——子博弈精炼纳什均衡。

由此，纳什均衡只要求均衡策略在均衡路径上的决策是最优的，而构成子博弈精炼纳什均衡解则要求不仅要在均衡路径上是最优的，而且在非均衡路径的决策节上也是最优的。这是纳什均衡和子博弈精炼纳什均衡的实质区别。

六、用逆向归纳法求解子博弈精炼纳什均衡

回顾从多个子博弈中"精炼"出最优纳什均衡解的过程，不难发现我们采取了一种从动态博弈的最后一个阶段博弈方的策略开始分析，再倒推到之前一个阶段的博弈过程，最后逐步推至第一阶段的分析方法，这种方法被称为"逆向归纳法"（backward induction），可简称为"逆推法"。它之所以成立，其根源在于动态博弈的先行的理性参与者在先前阶段选择策略时，必然会考虑后行参与者在后续阶段中将会怎样选择策略。所以，只有在博弈的最后一个阶段，不再有后续阶段牵制的情况下，参与者才能做出最简洁明智的选择。在后续阶段的参与者选择的策略确定后，前一阶段的参与者在选择策略时也就相对容易。

1. 逆向归纳法的原理及基本思路

对于完全且完美信息动态博弈，用逆向归纳法求解子博弈精炼纳什均衡是最简易的，其基本思路是：

（1）完全且完美信息动态博弈的每一个决策节都是一个单独的信息集，每一个决策节都开始一个子博弈。为了求解子博弈精炼纳什均衡，需要从最后一个子博弈开始。

（2）给定博弈到达最后一个决策节，在该决策节上行动的参与者有一个最优选择，这个最优选择就是从该决策节开始的子博弈的纳什均衡（如果该决策节上的最优行动多于一个，允许参与者选取其中任何一个；如果最后一个决策者有多个决策节，那么从每一个决策节开始的子博弈都有一个纳什均衡）。

（3）倒推到倒数第二个决策节（最后的决策节的直接前列节），找出倒数第二个决策者的最优选择（假定最后一个决策者的选择是最优的），这个最优选择与我们在第一步找出的最后决策者的最优选择构成从倒数第二个决策节开始的子博弈的一个纳什均衡。

（4）如此倒推到初始节，每一步都得到对应子博弈的一个纳什均衡，并且根据定义，这个纳什均衡一定是该子博弈的所有子博弈的纳什均衡，在这个过程的最后一步得到的是整个博弈的纳什均衡，同时也是这个博弈的子博弈精炼纳什均衡。

2. 逆向归纳法过程的形式化

为简单起见，假设博弈有两个阶段，第一阶段参与者 1 行动，第二阶段参与者 2 行动，并且参与者 2 在行动前观测到参与者 1 的选择。令 A_1 是参与者 1 的行动集合，A_2 是参与者 2 的行动集合。

当博弈进入第二阶段时，给定参与者 1 在第一阶段的选择 $a_1 \in A_1$，参与者 2 面临的问题是：

$$\max_{a_2 \in A_2} [u_2(a_1, a_2)]$$

显然，参与者 2 的最优选择 a_2^* 依赖于参与者 1 的选择 a_1。用 $a_2^* = R_2(a_1)$ 代表上述最优化问题的解（即参与者 2 的反应函数）。因为参与者 1 应该预测到参与者 2 在博弈第二阶段将按照 $a_2^* = R_2(a_1)$ 的规则行动，参与者 1 在第一阶段面临的问题是：

$$\max_{a_1 \in A_1} \{u_1[a_1, R_2(a_1)]\}$$

令上述问题的最优解为 a_1^*。那么，这个博弈的子博弈精炼纳什均衡的结果为 $[a_1^*, R_2(a_1)^*]$。$[a_1^*, R_2(a_1)^*]$ 是一个精炼均衡，是因为 $[a_1^*, R_2(a_1)^*]$ 在博弈的第二阶段是最优的；除 $[a_1^*, R_2(a_1)^*]$ 之外，其他任何行为规则都不满足精炼均衡的要求。

3. 逆向归纳法的应用

（1）用逆向归纳法求子博弈精炼纳什均衡的应用。

我们以市场销售博弈为例，用逆向归纳法求解子博弈精炼纳什均衡的过程如下：

首先，得到博弈的策略。销售者先行动，有两种策略：高价和低价。购买者后行动，根据销售者的行动，有四种策略：高价时多购，低价时少购；高价时多购，低价时多购；高价时少购，低价时少购；高价时少购，低价时多购。将这四种策略分别简述为：高多低少；高多低多；高少低少；高少低多。

其次，画出博弈树，如图 3-9（Ⅰ）所示，两个购买者所在的决策节和它的后续节分别构成两个子博弈。另外，原博弈自身也是自己的一个子博弈。这样，市场销售博弈共有 3 个子博弈。

最后，在两个决策节上，购买者选择的策略是"高少低多"，即当销售者选择高价时购买者选择少购，当销售者选择低价时购买者选择多购。如图 3-11（Ⅰ）所示，图中的虚线表示两个子博弈的纳什均衡策略。继续向上找到第一个决策节，因为销售者预测到购买者会按照"高少低多"的策略行动，因此他会选择"低价"策略。用逆向归纳法得到的子博弈精炼纳什均衡是（低价，高少低多），其过程如图 3-11（Ⅱ）所示。

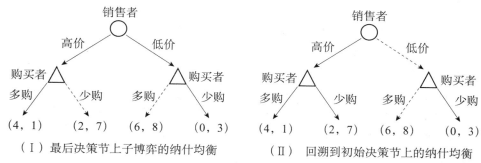

（Ⅰ）最后决策节上子博弈的纳什均衡　　　（Ⅱ）回溯到初始决策节上的纳什均衡

图 3-11　用逆向归纳法求解子博弈精炼纳什均衡

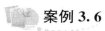 **案例 3.6**

"幸存者"策略

哥伦比亚广播公司的《幸存者》节目以许多有趣的策略博弈为特征。在《幸存者（第 5 季）：泰国》的第六集中由两个小组或两个部落参与的游戏，无论在理论上还是实践上，都不失为一个向前展望、倒后推理的好例子。在两个部落之间的地面上插着 21 支旗，两个部落轮流移走这些旗。每个部落在轮到自己时，可以选择移走 1 支、2 支或 3 支旗。（这里，0 支旗代表放弃移走旗的机会，是被不允许的；也不允许一次移走 4 支或 4 支以上的旗。）拿走最后 1 支旗的一组获胜，无论这支旗是最后 1 支，还是 2 支或 3 支旗中的一支。输了的一组必须淘汰自己的一个组员，这样，该组在以后的比赛中能力就会削弱。这次损失在这种情况下非常致命，因为对方部落多出的一个成员将继续参加比赛，争夺 100 万美元的最终奖金。因此，找出比赛的正确策略一定非常有价值。

这两个部落名为 Sook Jai 和 Chuay Gahn，由 Sook Jai 部落先行动。它一开始拿走了 2 支旗，还剩下 19 支。在继续读下去之前，先停下来想一想。如果你是 Sook Jai 部落的成员，你会选择拿走多少支旗？

把你的选择记下来，然后继续往下读。为了弄明白这个游戏应该怎么玩，并且把正确策略与两个部落实际上采取的策略进行比较，注意两个十分有启迪性的小事件通常很有用。第一个小事件是，在游戏开始前，每个部落都有几分钟时间让成员们讨论。在 Chuay Gahn 部落讨论的过程中，其中一个成员泰德·罗格斯——一个非裔美国软件开发人员——指出："在最后一轮时，我们必须留给他们 4 支旗。"这是正确的：如果 Sook Jai 部落面临着 4 支旗，它只能移去 1 支、2 支或者 3 支旗，与此相对应，Chuay Gahn 部落在最后一轮中分别移去剩下的 3 支、2 支或 1 支旗，最终 Chuay Gahn 部落在游戏中取胜。实际上，Chuay Gahn 部落确实得到并正确地利用了这一机会：在面临 6 支旗时，他们拿走了 2 支。

但是，还有另外一个有启发性的小事件。在前一轮，就在 Sook Jai 部落从剩下的 9 支旗中拿走 3 支返回后，该部落的一个成员斯伊·安——一个能言善道的、很为自己的分析能力感到自豪的参赛者——突然意识到："如果 Chuay Gahn 部落现在取走 2 支旗，我们就糟了。"所以，Sook Jai 部落刚才的行动其实是错误的。它本应该怎样做呢？

斯伊·安或者 Sook Jai 部落的其他成员本来应该像泰德·罗格斯那样推理，除了实践在下一轮给对方部落留下 4 支旗这一逻辑推理之外。你怎样才能确保在下一轮时给对方留下 4 支旗呢？方法是在前一轮中给对方留下 8 支旗！当对方在 8 支旗中取走 3 支、2 支或 1 支时，在接下来轮到你时，你再相应地取走 1 支、2 支或 3 支，按计划给对方留下 4 支旗。所以，Sook Jai 部落本来可以只在剩下的 9 支旗中取走 1 支，从而扭转局面。虽然斯伊·安的分析能力很强，但为时已晚！或许泰德·罗格斯有着更好的分析洞察力。但确实是这样吗？

Sook Jai 部落怎么会在前一轮面临 9 支旗呢？因为 Chuay Gahn 部落在前一轮中从剩下的 11 支旗中取走了 2 支。泰德·罗格斯的推理本来应该再倒后一步。Chuay Gahn 部落本来可以取走 3 支旗，留给 Sook Jai 部落 8 支旗，这样，Sook Jai 部落就会面临输掉比赛的局面。

同样的推理可以再倒后一步。为了给对方部落留下 8 支旗，你必须在前一轮给对方留下 12 支旗；要达到这个目的，你还必须在前一轮的前一轮给对方留下 16 支旗，在前一轮的前一轮的前一轮给对方留下 20 支旗。所以，Sook Jai 部落本来应该在游戏开始时只取走 1 支旗，而不是实际上取走的 2 支。这样的话，Sook Jai 部落就可以在连续几轮中分别给 Chuay Gahn 部落留下 20 支、16 支……4 支旗，确保取胜。是不是在所有博弈中，先行者总是能确保取胜呢？不是。如果在旗子游戏中，开始时的旗子是 20 支而不是 21 支，那么后行者一定获胜。另外，在一些博弈中，比如 3×3 的连环游戏，每个参与者都可以通过正确的策略确保打成平手。

这两个核心人物的命运也很有趣。斯伊·安在下一集时又一次严重判断失误，并因此出局，在 16 个参赛者中排名第 10。泰德显得更加冷静，或许在某种程度上也更有技巧，他在倒数第五集时出局。

现在来考虑一下 Chuay Gahn 部落在第一轮应该选择多少支旗。它面临着 19 支旗。如果它当时充分地利用了倒后推理的逻辑，它本应该取走 3 支旗，给 Sook Jai 部落留下 16 支旗，也就踏上了必胜之路。在比赛中局，无论对方在哪一个决策节犯了错误，接下来轮到的那个部落都可以抓住主动权，从而获胜。但是很遗憾，Chuay Gahn 部落没有很完美地玩好这个游戏。

表 3-3 对博弈的每个决策节上的实际行动和正确行动进行了对比。（"不行动"

表示若对手的行动是正确的，那么任何行动选择都必然失败。）你可以看到，除了 Chuay Gahn 部落在面临 13 支旗时的选择是正确的之外，几乎所有的选择都是错误的。而当时 Chuay Gahn 部落一定是偶然选对的，因为在下一轮面临 11 支旗时，它本应该取走 3 支旗，却只取走了 2 支。

表 3-3 　　　　　　　　　　　　　　　　　移旗博弈

部落	移动前旗子数	取走的旗子数	获胜应取走的旗子数
Sook Jai	21	2	1
Chuay Gahn	19	2	3
Sook Jai	17	2	1
Chuay Gahn	15	1	3
Sook Jai	14	1	2
Chuay Gahn	13	1	1
Sook Jai	12	1	不行动
Chuay Gahn	11	2	3
Sook Jai	9	3	1
Chuay Gahn	6	2	2
Sook Jai	4	3	不行动
Chuay Gahn	1	1	1

在你苛刻评价这两个部落之前，你必须意识到，即使学会怎样玩一个非常简单的博弈，也是需要时间和经验的。我们已经在课堂上让各组学生玩过这个游戏，结果发现，常青藤联盟的一年级学生需要玩三次甚至四次后才能进行完整的推理，并且从第一步行动开始就一直采取正确的策略。（顺便问一下，当时我们叫你选择的时候，你选择了多少支旗？你是如何推理的？）人们似乎通过观察别人玩博弈比自己玩博弈学得更快；也许这是因为作为一个观察者比作为一个参与者更容易把游戏看做一个整体，并冷静地对其进行推理。

资料来源：迪克西特，奈尔伯夫. 妙趣横生博弈论. 北京：机械工业出版社，2009.

上述案例是事先设计好的游戏项目，幸存者博弈的一个特殊性质有助于该博弈完全可解，那就是它不存在任何不确定性。首先，在博弈的任何一个决策节处，当轮到一个部落行动时，该部落清楚地知道当时的情况，也就是还剩下多少支旗。而在许多博弈中存在一些纯偶然的元素，这些元素是自然产生的或者是概率事件。例如，在许多卡片游戏中，当一个玩家做出选择时，他并不确定其他人手中持有的是什么牌，虽然其他人先前的举动可能会露出一些蛛丝马迹，他可以据此推断他们手中的牌。在后面的一些章节中，我们会对此类问题进行分析。

其次，当一个部落做出选择时，它清楚地知道对方部落的目标，那就是最终取胜。在很多简单的游戏或体育比赛中，参与者也能清楚地知道对手或对手们的目的。

但是在商界、政界以及社交活动中的博弈未必如此。在这样的博弈中，参与者的动机是自私或利他、关注正义或公平、考虑短期或长期等的复杂混合体。为了弄清其他参与者将在博弈中随后的决策节处做出何种选择，有必要知道他们的目标是什么，以及在存在多重目标的情况下他们如何权衡这些目标。但你几乎永远都无法确切地知道这一点，所以必须做有根据的猜测。你不可以假定对方有着和你一样的偏好，或者是像假设的"理性人"那样行动，这需要真正考虑他们的处境。要站在对方的立场上并不容易，而且使你的情绪卷入自己的目标和追求常常使情况变得更复杂。我们将在本章后面部分以及本书的不同要点中继续讨论这种不确定性。

最后，在许多博弈中，参与者必然面临关于其他参与者选择的不确定性。为了使这种不确定性区别于机会的自然方面，如牌的分发次序或者球在不光滑的表面上反弹的方向，我们有时候把这种不确定性称为策略不确定性。在幸存者博弈中不存在策略不确定性，因为每个部落都能看到并清楚地知道对方之前的行动。但是在很多博弈中，参与者同时采取行动，或者由于轮换的速度太快，参与者无法看清对方到底采取了什么行动，然后再据此做出反应。足球守门员在面对罚球时，必须在不知道射门员会把球踢向哪个方向的情况下，决定向左移还是向右移；一个优秀的射门员会一直隐藏自己的意图，直到最后一微秒，而那时守门员已经来不及做出反应了。同样的道理也适用于网球和其他运动中的发球和传球。在密封投标拍卖中，每个参与者都必须在不知道其他投标人选择的情况下做出自己的选择。换句话说，在很多博弈中，参与者们同时行动，而不是按预先规定的次序行动。

案例 3.7

汤姆·奥斯本与 1984 年橙碗球场决赛的故事

在 1984 年的橙碗球场决赛中，战无不胜的内布拉斯加乡巴佬队与曾有一次败绩的迈阿密旋风队狭路相逢。因为内布拉斯加乡巴佬队晋身决赛的战绩高出一筹，所以只要打平，它就能以第一的排名结束整个赛季。

不过，在第四节，内布拉斯加乡巴佬队以 17：31 落后。接着，它发动了一次反击，成功触底得分，将比分追至 23：31。这时，内布拉斯加乡巴佬队的教练汤姆·奥斯本面临一个重大的策略抉择。

在大学橄榄球比赛中，触底得分的一方可以选择带球突破或将球传到底线区，再得 2 分；或者采用一种不那么冒险的策略，直接选择射门，再得 1 分。

奥斯本选择了安全至上，内布拉斯加乡巴佬队成功射门得分，比分变成了 24：31。该队继续全力反击，在比赛最后阶段，它最后一次触底得分，比分变成了 30：31。只要再得 1 分，该队就能战平对手，取得冠军头衔。不过，这样取胜不够过瘾。为了漂亮地拿下冠军争夺战，奥斯本认为其球队应该在本场比赛取胜。

内布拉斯加乡巴佬队决定要用得 2 分的策略取胜。结果欧文·费赖尔接到球却没能得分。迈阿密旋风队与内布拉斯加乡巴佬队以同样的胜负战绩结束了全年比赛。由于迈阿密旋风队击败了内布拉斯加乡巴佬队，最终获得冠军的是迈阿密旋风队。

假设你自己处于奥斯本教练的位置。你能不能做得比他更好？星期一发表的许多橄榄球评论文章纷纷指责奥斯本不应该贸然求胜，没有稳妥求和。不过，这不是我们争论的核心问题。核心问题在于，在奥斯本甘愿冒更大风险一心求胜的前提下，他选错了策略。他本来应该先尝试得 2 分的策略。然后，假如成功了，再尝试得 1 分的策略；假如不成功，再尝试得 2 分的策略。

让我们更仔细地研究这个案例。在落后 14 分的时候，奥斯本知道他至少还要得到两个触底得分外加 3 分。他决定先尝试得 1 分的策略，再尝试得 2 分的策略。假如两个尝试都成功了，那么使用两个策略的先后次序便无关紧要了。假如得 1 分的策略失败，而得 2 分的策略成功，那么先后次序仍无关紧要，比赛还是以平局告终，内布拉斯加乡巴佬队赢得冠军。先后次序影响战局的情况只有在内布拉斯加乡巴佬队尝试得 2 分的策略没有成功时才会发生。假如该队实施奥斯本的计划，则它将输掉决赛以及冠军头衔。相反，假如它先尝试得 2 分的策略，那么，即便尝试失败，它也未必会输掉这场比赛。它仍然以 23∶31 落后。等它下一次触底得分时，比分就会变成 29∶31。这时候，只要它尝试得 2 分的策略成功，比赛就能打成平局，它就能赢得冠军头衔！而且，这将是在尝试取胜的努力失败之后导致的平局，因此没有人会因为奥斯本一心想打成平局而批评他。

我们曾经听到有人反驳说，假如奥斯本先尝试了得 2 分的策略却没有成功，那么他的球队就会只为了打平而努力。但这样做不是那么鼓舞人心，并且它很有可能不能第二次触底得分。更重要的是，等到最后才来尝试这个已经变得生死攸关的得 2 分策略，他的球队就会陷入成败取决于运气的局面。这种看法是错的，有几个理由。记住，如果内布拉斯加乡巴佬队等到第二次触底得分时才尝试得 2 分的策略，一旦失败，它就会输掉这场比赛。假如它第一次尝试得 2 分的策略失败，它仍有机会打平。即使这个机会可能比较渺茫，但有还是比没有强。激励效应的论点也站不住脚。虽然内布拉斯加乡巴佬队的进攻可能在冠军决赛这样重大的场合突然加强，但我们也可以指望迈阿密旋风队的防守同样会加强。因为这场比赛对双方同样重要。相反，假如奥斯本第一次触底得分后就尝试得 2 分的策略，那么在一定程度上确实存在激励效应，从而提高第二次触底得分的概率。这也使他可以通过两个 3 分的射门打平。

资料来源：迪克西特，奈尔伯夫. 妙趣横生博弈论. 北京：机械工业出版社，2009.

根据以上案例对博弈策略进行总结可以得到这样的结论：如果你不得不冒一点儿风险，通常是越早冒险越好。这一点在网球选手看来再明显不过了：人人都知道应该在第一次发球的时候冒险，第二次发球则必须谨慎。这是因为，就算你第一次发球失误，比赛也不会就此结束，你仍然有时间考虑选择其他策略，并借此站稳脚跟，甚至一举领先。越早冒险越好的策略同样适用于生活中的大多数方面，无论是职业选择、投资还是约会，都可以参考尝试。

（2）逆向归纳法应用的局限性。

人们真的是用倒后推理来求解博弈的吗？沿着博弈树倒后推理是分析和求解完全

信息动态博弈的正确方法。那些既没有明确地这样做也没有觉悟这样做的人实际上是在妨碍达成他们自己的目标。但那只是对倒后推理理论的一个咨询性或规范性的运用。该理论是否跟大多数科学理论一样，有着更普遍的解释价值或者积极价值呢？换句话说，我们能否在实际参与博弈时得到正确的结果呢？从事行为经济学和行为博弈论这两个新奇领域有趣研究的工作人员已经进行了试验，并得到了各种各样的证据，在最后通牒博弈中体现了这一点。

第三节　子博弈精炼纳什均衡的应用

在上一章内容中，我们分析了古诺模型和伯川德模型，它们都假定了博弈双方的同时博弈属于静态博弈的过程。而在现实经济中，我们往往会面对先有一方行动，而后相继行动的情况。例如某厂商具有一定的品牌影响力，或是市场占有率较高，有先发制人的能力，而其他厂商只能在前者行动之后再进行决策。这种分析往往可以用在寡头市场动态博弈的过程中。

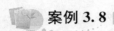 **案例 3.8**

最后通牒博弈

这是一个最简单的谈判博弈：只有一个"要么接受，要么放弃"的提议。最后通牒博弈中有两个参与者，一个是提议者 A，另一个是回应者 B，还有一笔钱 100 美元。在博弈开始时，参与者 A 先提出一个两人分割 100 美元的方案，然后参与者 B 决定是否同意 A 的提议。如果 B 同意，就实施这一提议，然后每个人将获得 A 提议的份额的钱，博弈结束；如果 B 不同意，那么两个人都将一无所获，博弈结束。暂时停下来想一想。如果你是 A，你会提议怎样分配 100 美元？现在考虑一下，如果两位参与者是传统经济理论观点下的"理性人"，即每个人都只关心自身利益，且总能找到追求自身利益的最优策略，那么博弈会怎样进行下去？

提议者 A 会这样想："无论我提议怎样分，B 都只能在接受提议或一无所获之间进行选择。（这个博弈是一次性博弈，因此 B 没有理由建立一种强硬的声誉；或者在将来的 B 可能成为提议者的博弈中，对 A 的行动针锋相对；或者任何诸如此类的事情。）所以，无论我的提议是什么，B 都会接受。我可以给 B 尽可能少的钱，使自己得到最好的结果，例如只给他 1 美分，如果 1 美分是博弈规则所允许的最低金额的话。"因此，A 一定会提议给 B 这一最低金额，而 B 只能选择接受。这一论证是无须画出博弈树来进行逻辑分析的一个例子。

一、斯坦克尔伯格寡头模型

我们先来重温双头垄断，这是一种寡头垄断的形式，其所在的市场属于寡头垄断的市场类型。它描述只有两个竞争者存在于市场的情况。实际上，经常出现的是两个主要竞争对手统治了市场。双头垄断的重要特征是：这两家厂商相互独立，一家厂商调整其产量或价格，必定会引起市场的变动，也就是影响对手的销售情况，从而引起对手的反应，这反过来又影响首先进行调整的厂商。在双头垄断下，厂商相互达成协议或默契，以制定一个共同的价格，限制产量或瓜分市场。

⬇ 拓展阅读 3.1

古诺双寡头模型

古诺模型是最早的双寡头模型，它是由法国经济学家古诺于 1838 年提出的，其结论可以很容易地推广到三个或三个以上的寡头厂商的情况中去。它是纳什均衡应用的最早版本，古诺模型通常被作为寡头理论分析的出发点。它假定一种产品市场只有两个卖者，并且相互间没有任何勾结行为，但相互间都知道对方将怎样行动从而各自将怎样确定最优的产量来实现利润最大化。

德国经济学家斯坦克尔伯格（Stackelberg）在 1934 年提出了一个双头垄断的动态模型，其中一个支配厂商（领导者）首先行动，然后跟随者再行动。比如，在美国汽车产业发展史中的某些阶段，通用汽车就曾扮演过这种领导者的角色。作为追随者的厂商，比如有福特、克莱斯勒等（作为跟随者的厂商可以有多个）。在其他一些产业中，那些实力雄厚、具有核心开发能力、率先行动的厂商就成为产业内的领导者，而那些规模较小的厂商则只能在给定领导者产出水平的基础上，以跟随者的身份选择它们自己相对最优的产出。该模型的基本假设是：模型中有两个参与者，即一个主导厂商 1 和一个追随厂商 2；行动顺序是主导厂商 1 首先确定产量 q_1，追随厂商 2 观察到厂商 1 的选择后再确定自己的产量 q_2。各厂商的行动空间都是自己的产量，支付为各自的利润函数。下面是这一模型的动态博弈描述，用逆向归纳法求解。

假设 q_i 为第 i 个厂商的产量，c 为单位固定成本。

假定反需求函数为：

$$P(Q) = a - (q_1 + q_2)$$

那么，第 i 个厂商的利润函数为：

$$\pi_i(q_1, q_2) = q_i[P(Q) - c] \quad 且 \quad i = 1, 2$$

用逆向归纳法求解，首先考虑在给定 q_1 的情况下厂商 2 的最优选择。厂商 2 的最优解为：

$$\max[\pi_2(q_1, q_2)] = q_2(a - q_1 - q_2 - c)$$

最优化一阶条件，求 q_2：

$$q_2 = R_2(q_1) = \frac{1}{2}(a - q_1 - c)$$

因为厂商 1 预测到厂商 2 将根据 $R_2(q_1)$ 来选择 q_2，则厂商 1 在第 1 阶段的问题是：

$$\max\{\pi_1[q_1, R_2(q_1)]\} = q_1[a - q_1 - R_2(q_1) - c]$$

由此得到：

$$q_1^* = \frac{1}{2}(a-c) \quad q_2^* = \frac{1}{4}(a-c)$$

下面我们对古诺双寡头模型和斯坦克尔伯格寡头模型的均衡解进行比较，见表3-4。

表 3-4   不同模型的比较

	垄断	古诺双寡头模型	斯坦克尔伯格寡头模型
产量	$\frac{1}{2}(a-c)$	厂商1：$\frac{1}{3}(a-c)$	厂商1：$\frac{1}{2}(a-c)$
		厂商2：$\frac{1}{3}(a-c)$	厂商2：$\frac{1}{4}(a-c)$
总产量	$\frac{1}{2}(a-c)$	$\frac{2}{3}(a-c)$	$\frac{3}{4}(a-c)$
利润	$\frac{1}{4}(a-c)^2$	厂商1：$\frac{1}{9}(a-c)^2$	厂商1：$\frac{1}{8}(a-c)^2$
		厂商2：$\frac{1}{9}(a-c)^2$	厂商2：$\frac{1}{16}(a-c)^2$
总利润	$\frac{1}{4}(a-c)^2$	$\frac{2}{9}(a-c)^2$	$\frac{3}{16}(a-c)^2$

从以上计算结果可以得出，斯坦克尔伯格寡头模型的均衡总产量大于古诺双寡头模型的均衡总产量，厂商1的斯坦克尔伯格寡头模型的均衡产量大于古诺双寡头模型的均衡产量，厂商2的斯坦克尔伯格寡头模型的均衡产量小于古诺双寡头模型的均衡产量。同样，厂商1在斯坦克尔伯格寡头模型博弈中的利润大于在古诺双寡头模型中的利润，厂商2的利润却有所下降，这一现象被称为"先动优势"。

在斯坦克尔伯格寡头模型中，厂商1可以有两种产量选择：如果先行动的厂商1实际上也可以选择古诺产量$\frac{1}{3}(a-c)$，这时厂商2对此的反应是也将选择古诺产量$\frac{1}{3}(a-c)$。如果厂商1选择了斯坦克尔伯格产量，这说明厂商1借助先行的机会获得了更多的利润，这就是所谓的"先动优势"。厂商1之所以获得斯坦克尔伯格利润而不是古诺利润，是因为它的产品一旦被生产出来就变成了一种沉没成本，无法改变，从而使厂商2不得不承认它的威胁是可信的。拥有信息优势可能使其他参与者处于劣势。而假如厂商1只是宣布它将生产$\frac{1}{2}(a-c)$的产量，厂商2是不会相信它的威胁的。

二、劳资博弈

这是一个由里昂惕夫于1946年提出的代表劳资双方的工会和厂商之间的博弈模型。假设工资率完全由工会决定，厂商根据工资率的高低来决定雇用工人的数量。那么，工会的目标应该是"高工资率＋高失业率"，还是"低工资率＋低失业率"呢？下面进行分析。

工会所代表的一方的效用应该是工资率和雇用人数的函数：

$$U = u(W, L) \tag{3-1}$$

厂商的目标依然是利润最大化，用利润可以直接代表厂商的效用。假设厂商的收益是雇用工人数量的函数 $R(L)$，并设厂商仅有劳动力成本，所以利润函数为：

$$\pi = \pi(W, L) = R(L) - W \times L \qquad (3-2)$$

假设工会和厂商的博弈过程为先由工会决定工资率，然后厂商根据工资率决定雇用工人数量，那么，使用逆向归纳法求解的步骤为：

第一步：先分析最后阶段厂商的选择，即厂商对 W 的反应函数 $L(W)$，即求：

$$\max_{L \geq 0}[\pi(W, L)] = \max_{L \geq 0}[R(L) - W \times L] \qquad (3-3)$$

对上述公式求导，得到 L 的解：

$$L = L^*(W)$$

厂商的反映函数见图 3-12。

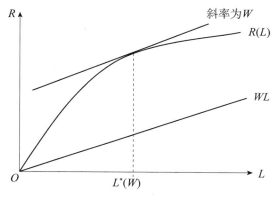

图 3-12　厂商的反应函数

第二步：分析工会的选择。选择工资率 W 以实现 U 最大，通过式（3-4）实现：

$$\max_{W \geq 0}\{u[W, L^*(W)]\} \qquad (3-4)$$

工会的无差异曲线如图 3-13 所示。最后的均衡在反应函数 $L^*(W)$ 与无差异曲线相切的点得到。

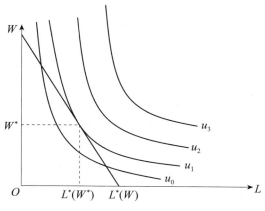

图 3-13　工会的无差异曲线

三、讨价还价博弈

假设游戏是让两个人分割1万美元，并且已经定下了这样的规则：首先由甲提出一个分割比例，对此，乙可以接受也可以拒绝；如果乙拒绝甲的方案，则他自己应提出另一个方案，让甲选择接受与否；如此循环。在上述循环过程中，只要有任何一方接受对方的方案，博弈就宣告结束，而如果方案被拒绝，则被拒绝的方案就与以后的双方出价都不再有任何关系。

上面的游戏可以被看做一个讨价还价博弈。双方分别出价、否定、再出价的过程会产生谈判费用和利息损失等，从而产生资金的时间价值折损。因此，博弈每多进行一个回合，双方的得益就要打一定的折扣，我们假设所有会引起这1万美元折损的因素为折扣率，并设其为$\delta(0 < \delta < 1)$，也可以称δ为消耗系数。

1. 三阶段讨价还价模型求解

为了简化分析，我们现在限制这次双方出价的次数，使它变成一个有限次的讨价还价博弈。例如，双方只能进行三阶段出价，出价顺序为：甲—乙—甲，则博弈分为三个阶段，到第三阶段，无论甲出任何方案，乙都要接受，博弈结束。那么这就成为一个简化了的三阶段讨价还价博弈，如图3-14所示。第一阶段，甲出价S_1，如果乙接受，则双方的收益分割为$(S_1, 10\ 000 - S_1)$，若不接受，则博弈继续；第二阶段，由乙出价S_2，但第二阶段出价后资金受损，此时折扣率δ起作用，若甲接受，则双方的收益分割为$[\delta S_2, \delta(10\ 000 - S_2)]$，若不接受，则博弈继续；返回甲出价$S$，继续受到折扣率$\delta$的影响，双方最终的收益分割为$[\delta^2 S, \delta^2(10\ 000 - S)]$。

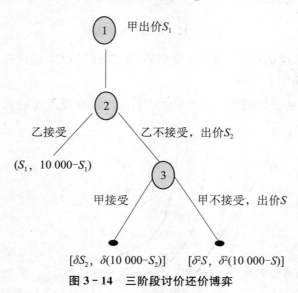

图3-14　三阶段讨价还价博弈

三阶段讨价还价博弈有两个关键点：一是第三阶段甲的方案是有强制力的，即进行到这一阶段，甲提出的分割$(S, 10\ 000 - S)$是双方必须接受的，并且博弈双方都非常清楚这一点。二是多进行一个阶段博弈总收益就会减少一个比例，因此对双方来说让谈判拖得太久对彼此都是不利的。要知道对方必须得的数额，不如早点让他得到，免得自己的收益每况愈下。

运用逆向归纳法求解均衡，我们从图 3-14 中可以看出，在第二阶段出价中，甲的所得应该至少和在第三阶段出价中他的所得相等，甲才愿意接受乙的方案；与此同时，乙在第二阶段的所得必须和他在第一阶段的所得相等，他才愿意在第一阶段接受甲的提案。整理上面的思路我们可以得到三阶段讨价还价模型的均衡解求解过程：

$$10\ 000 - S_1 = \delta(10\ 000 - S_2)$$

$$\delta^2 S = \delta S_2$$

可得：

$$S_1 = 10\ 000 - 10\ 000\delta + \delta^2 S \qquad\qquad (3-5)$$

2. 无限次讨价还价模型求解

在上面的分析过程中，读者会想到这样一个问题，如果甲在第三阶段选择极大利己的分割方式，那么乙是否应该早做决定，这其实也是逆向归纳法得以使用的原因。正是因为预测到甲在最后一阶段会提出一个理性出价，乙才会让甲必须得到的收益早点得到，甲也是这样想，否则双方分得的总金额都在缩水。自然而然，上述分析的前提条件之一是第三轮甲提出的（S，10 000－S）是提前能够得知的分配方案。

然而，无限次讨价还价模型和三阶段讨价还价模型不同的是，它不能描述出作为逆推起点的"最后回合"，因此，不能按照逆推法去分析均衡的求解。在这一问题上，夏克德（Shaked）和萨顿（Sutton）在 1984 年对此类无限次讨价还价博弈提出了一种解决思路，即无论到第三阶段结束，还是从第三阶段到第 n 阶段结束，博弈都是由甲先提方案再由乙来确定接不接受，不接受则继续由乙来提方案的反复过程。那么第 n 阶段结束时的分配结果就和第三阶段结束时的分配结果是一样的。因此从第 n 阶段结束倒推回第三阶段的结果依然是（S，10 000－S），从而继续倒推到第一阶段的分配方案依然是（S，10 000－S），那么 $S_1 = S$，得到：

$$S = 10\ 000 - 10\ 000\delta + \delta^2 S$$

由此，我们可以得到无限次讨价还价博弈的均衡解：

$$S = \frac{10\ 000}{1 + \delta} \qquad\qquad (3-6)$$

如果把上述讨价还价的过程变为一个最简单的博弈，即只有一阶段出价，博弈即结束，那么就变成案例 3-8 中最后通牒博弈的情形了。理论上我们可以把甲的出价设为是理性的，即 S_1 无限接近于 10 000 美元，但实际上甲会不会这样做？假如你是乙，你会接受 1 美分的分成提议吗？事实上，人们已经做过大量有关这个博弈的实验。最后得到的博弈的实际结果与上述的理论预测结果是截然不同的。给予回应者的金额随着提议者的不同而不同。在实验中，真的提议 1 美分或 1 美元，或者低于总金额 10% 的情况非常罕见。平均提议金额大约为总金额的 40%～50%；在很多实验中，五五分成的分割比例是最常见的提议。而且，根据实验提供的数据，给予回应者少于总金额 20% 的提议被拒绝的概率是 50%。

分冰激凌蛋糕的动态博弈

游戏规则：第一轮由第一个参与者（小鹃）提出条件，第二个参与者小明可以接受，从而游戏结束，也可以不接受，则游戏进入第二轮；小明提出条件，小鹃可以接受，从而结束游戏，也可以不接受，从而进入第三轮；蛋糕融化服从线性函数，蛋糕融化，游戏结束。

请读者思考以下不同情况。

第一种情况：假设博弈只有一步，小鹃提出分配方案，如果小明同意，两个人按照约定分蛋糕，如果小明不同意，两个人什么也得不到。博弈结果会怎样？

第二种情况：桌上放了一个冰激凌蛋糕，但在两轮谈判过后，蛋糕将完全融化。博弈结果会怎样？

第三种情况：桌上的冰激凌蛋糕在三轮谈判后将完全融化，或者在四轮、五轮、六轮乃至 100 轮谈判后将完全融化，博弈结果又会怎样？

提示：假如轮数是偶数，则双方各得一半；假如轮数是奇数，则小鹃得到 $(n+1)/2n$；小明得到 $(n-1)/2n$。

四、强盗分赃

假设 5 个强盗抢到 100 枚金币然后分赃，制定了如下分赃规则：首先由第 1 个人提出方案，全体表决。超过半数同意才实施该方案，否则提案者将被丢进海里。然后第 2 个人继续提案，直到剩下最后一个人。问题是：第 1 个人可以获得多少金币？他应该如何提案？[①]

这是一个完全信息动态博弈。在博弈的视角里，参与博弈的这 5 个强盗（按照提案顺序依次给他们命名为甲、乙、丙、丁、戊）都是完全理性的经济人，追求自身的最大得分，本案例中的最大得分是指在不被丢进海里的前提下获得最多数量的金币。在规则中可以看出，提案是否被采纳还取决于后续提案者的投票，然而我们发现按顺序找出提案策略显然太烦琐，那么不妨采取逆向归纳法找到最优策略。

假设前面 4 个人都因得不到超过半数的同意票而被扔到海里，现在轮到第 5 个强盗戊提案，他将独吞所有金币。因此得分情况如表 3-5 所示。

表 3-5　　　　　　　　　　强盗分赃（1）

人物	甲	乙	丙	丁	戊（提案）
得分	0	0	0	0	100
情况	丢入海中	丢入海中	丢入海中	丢入海中	同意

---

① 资料来源：吴玮.5 个强盗分金币.数学爱好者，2006（2）.

由上述情况倒推第 4 个强盗丁的行为，丁如果想要自己的提案被通过，这时还剩2 个人，需要获得 2 票同意，他只能选择将全部金币都给戊。此时得分情况如表 3-6所示。

表 3-6   强盗分赃（2）

人物	甲	乙	丙	丁（提案）	戊
得分	0	0	0	0	100
情况	丢入海中	丢入海中	丢入海中	同意	同意

当丙进行提案时，还剩下 3 个人，丙需要获得 2 票同意，才能使提案通过。这意味着丙只争取到丁、戊当中的一票即可。在上一情况中戊已经拿到了全部金币，无法超越，争取这一票显然没有意义；而只要增加给丁的一点点金币，他将同意丙的提案，剩下的金币将属于丙所有。此时得分情况如表 3-7 所示。

表 3-7   强盗分赃（3）

人物	甲	乙	丙（提案）	丁	戊
得分	0	0	99	1	0
情况	丢入海中	丢入海中	同意	同意	不同意

和上面的推论道理一样，我们可以得到当乙的提案被通过时的情形，如表 3-8所示。

表 3-8   强盗分赃（4）

人物	甲	乙（提案）	丙	丁	戊
得分	0	97	0	2	1
情况	丢入海中	同意	不同意	同意	同意

最后，我们得到当甲的提案被通过时的最优分配方案，如表 3-9 所示。

表 3-9   强盗分赃（5）

人物	甲（提案）	乙	丙	丁	戊
得分	97	0	1	0	2
情况	同意	不同意	同意	不同意	同意

根据案例条件可知，这个博弈属于完全且完美信息动态博弈类型，每个强盗都可以看到其他强盗之前的决策，也可以推断出其他强盗所能采取的策略和相应的收益。这个博弈的特征是其次序起到关键作用。使用逆向归纳法来分析最终解是最简便准确的，我们发现结论是第一个人最多可以获得 97 枚金币，他的提案为：依次分给大家97、0、1、0、2 枚金币。这个结果多少有些出乎意料，但这 5 个人没有失去理智，因为这个博弈中存在策略的依存性问题，即某一参与者的策略不是仅取决于自己，而是需要考虑别人的策略后再进行决策。

五、让策略可以被信赖

在上一节的分析中，我们已经了解到有些纳什均衡之所以不是子博弈精炼纳什均衡，是因为包含了不可置信威胁或许诺。但是，如果参与者能在博弈之前做出承诺行动，使不可置信威胁变得可置信，博弈的子博弈精炼纳什均衡就会相应改变。承诺行动（commitment）是指当事人为了改变博弈结果而采取的措施。当事人如果反悔而不采取这些措施就会付出更大的代价。尽管这一代价不一定发生，但承诺行动会给当事人带来很大的好处，因为它可以改变均衡结果。

假设厂商 A 是市场上某产品的唯一供给者，垄断利润为 300 单位，但面临厂商 B 可能进入的竞争威胁，厂商 B 的进入成本为 10 单位。厂商 A 有两种可选策略：合作和不合作。合作意味着维持高价，寡头利润共为 100 单位（各得 50 单位）；不合作表现为采用降价策略使利润为 0 单位。[①] 这个市场进入博弈的博弈树如图 3-15 所示。

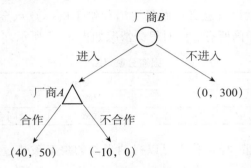

图 3-15　市场进入博弈的博弈树

在上面的例子中，子博弈精炼纳什均衡的策略组合是（进入，合作）。但是，如果厂商 A 通过某种承诺行动使自己的不合作威胁变得可置信，厂商 B 就不敢进入了。比如，厂商 A 与第三者打赌，如果厂商 B 进入后它选择合作，它就付给第三者 100 单位的利润。此时，不合作就变成可置信威胁。因为如果厂商 B 进入，厂商 A 合作带来的 50 单位利润扣除 100 单位利润的赌注，将得到 -50 单位的净利润，而不合作所得为 0 单位利润，所以不合作比合作更有利。有了这个赌注，厂商 B 就不敢贸然进入了，在位者实际上无须支付赌注便可得到 300 单位的垄断利润。一般来说，承诺行动的成本越高，威胁的可信度就越高。

承诺行动可以使策略的可信度大大提高，可以使一些不可置信威胁变得可置信。那么，生活中还有哪些办法可以使策略行为的可信度提高呢？具体来说，这些方法包括签订合同、建立信誉、不可逆转、分步前进、边缘政策、建立团队、授权代理人等手段，下面我们来集中讨论这个问题。

1. 签订合同

要使你的承诺显得可信，一个直截了当的办法就是同意在你不能遵守承诺的时候接受某种惩罚。假如负责重新装修你的厨房的工人事先得到了一大笔订金，他就会有动机减慢工程进度。不过，一份具体说明了酬金与工程进度有关，同时附有延误工期的惩罚条款的合同能使他意识到，严格遵守商定的时间表才是最符合自己利益的决

---

① 当考虑厂商的进入成本时，厂商 B 在合作时的利润为 40 单位，在不合作时的利润为 -10 单位。

定。这份合同就是确保承诺得以遵守的手段。合同的方式更适用于具有商业性质的交易活动。违反合同会造成损失，所以受害方一定不会在受损这个问题上表现大度，往往会拿出实际行动来维护自己的权益。

案例 3.10

减肥故事 1——策略思维

辛迪想要减肥。她只知道该怎样做：少吃，多运动。她非常了解食物热量金字塔，也很清楚各种饮料中所含的卡路里。可是这一切都没有用，没有对她的减肥大计产生任何效果。在她的第二个孩子出生后，她的体重增加了 40 磅，而且一直都没有瘦下来过。

这就是她接受美国广播公司为她提供减肥帮助的原因。2005 年 12 月 9 日，她来到了曼哈顿西部的一个摄影工作室，在那里她换上了一套比基尼。从 9 岁起，辛迪就再也没有穿过比基尼，而且现在也不是再开始穿比基尼的时候。摄影室感觉就像是《体育画报》泳衣发行拍摄的后台一样。到处都是灯光和照相机，而辛迪只穿了一套小小的淡黄绿色的比基尼。制作人还十分细心地为她准备了一个隐蔽的供暖器。"咔嚓！""笑一个！""咔嚓！"此时，辛迪到底在想什么？

如果结果如她所愿，那么将没有人会看到这些照片。她和美国广播公司黄金时段节目组签订了一份合同，如果她能在接下来的两个月内减掉 15 磅，它就会销毁这些照片。美国广播公司不会为她提供任何减肥帮助。它不提供教练，不提供培训师，也不提供专门的减肥食谱。她已经知道自己该怎样做。她需要的仅仅是一些额外的激励，以及从今天而不是从明天起开始减肥的理由。

现在她已经有了额外的激励。如果她不能成功减肥，美国广播公司就会把这些照片和录像展现在黄金时段的电视节目上。她已经和美国广播公司签订了合同，授予它这个权力。

两个月减掉 15 磅是安全的，但不是一件易如反掌的事情。在此期间，她将面临一系列假期派对和圣诞大餐。她不能冒等过完新年再开始减肥的风险。她必须现在就行动起来。

辛迪清楚地知道肥胖所带来的危险——患糖尿病、心脏病的概率和死亡的风险会增加，但这还没有恐怖到能让她立即采取减肥行动。她更担心的是，她的前男友可能会在国家电视台上看到她的比基尼照片。而且，几乎毫无疑问的是，他一定会看这个节目。因为如果她减肥失败了，她最好的朋友就会告诉他。

罗莉讨厌自己的体型和肥胖的感觉。她在酒吧做兼职，整天被 20 岁左右的辣妹包围着，但这对她减肥没有任何帮助。她曾经去过轻体减肥中心，试过迈阿密减肥套餐、速瘦减肥套餐，还有你能想到的其他方法。她走错了方向，需要有什么事能帮她改变这一错误的方向。当罗莉告诉她的朋友她要参加这个节目时，她们认为这是她做过的最愚蠢的事。照相机捕捉了她这个"我到底在干什么"的表情，还有许多其他动作。

雷也需要减肥。他才二十几岁，刚刚结婚，但看上去像 40 岁了。当他穿着泳衣走在红地毯上时，拍出的照片一定不好看。"咔嚓！""笑一个！""咔嚓！"他别无选择。他的妻子想让他减肥，并愿意帮助他减肥。她还和他一起节食。所以她决定冒险，也换上了比基尼。虽然她没有像雷那么胖，但她也不适合穿比基尼。她的合同与辛迪的有所不同。她不必在比赛前称重，甚至也不需要减肥。她的比基尼照片只有当雷减肥失败时才会展出。

对雷来说，这个赌注更大了。他要么减肥，要么失去他的妻子。

摄影机前总共有四位单独来的女士和一对夫妻，他们几乎什么也没穿。他们在做什么？他们并没有裸露癖。美国广播公司的制作人很小心地把照片筛选出来。他们几个人谁也不希望这些照片在电视上出现。

资料来源：迪克西特，奈尔伯夫．妙趣横生博弈论．北京：机械工业出版社，2009.

上面的案例提供了一个通过签订合同改变可信性的分析。如果自己减肥，无论制订多少减肥计划都是难以实现的，这在生活中简直司空见惯。其实，就像我们在前面举过的为自己制订撰写论文计划表的例子，制订计划的每个人都是在和未来的自己博弈。今天的自己想让未来的自己节食和运动；而未来的自己想吃雪糕和看电视。大多数时候是未来的自己获胜，因为人们总是最后才行动。解决这一问题的方法是，改变对未来的自己的激励，从而改变行为。在以上减肥案例中，签订合同就解决了这个问题。

案例 3.11

减肥故事 2——失效的合同

设想一名正在节食减肥的男子悬赏 500 美元，谁若是发现他吃高热量食品，谁就能得到这笔赏金。于是，以后只要这名男子想起一道甜品，他就可以轻易判断出这东西不值 500 美元。不要以为这个例子不可置信而嗤之以鼻，实际上，一份类似的合同已由尼克·拉索先生提出，唯一的区别在于赏金高达 25 000 美元。

根据《华尔街日报》的报道："于是，受够了各种减肥计划的尼克·拉索先生决定将自己的问题公之于众。除了继续坚持每天 1 000 卡路里的食谱，他还会为任何一个发现他在餐厅吃饭的人提供一笔赏金，高达 25 000 美元，这笔钱将捐献给对方指定的慈善机构。他已经告知附近的餐厅张贴他的照片，上面注明'悬赏缉拿'。"

资料来源：迪克西特，奈尔伯夫．妙趣横生博弈论．北京：机械工业出版社，2009.

其实，案例 3.11 中的这份合同有一个致命的缺陷：没有防止再谈判的机制。拉索先生可以通过符合双方的共同利益的再谈判，保持自己永远不会违反这份合同的规定。比如，拉索先生可能愿意请客，支付一轮酒水费用，以此换取在座各位放他一马。在餐厅吃饭的人一定愿意免费享用一杯饮料，这无论如何总比一无所获更好，因此也就乐意让他暂时丢开那份合同。

为使合同方式奏效，应该由某些独立于订立合同的双方的第三方负责强迫执行承诺或者收取罚金，而且它的利益与本合同无关。也就是第三方必须具备某种独立的动机完成自己的任务。例如，如果在设定减肥不成功的罚金直接捐赠给慈善机构使用的同时，再设立一个监督执行的第三方，那么第三方会保证合同的执行，因为罚金与其利益并不相关。

2. 建立信誉

假如你在博弈当中尝试了一个策略行动，然后反悔，你可能就会丧失可信度方面的信誉。若是遇到百年一遇、千载难逢的情况，信誉有可能显得不那么重要，因此也没有多大的承诺价值。不过，一般情况下，你都会在同一时间跟不同对手进行多个博弈。因此你就有建立信誉的动机，而这就相当于做出一个承诺，以使自己的策略行动显得可信。

在 1961 年柏林危机期间，约翰·F. 肯尼迪（John F. Kennedy）曾这样解释美国信誉的重要性："假如我们不能遵守我们对柏林的承诺，日后我们怎能有立足之地？假如我们不能言出必行，那么我们在共同安全方面已经取得的成果，那些完全依赖于这些言语的成果，也就变得毫无意义。"可见，一个人说话算话的重要性在大国政治里面也有所体现，保证说到做到，也正是解决策略行动可信性问题的核心。

案例 3.12

"从未减价"的广告词

在马萨诸塞州收费公路上有一个巨大的广告牌，做广告的这家公司在上面自豪地宣称自己创建 127 年来从未有过减价促销活动。这种无条件的每日低价承诺可吸引一批稳定的客流，而举办一场减价促销活动可能暂时提高利润，但是你要等 127 年才能再次做出那样富有吸引力的广告。明年，我们将等着上面的数字从 127 变成 128。随着这一信誉越来越有价值，它本身就能维持自己永生不朽。

在上面这个例子里，博弈参与者是怀着非常直接而有意识的目标来培植信誉的，厂商想为自己日后的无条件行动、威胁和许诺创造可信度。在现实中我们可以看到，信誉有时可能出自非策略的理由，但同样有助于树立可信度。

3. 不可逆转

总有办法使策略变得更加不能动摇，例如切断沟通，使过程不可逆转地向前走。这一做法的一个极端形式是一份最后的遗嘱或者证词中的条款。一旦这一方死亡，再也没有进行再谈判的机会。① 军队通常借助断绝自己后路的做法而达成遵守承诺的目标。我们前面提过的破釜沉舟和背水一战都属于不可逆转的策略，它剥夺了改变承诺的机会。

---

① 大诗人陆游留下的一首诗其实可以被看做遗嘱：死去元知万事空，但悲不见九州同。王师北定中原日，家祭无忘告乃翁。

案例 3.13

冻结价格战的博弈机制

美国有两家销售音像商品的商店——疯狂艾迪（Crazy Eddie）和纽马克与刘易斯（Newmark & Lewis），它们在市场上存在竞争。当它们合谋时，保证对方不会背叛和降价的一个前提就是能够迅速察觉对方的背叛行为并给予惩罚。

疯狂艾迪已经做出承诺："不可能有人卖得比我们更低价，我们的价格是最低廉的，我们保证价格最低，而且是超级疯狂地低。"而对手纽马克与刘易斯也打出了"只要买我们的东西，将得到终生低价保证"的宣传语。它的广告还承诺："假如你在本店购买商品之后，在你一生中于任何本地销售商（本行销区内）那里发现相同的款式而价格却低于本店（以单据为凭），本店愿支付百分之百的差价，并额外支付差价的百分之二十五（以支票支付）；或是给你差价百分之二百的本店换货单（除了原差价的百分之百外，再额外增加百分之百，都是以换货单方式支付）。"

乍一看，这两家商店在玩命竞争，根本不可能形成价格联盟，即使形成也难以维持，因而它们之间似乎是在打价格战。但是，一种潜在的侦察降低价格行为的机制阻止了价格战的发生。

假定每台录像机的批发价为 150 美元，此时两家商店正以每台 300 美元的价格出售。疯狂艾迪打算将价格降为每台 275 美元，从而将对手的顾客拉过来，如那些家住在对手售货点附近或过去曾买过对手商品的顾客。但是，对手的策略锁定了疯狂艾迪的行为，因为疯狂艾迪的这一计划会有相反的效果。因为顾客会到对手那里先以 300 美元买下录像机，然后再获退款 50 美元。这样，对手自然将降到更低的价格 250 美元一台，顾客反而是从疯狂艾迪流向对手那里而不是相反。如果对手不想以 250 美元一台出售录像机，它也可以将价格降到 275 美元一台，只要它发现有顾客来要求退款，就会发现对手的背叛行为，从而将价格降到 275 美元一台。既不以太低的价格出售，又快速地发现对手的背叛从而降价予以报复，使对手降价也不能增大顾客量，从而蒙受损失，这样，疯狂艾迪就没有进行价格战的意愿了，自然形成价格联盟。

在美国，明目张胆的价格联盟是违法的，但这两家商店以不违法的方式形成了价格联盟，顾客成了背叛行为的侦察者，这一策略是十分巧妙的。

在中国也有类似的例子：2012 年 8 月 14 日，京东的首席执行官刘强东在其新浪实名认证微博上表示，京东所有大型家电将在未来三年内保持零毛利，保证比国美、苏宁连锁店便宜 10% 以上。苏宁立即以微博接招，宣布所有产品价格必然低于京东，否则将给予消费者两边差价赔付。

资料来源：蒲勇健. 简明博弈论教程. 北京：中国人民大学出版社，2013.

4. 分步前进

和兵临城下不同的是，有的博弈并不是迫在眉睫的，其目标难以一时间实现，例如双边或多边贸易谈判、加入国际组织等，此时把一个大目标分解成多个足够小的目标去逐个博弈比较好。分步前进的方法在谈判过程中被普遍使用，它可以增进双方的了解，产生互信，使合作更加容易。我国加入世界贸易组织的谈判过程是十分艰难的，例如进行双边市场准入谈判，也就是开放市场谈判时，在世界贸易组织的成员中，有 37 个成员提出要与中国举行双边市场准入谈判。谈判的焦点是对外开放市场。中国实行对外开放政策，愿意选择开放市场，但中国是一个发展中国家，必须根据自己的实际情况来决定开放的速度、范围和条件。此外，谈判涉及的行业包括农业、汽车、钢铁、保险、零售业等，国内各行各业的发展速度不同、基础各异，谈判对象也是各有各的要求，这就决定了谈判的复杂性和艰难性。从 1997 年 5 月 23 日中国与匈牙利签署第一个双边市场准入协议，谈判细分成若干次，直到 1999 年 11 月 15 日中美签署双边协议，双边市场准入谈判才算真正有了突破。因此，面对这类相对复杂且相对远期实现的目标，我们应该选择将其划分为可执行的小目标，然后再去一一实现，最终达到总目标。例如装修房屋的房主与工程承包商之间相互怀疑，房主担心提前付款只会换来对方偷工减料或者粗制滥造，而工程承包商则担心一旦工程竣工，房主可能拒绝付款。因此，合同中的支付条款一般为分期付款，即工程承包商在结束一个工期或一项任务后按照工程进度领取报酬。

5. 边缘政策

某些谈判的目标并不复杂，但十分紧急。在需要与对方博弈的危急时刻就不需要再循序渐进、分步前进了。这时只需要一个能近乎让人相信的行动，就能把问题解决。例如 1962 年的古巴导弹危机。当时，苏联选择在古巴部署导弹，而后美国对古巴进行全面封锁，并下令美军轰炸机挂载核武器 24 小时巡航以便随时扑向苏联，这使赫鲁晓夫只能知难而退，苏联撤出了所有部署在古巴的导弹。美国的做法可以归纳为边缘政策，这一概念来源于冷战时期，是由时任美国国务卿的约翰·福斯特·杜勒斯率先引用的，主要是指透过军事把事情推往战争的边缘，以说服其他国家服从自己的政治要求。在 1952 年，杜勒斯在接受《生活杂志》的访问时认为"把事情推到它的边缘而没有演化为战争的能力是必要的艺术。"

因此，边缘政策用来形容一个近乎要发动战争的情况，也就是到达战争的边缘，从而说服对方屈服的一种策略术语，被视为一种有效的政策。当今世界各国依然以核抗核、以守为攻来威慑双方保持克制，核战争就是现代世界战争的边缘。虽然选择边缘政策也是很有效的，可是它也很容易恶化博弈双方之间的关系。它是使改变承诺的能力受限的策略方法。在谈判中将威胁步步逼近，从而逐步放大，可以起到增强策略行动可信性的作用。

案例 3.14

扣下扳机——边缘政策

在《洛城机密》一书或电影中，"好脾气警察"埃德·埃克斯利正在审讯犯罪嫌疑人雷若伊·方丹，这时，脾气暴躁的警察巴德·怀特插手了。

门"砰"的一声开了。巴德·怀特走了进来，把方丹扔向墙壁。

埃德沉默着。

怀特拔出他的手枪，打开弹膛，把弹壳扔到地上。方丹深深地低下了头；埃德继续沉默着。怀特猛地关上弹膛，把枪口戳进方丹的嘴里。"六分之一。那女孩在哪？"

方丹含着枪；怀特两次扣下了扳机，"咔嗒"，是空膛。（所以现在风险上升到四分之一了。）方丹的身体顺着墙壁往下滑；怀特拔回枪，抓着他的头发把他提起来。"那女孩在哪？"

埃德仍然沉默着。怀特扣下扳机——又是小小的一声"咔嗒"。（所以，现在是三分之一了。）方丹吓得瞪大了眼睛。"西……西……西尔威斯特·费奇，阿瓦隆 109 号，灰色的房子，求求你别杀我！"

怀特跑了出去。

很显然，怀特是在威胁方丹，强迫他说出真相。但是，这个威胁是什么？它不是简单的"如果你不告诉我，我就杀死你"，而是"如果你不告诉我，我就扣下扳机。如果子弹恰好在开火的这个弹膛里，你就死定了"。这个威胁实际上是在制造方丹被杀死的风险。每重复一次威胁，风险就增大一次。最后，当风险达到三分之一时，方丹发现风险太大了，于是吐出了真相。但仍存在其他可能性：怀特可能担心真相会随着方丹的死永远消失，这个风险太大了，于是他放弃这一威胁，改用其他方法。他们都担心的事情——子弹到了开火的弹膛，方丹死了——有可能会发生。

资料来源：迪克西特，奈尔伯夫．妙趣横生博弈论．北京：机械工业出版社，2009．

依次扣下扳机就是使威胁逐渐被放大的过程，威胁的可信性在一步一步中被反复重新估计着，对方的心理压力会随着这种估计的改变而濒临边缘，这就是我们给对方设置的越来越逼近边缘的步骤，目的就是让对方明白这个策略是可信的。

6. 建立团队

为什么在学习和工作中我们要经常建立团队，这和博弈也有关系吗？是的，为了使目标实现，我们不断地制订计划，也就给自己或他人实施了承诺。如果建立团队，可以使这个承诺变得更加可信，在自己不能按照计划（承诺）完成任务时，还有他人的监督和督促，这样每个人都在监督别人和被别人监督中，守信的问题也就不那么难解决了。

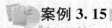 **案例 3.15**

大雁的合作飞行

大雁有一种天生的合作本能，它们飞行时一般呈 V 字形。这种飞行模式还被人引用为某些问题的发展模式。仔细观察不难发现，这些大雁飞行时会有规律性地变换领导者，因为为首的大雁在前面开路，能帮助它两边的雁形成局部的真空。而且科学家发现，大雁以这种形式飞行要比单独飞行多飞出 12% 的距离。合作可以产生乘数效应。据统计，在诺贝尔奖获奖项目中，因合作获奖的占三分之二以上。在诺贝尔奖设立的前 25 年，合作奖占 41%，而现在则占 80%。

7. 授权代理人

授权代理人是寻找第三方加入以确保可信性的做法，如工会在谈判时常常授权第三方公证监督，或部落在谈判中常请来族里的尊者等。在减肥故事中我们提到过，可以使用和第三方签订合同的方式来保证减肥的结果会依照原合同进行，这样使减肥合同条款变得更加可信。授权独立的第三方加入，即授权代理人，必须注意的是代理人与原合同的结果无利益关系，这样才能监督合同的执行，实现守信的目的。

第四节　重复博弈

本节介绍由基本博弈的重复进行构成的重复博弈。虽然形式上是基本博弈的重复进行，但在重复博弈中博弈方的行为和博弈结果不一定是基本博弈的简单重复，因为博弈方对于博弈会重复进行的意识使他们对利益的判断发生变化，从而使他们在重复博弈过程中的行为选择受到影响。这意味着不能把重复博弈当做基本博弈的简单叠加，必须把整个重复博弈过程作为整体进行研究。

重复博弈（repeated games）是指同样结构的博弈重复多次。它看起来是将静态博弈模型进行重复，但实际上通常构成一个动态博弈。在静态博弈中，博弈只是进行了一次，参与者只会关心一次性支付；但如果博弈重复进行，参与者可能会为长期利益暂时牺牲眼前利益从而选择不同的策略。

案例 3.16

以牙还牙

20 世纪 80 年代初，密歇根大学政治学家罗伯特·阿克谢罗德（Robert Axelrod）邀请了世界各地的博弈论学者以电脑程序形式提交他们的囚徒困境博弈策略。这些程序两两结对，反复进行 150 次囚徒困境博弈。参赛者按照最后总得分排定名次。

冠军是多伦多大学的数学教授阿纳托·拉普波特（Anatol Rapoport）。他的取胜策略就是以牙还牙。阿克谢罗德对此感到很惊奇。他又举办了一次比赛，这次有更多的学者参赛。拉普波特再次提交了以牙还牙策略，并再次赢得了比赛。

以牙还牙是以眼还眼行为法则的一种变形：人家怎么对你，你也怎么对他。说得更准确点，这个策略在开局时选择合作，以后则模仿对手在上一期的行动。

资料来源：迪克西特，奈尔伯夫. 妙趣横生博弈论. 北京：机械工业出版社，2009.

一、重复博弈的基本思想

1. 囚徒困境的解决

重复博弈模型抓住了参与者会考虑自己当前的行动会影响其他参与者将来的行动

这一思想，考察参与者之间的长期相互关系。以囚徒困境博弈为例，该博弈的唯一的纳什均衡是（坦白，坦白）。囚徒困境所反映出的深刻问题是，人类的个人理性有时能导致集体的非理性——聪明的人类会因自己的聪明而作茧自缚。单次发生的囚徒困境和多次重复的囚徒困境结果不一样。如果博弈能被反复进行，每个参与者都有机会去"惩罚"另一个参与者前一回合的不合作行为。这时，合作就可能会作为均衡结果出现。在案例 3.16 中，以牙还牙就体现了这种报复性惩罚，且通过这一策略可以引发博弈的结束。以牙还牙策略使对方欺骗的动机可能被惩罚的威胁所克服，从而可能导向一个较好的、合作的结果。反复接近无限次，纳什均衡趋向于帕累托最优。

对两个囚徒来说，选择"坦白"要严格优于选择"抵赖"，尽管他们都选择"抵赖"时结果对他们会更好。在重复博弈理论背后的主要思想是：如果每个囚徒都相信做出"抵赖"的选择在长期内得到的利益将超过他短期内的损失，那么当博弈被重复进行时，他们共同想要的结果（抵赖，抵赖）将会出现。

如果两个囚徒的刑期不是很长，在刑满释放之后又作案，作案之后又被判刑，释放之后再作案、再被判刑，如此反复，他们之间进行的就是重复博弈。在重复博弈中需要指出的是：每一次的博弈不会改变下一次博弈的结构；所有参与者都可观测到博弈过去的历史（如两个囚徒都知道同伙在过去的每次博弈中选择了坦白还是抵赖）。在重复博弈中，参与者可能同时行动（如囚徒困境），也可能先后行动（如市场进入博弈）。在后一种情况下，每一次博弈本身就是一个动态博弈。由于一个参与者可以观测到其他所有参与者过去的历史，所以他在每一次博弈中的选择将会受到其他参与者过去行动的影响。例如，两个囚徒可能都会想到：如果同伙这次选择了抵赖，我下次也将选择抵赖。所以在重复博弈中每一个参与者的策略空间远远超过了每一次博弈的策略空间，策略组合的数量当然会更多。在这种情况下，重复博弈就带来了一些"额外"的均衡结果，比如，两个囚徒选择了策略组合（抵赖，抵赖）。这是在一次博弈中不可能得到的，这正是分析重复博弈的意义所在。

2. 重复博弈的基本特征

（1）阶段博弈之间没有物质上的联系，即前一阶段的博弈不改变后一阶段博弈的结构（相比之下，序贯博弈涉及物质上的联系）。

（2）所有参与者都可以观测到博弈过去的历史（如在每一个新的阶段博弈，每个囚犯都知道其他参与者在过去的每次博弈中选择了坦白还是抵赖）。

（3）参与者的总支付是所有阶段博弈支付的贴现值之和或加权平均值。

3. 影响重复博弈均衡结果的因素

（1）博弈重复的次数。次数的重要性在于参与者在短期利益和长期利益之间的权衡——当博弈只进行一次时，参与者只关心一次性支付；但如果博弈重复多次，参与者可能为了长期利益牺牲眼前利益从而选择不同的均衡策略。这是重复博弈分析给出的一个强有力结果，它为现实中观测到的许多合作行为和社会规范提供了解释。

（2）信息的完备性。简单地说，当一个参与者的支付函数（特征）不为其他参与者所知时，该参与者可能有积极性建立一个"好"声誉以换取长远利益。这一点或许可以解释为什么本质并不好的人在相当长的时间干好事。

二、有限次重复博弈和连锁店悖论

我们继续讨论因徒困境，如果让两个因徒重复博弈，且规定好有限的次数，比如说 5 次，那么双方博弈的情况是否会改变呢？

按照逆推法，我们先看最后一次博弈，因为博弈双方都知道这是最后一次，结果跟单次博弈时一样，即（坦白，坦白）。

在第 4 次博弈时，双方知道以后不会有合作，所以最优策略也是（坦白，坦白）。

如此反推，两个因徒在第一次博弈时也不会有合作。先保留这样的印象，我们继续看一个市场进入博弈（见图 3 - 16）。

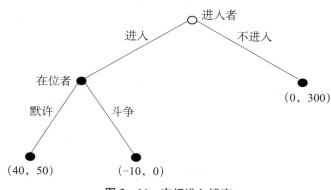

图 3 - 16 市场进入博弈

假设同样的市场有 20 个（可以理解在位者厂商 A 有 20 个连锁店），厂商 B 每次只能进入一个市场，这就成为 20 次重复博弈。在这个博弈中，厂商 A 选择不合作的唯一原因是这一选择能够起到威慑的作用，使厂商 B 不敢进入。然而，结果会是这样吗？

在一次博弈中，这个博弈的唯一的子博弈精炼纳什均衡结果是进入者进入，在位者默许，支付为（40，50）。

现在既然同样的市场有 20 个，通常的猜想是，尽管从一个市场看，在位者的最优选择是默许，但是现在有 20 个市场要保护，为了阻止进入者进入其他 19 个市场，在位者应该选择斗争。

但是，这是不正确的。在这个博弈中，在位者选择斗争的原因是希望斗争能发挥威慑作用，阻止进入者的进入。但是在有限次博弈中，斗争并不是一个可置信威胁。

我们继续使用逆向归纳法推理，在第 20 个市场的博弈中，由于博弈将在本次结束，选择斗争没有任何威慑意义，在位者的最优选择是默许，此时进入者进入。在第 19 个市场的博弈中，由于下一个市场在位者已经选择默许，这时在位者选择斗争没有意义，因此，在位者选择默许，进入者选择进入。如此一直倒推到第一个市场的博弈。得到这个有限次重复博弈的唯一子博弈精炼纳什均衡——在位者在每个市场都选择默许，进入者在每个市场都选择进入，这就是所谓的"连锁店悖论"。当然，这个博弈还有其他的纳什均衡，如"在位者总是选择斗争，进入者总是选择不进入"，但是这不是子博弈精炼纳什均衡。

上述结果可以一般化为下述定理：令 G 是阶段博弈，$G(T)$ 是 G 重复 T 次的重复博弈（$T<\infty$）。那么，如果 G 有唯一的纳什均衡，重复博弈 $G(T)$ 的唯一子博弈精炼纳什均衡结果是阶段博弈 G 的纳什均衡重复 T 次（即每个阶段博弈出现的都是一次性博弈的均衡结果）。

上述定理表明，只要博弈的重复次数是有限的，单阶段博弈的均衡结果在重复博弈中并不改变。

值得注意的是，单阶段纳什均衡的"唯一性"是一个重要条件。如果单阶段纳什均衡不是唯一的，上述结论不一定成立，例如表 3-10 所示的博弈。

表 3-10　　　　　　　　　　　有限次重复博弈的纳什均衡

		参与者 2		
		L	M	R
参与者 1	U	0, 0	3, 4	6, 0
	M	4, 3	0, 0	0, 0
	D	0, 6	0, 0	5, 5

如果这个博弈只进行一次，有三个纳什均衡：(M, L)；(U, M)；混合策略 $[(\frac{3}{7}U, \frac{4}{7}M), (\frac{3}{7}L, \frac{4}{7}M)]$，支付向量分别是：$(4, 3)$，$(3, 4)$，$(\frac{12}{7}, \frac{12}{7})$。帕累托最优结果 (D, R) 不能达到。

但是，如果这个博弈重复两次，下列策略组合是一个子博弈精炼纳什均衡（假定贴现因子 $\delta>\frac{7}{9}$）（贴现因子 δ 的含义是第 2 年的支付乘以 δ 折现到第 1 年的值）：在第一阶段选择 (D, R)；如果第一阶段的结果是 (D, R)，在第二阶段选择 (M, L)；如果第一阶段的结果不是 (D, R)，第二阶段选择混合策略 $[(\frac{3}{7}U, \frac{4}{7}M), (\frac{3}{7}L, \frac{4}{7}M)]$。

接下来证明这是一个子博弈精炼纳什均衡：

根据构造，第二阶段的策略组合是纳什均衡。那么，证明 (D, R) 在第一阶段是最优选择。在第一阶段，给定参与者 2 选择 R，如果参与者不选择 D 而选择 U，支付从 5 到 6，增加 1 个单位。但是其后果是在第二阶段的支付由 4 下降为 $\frac{12}{7}$。如果 $1<(4-\frac{12}{7})\delta$（即 $\delta>\frac{7}{16}$），参与者 1 将没有积极性偏离 (D, R)。类似地，如果 $\delta>\frac{7}{9}$，参与者 2 将没有积极性偏离 (D, R)。

因为不论第一阶段参与者选择什么，第二阶段出现的都是纳什均衡，因此，如果 $\delta>\frac{7}{9}$，上述策略组合是子博弈精炼纳什均衡。[在 $\delta>\frac{7}{9}$ 时，(D, R) 在第一阶段被选择。]

132

这个结果不同于阶段博弈的均衡，其原因是，当阶段博弈有多个纳什均衡时，参与者可以使用不同的纳什均衡惩罚第一阶段的不合作行为，或对第一阶段的合作行为进行奖励，而这一点在阶段博弈只有一个纳什均衡时无法做到。

另外，在有限次重复的囚徒困境博弈中，刚刚使用逆向归纳法得到"两个囚徒总是坦白"是唯一的子博弈精炼纳什均衡。但是与单阶段博弈不同的是：首先，"总是坦白"并不是参与者的占优策略，因为它并不是对于任何给定的其他参与者策略的最优反应。其次，参与者可以有更多的决策选择。"总是坦白"作为最优选择，其唯一性只在均衡路径上成立，而在非均衡路径上，参与者也可选择抵赖。（比如，如果囚徒 A 选择"总是坦白"，那么"坦白直到对方选择抵赖，然后总是抵赖"，也是囚徒 B 的最优选择之一。）

三、无限次重复博弈和无名氏定理

1. 无限次重复博弈

（1）时间成本。

资金是有时间价值的，不同时间获得的单位利益对人们的价值是有区别的，需要引进贴现率或贴现系数的概念，即将某一阶段得益折算成当前阶段得益（现在值）的方法。

贴现系数的计算公式为：

$$\delta = \frac{1}{1+r}$$

其中，r 是市场利率。

如果一个 T 次重复的某博弈方在某一均衡下各阶段的得益分别为 π_1，π_2，$\cdots$，π_T，则考虑得益的时间价值的重复博弈的总得益现值为：

$$\pi = \pi_1 + \delta \pi_2 + \delta^2 \pi_3 + \cdots + \delta^{T-1} \pi_T = \sum_{t=1}^{T} \delta^{t-1} \pi_t \qquad (3-7)$$

解开连锁店悖论的办法之一是引入信息的不完全性。在信息不完全动态博弈中，即使博弈重复次数是有限的，如果信息是不完全的，囚徒困境博弈的均衡结果可能与一次博弈不同。

解开连锁店悖论的办法之二是当博弈重复次数是无限次时，存在完全不同于一次博弈的子博弈精炼纳什均衡。还以囚徒困境（见表 3-11）来说，如果是无限次重复的囚徒困境博弈，则可以证明，如果参与者有足够耐心，则最终（抵赖，抵赖）是一个子博弈精炼纳什均衡结果。

表 3-11　　　　　　　囚徒困境的支付矩阵

		囚徒 B	
		坦白	抵赖
囚徒 A	坦白	-8，-8	0，-10
	抵赖	-10，0	-1，-1

下面给出囚徒困境的一般表示（见表 3-12）。

表 3 - 12   囚徒困境的一般化模型

		参与者2	
		合作（C）	不合作（D）
参与者 1	合作（C）	T, T	S, R
	不合作（D）	R, S	P, P

在以上表格中，各支付的绝对值大小满足：$R>T>P>S$；$S+R<T+T$。若双方都选择不合作，则其支付函数为：

$$V(\text{A11-}D，\text{A11-}D) = P+\delta P+\delta^2 P+\delta^3 P+\cdots = P\frac{1}{1-\delta} \tag{3-8}$$

其中，δ 既可以表示未来收益的贴现率，也可以表示未来收益的重要程度。

（2）重复博弈与策略空间的扩张。

假定博弈重复多次或无限次，那么每个参与者有多个可以选择的策略，会出现以下这些情况：

①"全选 D" 策略（All-D）：不论过去发生什么，总是选择不合作；

②"全选 C" 策略（All-C）：不论过去发生什么，总是选择合作；

③合作-不合作交替进行；

④"针锋相对"策略（tit-for-tat strategy，缩写为"TFT"）：从合作开始，之后每次选择对方前一阶段的行动；

⑤触发策略（trigger strategy）：从合作开始，一直到有一方不合作，然后永远选择不合作。

无限次重复博弈有可能出现合作，比如在本节的导入案例中，我们描述了以牙还牙策略的效果。这个策略又可以称为"针锋相对"策略。密歇根大学阿克谢罗德教授用计算机模拟后发现，它是促进合作成功率最高的策略。为了说明这一点，我们描述这样的情形：在第一次博弈中，参与者 1 选 C；在以后的每次博弈中，只要在前一次博弈中参与者 2 也是选 C，参与者 1 就继续选 C；一旦在前一次博弈中参与者 2 选了 D，参与者 1 在当前博弈中肯定选 D。反之亦然。

我们进行收益比较：

$$V(\text{TFT}，\text{TFT}) = T+\delta T+\delta^2 T+\delta^3 T+\cdots = T\frac{1}{1-\delta}$$

$$V(\text{All-}D，\text{TFT}) = R+\delta P+\delta^2 P+\delta^3 P+\cdots = R+P\frac{\delta}{1-\delta}$$

那么，如果满足下面的条件，则合作就是均衡结果：

$$T\frac{1}{1-\delta} \geqslant R+P\frac{\delta}{1-\delta}$$

得到：

$$\delta \geqslant \frac{R-T}{R-P} \tag{3-9}$$

在这个模型中，$R-T$ 可以理解为不合作的诱惑；而 $R-P$ 是合作的剩余（利益）；那么可得到这样的结论：给定未来的重要程度，不合作的一次性诱惑（$R-T$）相对于合作带来的利益（$R-P$）越小，合作的可能性越大；如果给定不合作的诱惑和合作带来的利益，未来越重要，合作的可能性越大；当然，这也是非常符合逻辑的。

（3）合作的必要条件。

第一，关系要持续，在一次性的或有限次的博弈中，决策者是没有合作动机的。（思考火车站的小贩为什么经常骗人。）

第二，对对方的行为要加以回报，一个永远合作的对策者是不会有人跟他合作的。那么，如何提高合作性呢？首先，要建立稳定的关系，工作中要形成小组制度，即使是爱情也需要建立婚姻契约以维持双方的合作。其次，要增强识别对方行动的能力，如果不清楚对方是合作还是不合作，就没办法回报他了。

第三，要维持声誉，说要报复就一定要做到，人家才知道你是不好欺负的，才不敢不与你合作（这一点我们在之前关于改变不可置信策略的方法中已经论述过了）。

第四，能够分步完成的对局不要一次完成，以维持长久关系，比如，贸易、谈判都要分步进行，以促使对方采取合作态度。

第五，不仅对背叛要惩罚，对合作也要加以回报。

（4）重复博弈与信誉。

如果博弈不是一次性的，而是重复进行的，参与者过去行动的历史是可以被观察到的，参与者就可以使自己的选择依赖于其他人之前的行动，因而有了更多的策略可以选择，均衡结果可能与一次博弈大不相同。重复博弈理论的最大贡献是对人们之间的合作行为提供了理性解释。在囚徒困境中，一次性博弈的唯一均衡是不合作（即坦白）。但如果博弈重复无限次，合作就可能出现，这一点已经解释过。而在很多重复博弈中出现了信誉问题，例如，如果把商业交易看做博弈的过程，把购买到物值相等的商品看做"合作"，那么为什么旅游景区层出不穷地出现"宰客"（不合作）现象，而家门口的小店信誉却是比较好的（合作）？因此，我们要衡量信誉在重复博弈中对最终的均衡结果的作用，可以使用的方法是比较欺骗行为的收益和成本。我们的结论是，如果当前收益大于未来损失的贴现值，那么欺骗是有利的；如果当前收益小于未来损失的贴现值，那么欺骗是没有好处的。实现信誉的条件有可以重复博弈、参与者有足够的耐心、相对确定的环境、欺骗可以被观察到、受骗人可以对欺骗方执行惩罚措施。

（5）无限次重复博弈的一种策略——触发策略。

我们分析过的以牙还牙策略是主动出击的，也是最能促进合作的一种策略，下面介绍一种看起来相对被动的策略。因为任何参与者的一次性不合作都将触发永远的不合作，所以该策略被叫做触发策略。以囚徒困境博弈为例，其特征是：一开始选择抵赖，然后继续抵赖，直到有一方选择坦白，而后永远选择坦白。注意，根据这个策略，一旦一个参与者在某个阶段博弈中自己选择了坦白，之后他将永远选择坦白。要明确的是，实际上从抵赖到坦白的转变取决于选择触发策略的参与者自己而不是对方。例如，"如果对手在过去没有降价，我就不降价；一旦对手降价，自此以后，我就一直降价来惩罚他"。事实上，只要对手在过去没有过欺骗行为，各个参与者都会同意合作。因为欺骗行为会引发以后所有时期的惩罚。

如果双方都重视未来合作的收益，则有促进合作的意愿，双方可以构成纳什均衡：

$$V（合作，触发策略）= T + \delta T + \delta^2 T + \delta^3 T + \cdots = T\frac{1}{1-\delta}$$

$$V（不合作，触发策略）= R + \delta P + \delta^2 P + \delta^3 P + \cdots = R + P\frac{\delta}{1-\delta}$$

最终得到的合作条件为：

$$\delta \geqslant \frac{R-T}{R-P} \qquad\qquad (3-10)$$

但合作过程中往往会出现欺骗行为，假设欺骗了两次才被发现，则：

$$V（不合作，触发策略）= R + \delta R + \delta^2 P + \delta^3 P + \delta^4 P + \cdots = R(1+\delta) + P\frac{\delta^2}{1-\delta}$$

$$\delta \geqslant \sqrt{\frac{R-T}{R-P}} > \frac{R-T}{R-P} \qquad\qquad (3-11)$$

这个结果说明，欺骗行为越难以被发现，欺骗发生的可能性越大，或者说，合作越困难。在前面的例子里，设 $R=4$，$T=3$，$P=0$。如果欺骗一次就被发现，只要

$$\delta \geqslant \frac{4-3}{4-0} = 0.25$$

合作就会出现；而如果欺骗两次才被发现，只有当 $\delta \geqslant 0.5$ 时，合作才可能出现。所以说，欺骗行为越不容易被发现，合作越困难。

2. 无限次重复博弈的古诺模型

假定 $P=8-Q$，其中 $Q=q_1+q_2$，边际成本都为 2。在无限次重复古诺模型中，当贴现率 δ 满足一定条件时，两厂商采用下列触发策略构成一个子博弈完美纳什均衡。

在第一阶段生产垄断产量的一半 1.5；在第 t 阶段，如果前 $t-1$ 阶段结果都是 (1.5，1.5)，则继续生产 1.5，否则生产古诺产量 2。

设厂商 1 已采用该触发策略，若厂商 2 也采用该触发策略，则每期得益（也就是利润）为 4.5，无限次重复博弈总得益的现值为：

$$4.5(1 + \delta + \delta^2 + \cdots) = \frac{4.5}{1-\delta}$$

如果厂商 2 偏离上述触发策略，则它在第一阶段所选的产量应为给定厂商 1 产量为 1.5 时自己的最大利润产量，即满足：

$$\max_{q_2}[(8 - 1.5 - q_2)q_2 - 2q_2] = \max_{q_2}[(4.5 - q_2)q_2]$$

解得 $q_2 = 2.25$，此时利润为 5.062 5，高于触发策略第一阶段的得益 4.5。但从第二阶段开始，厂商 1 将报复性地永远采用古诺产量 2，这样厂商 2 也被迫永远采用古诺产量，从此得到利润 4。因此，无限次重复博弈在第一阶段偏离的情况下总得益的现值为：

$$5.062\ 5 + 4(\delta + \delta^2 + \cdots) = 5.062\ 5 + \frac{4\delta}{1-\delta}$$

当 $\dfrac{4.5}{1-\delta} \geqslant 5.062\ 5 + \dfrac{4\delta}{1-\delta}$ 即 $\delta \geqslant \dfrac{9}{17}$ 时，上述策略是厂商 2 对厂商 1 的同样触发策略的最优反应，否则偏离是最优反应。

136

3. 无名氏定理

（1）基本内容。

无名氏定理（folk theorem）即在重复博弈中，只要博弈人具有足够的耐心（贴现因子足够大），那么在满足博弈人个人理性约束的前提下，博弈者之间就总有多种可能的策略来达成合作均衡，而且任何程度的合作都可以通过一个子博弈精炼纳什均衡得到。无名氏定理之所以如此得名，是由于重复博弈促进合作的思想早就有很多人提出，以至无法追溯到其原创者，于是以"无名氏"命名之。

我们知道，单凭理性计算，有限次重复博弈是无法解决个体理性与集体理性之间的矛盾的。在无限次重复博弈中，行为规则可以用自动机器来代表，于是不同行为规则的相争可以演化为机器之间的争斗。假设甲和乙玩无限次重复的囚徒困境博弈。甲相信《美德的起源》一书的作者的教导，认定仁厚恕道既高尚又有效，于是以它为策略。乙则相反，崇尚实力和实利，以自私主义为策略。这样，二者的博弈就可以被看做仁厚机器与自私机器的争斗。为说明这一点，设想有两个相互隔离的社会：一个形成了理性自私式的行为规则，一个形成了仁厚恕道的行为规则，它们各自内部都能维持相互合作，这形成了社会的正常状态。外人仅凭观察这两个社会中人们的正常行为，看不出它们有什么区别。现在假设两个社会打破隔离，相互接触，会产生什么情况？两套行为规则间会出现激烈的冲突！

当初次接触时，来自自私社会的人把对方当做傻客，于是大宰其客。仁厚社会的人认为对方也仁厚，所以选择了合作，但在后来发现自己吃了亏之后，也开始以回宰相报。自私社会见对方回宰，又以为对方也是跟自己一样自私，于是转向合作心态，同时预期对方也选择合作。但仁厚社会根据"以直报怨"的原则，仍然以宰客回报对方上次的欺骗。自私社会一看对方不合作，怒从心起，于是报之以宰客。本来仁厚的社会也会学习自私社会的冷血或流氓主义等；本来自私的社会也存在仁厚社会恕道、仗义等的本质，这些策略组合会产生不同的支付，但如前文所述，如此以"傻客"开端则会失去信任而循环往复，双方永远无法达成合作。于是，整个结果序列如表3-13所示。

表3-13　　仁厚社会与自私社会的支付矩阵

		自私社会						
		傻客	恶棍	冷血	恕道	仗义	流氓	摇摆
仁厚社会	傻客	4，4	0，6	4，4	4，4	4，4	0，6	0，6
	恶棍	6，0	2，2	2，2	2，2	2，2	3，1	2，2
	冷血	4，4	2，2	4，4	4，4	2，2	3，1	2，2
	恕道	4，4	2，2	4，4	4，4	3，3	2，2	2，2
	仗义	4，4	2，2	2，2	3，3	2，2	2，2	2，2
	流氓	6，0	1，3	1，3	2，2	2，2	4，4	2，4
	摇摆	6，0	2，2	2，2	2，2	2，2	4，2	3，3

在表3-13中，傻客是指被对方认为可以为其所用而不会反击的人；恶棍是指以比流氓思维更具强硬性的方式对待他人的人；冷血是指像蛇一样冷血无情的人；恕道是指信奉仁义、善于宽恕的人；仗义是指有助人之心的人；流氓是指行为不端的人；

摇摆是指在恕道（或仗义）与流氓（或冷血）之间犹豫不定的人。以上这些表述是对人类道德情操的典型列举，意在说明不同的人性相互碰撞博弈的结果。

表 3-13 中所有有带线数字的格子都是平衡点。比如，当自私社会选择恶棍策略时，仁厚社会无论选择什么，都不比当恶棍带来的好处更多，顶多不受损而已。因此，双方都当恶棍，次次都玩欺骗，便是重复囚徒困境博弈的平衡点之一，此时各方的报偿与一次性博弈相同，都是 2。

观察一下表 3-13，我们会发现它有多个平衡点。非重复博弈中的均衡点，恶棍对恶棍，双方永远选择欺骗，仍然是无限次重复博弈的均衡点。无条件合作的傻客策略仍然不是重复博弈的均衡点，理性的人绝不会当傻客。更重要的是，重复博弈引进了许多新的平衡点，其中有不少平衡点可以实现合作报偿（4，4）。这包括恕道策略对恕道策略、冷血策略对冷血策略、流氓策略对流氓策略等，它们都可以维持双方的合作。以流氓策略对流氓策略为例：第一回合双方互宰，发现对方不是好惹的之后，双方转入合作心态，此后一直维持合作，这样无限次重复，其平均报偿都是 4。事实上，存在无穷多对有限次动机策略，可以成为无限次重复博弈的平衡点，并同时实现双方的合作。行为规则的冲突类似于人文学科里常说的文化冲突。由于行为规则反映了人们对各自行为的稳定预期，一些博弈论者把不同的行为规则解释为不同的文化信仰也是站得住脚的。因此，重复博弈理论为我们科学理解许多文化现象敞开了一扇新的大门。

▼ 拓展阅读 3.2

关于人类美德的起源

人类是一个高度社会性的物种，但人类社会的联系纽带显然不完全基于血缘，道理明摆着，我们谁也不愿拱手让出我们的生育权。在这种情况下，基于血缘的利他行为就难以普遍化。自从博弈论被引入这一领域之后，美德的起源又有了新的视角。《美德的起源》一书对此的介绍值得一读。两个自私的血缘关系较远的个体偶然相遇，它们绝对不会做出高尚的利他之举，若是如此，相互合作的社会如何建立？换言之，自私的个体怎样才会服从集体的利益？博弈论的回答就是奥秘在于双方的多次较量。理由不难理解。"路遥知马力，日久见人心"就是对长期建立合作关系的最好注解。萍聚只能催生这样的关系："不求天长地久，只愿曾经拥有"。有趣的是，有人设计了一种叫做"以牙还牙"的计算机程序。它的策略是：当遇到对手时，先摆出友好的合作态度，若对方以诚相待，则继续合作，一个良好的互动关系就此建立；若对方不识好歹，则实行报复，哪怕双方皆输。结果发现，这种程序颇有生存优势。这种程序的特点提醒我们，在一个正常运作的社会中，信任应是常态。从长期较量中建立的合作关系意味着个体必须记住对方的特性、策略等，随之做出相应的反应。甚至有这样的猜测，人类智力的起源就与此有关。当然推测智力的起源是一个过于庞大的问题。但至少可以承认，人类的智力足够应付这种复杂的人际关系。这就是人类社会与蜜蜂社会的不同。

资料来源：摘自 2004 年 4 月 12 日《文汇报》。

无名氏定理的基本内容是：令 G 为一个 n 人阶段博弈，$G(\infty,\delta)$ 为以 G 为阶段博弈的无限次重复博弈，a^* 是 G 的一个纳什均衡（纯策略或混合策略），$e=(e_1,e_2,\cdots,e_n)$ 是由 a^* 决定的支付向量，$v=(v_1,v_2,\cdots,v_n)$ 是一个任意可行的支付向量，V 是可行支付向量集合。那么，对于任何满足 $v_i>e_i$ 的 $v\in V(i)$，存在一个贴现因子 $\delta^*<1$ 使对于所有的 $\delta\geqslant\delta^*$，$v=(v_1,v_2,\cdots,v_n)$ 是一个特定的子博弈精炼纳什均衡结果。

简单地说，无名氏定理说的是，在无限次重复博弈中，如果参与者有足够的耐心（即 δ 足够大），那么，任何满足个人理性的可行的支付向量都可以通过一个特定的子博弈精炼纳什均衡得到。

（2）无名氏定理的解释。

①在阶段博弈中，由阶段博弈的纳什均衡 a^* 决定的支付向量 $e=(e_1,e_2,\cdots,e_n)$ 是达到任何精炼均衡结果 v 的惩罚点（又被称作纳什威胁点）。正是由于害怕触发阶段博弈的纳什均衡，参与者才有积极性保持合作。

②在前面的例子中，用未来支付的贴现值之和代表支付函数。另一个更为方便的方法是用贴现后的平均支付来代表支付函数。

如果每个阶段的支付都是 π，则 π 是平均支付。假定贴现因子为 δ，那么，无穷序列 $\pi_1,\pi_2,\cdots$ 的贴现值之和为 $\dfrac{\pi}{1-\delta}$；无穷序列 $\pi_1,\pi_2,\cdots$ 的贴现值之和也表示为 $x=\sum\limits_{t=1}^{\infty}\delta^{t-1}\pi_t$。要使 π 成为无穷序列 $\pi_1,\pi_2,\cdots$ 的平均支付，要求 $\dfrac{\pi}{1-\delta}=\sum\limits_{t=1}^{\infty}\delta^{t-1}\pi_t$，因此，$\pi=(1-\delta)\sum\limits_{t=1}^{\infty}\delta^{t-1}\pi_t$，即平均支付是贴现值之和的标准化（标准化因子是 $1-\delta$）。

使用平均支付的优越性在于：用同样单位度量重复博弈和阶段博弈，使重复博弈支付可以直接与阶段博弈支付进行比较。最大化平均支付等价于最大化贴现值之和。无名氏定理中的支付应理解为平均支付。

（3）可行支付集合。

$v=(v_1,v_2,\cdots,v_n)$ 被称为一个可行的支付向量，如果它是阶段博弈 G 的纯策略支付的凸组合（即加权平均值），所有可行支付向量构成可行支付集合 V。

由无名氏定理可知，如果 δ 足够接近 1，由过点（-8，-8）的两条垂线围成的可行集合上的任意点都可以是一个子博弈精炼纳什均衡结果。

无名氏定理说明了行为规则的多样性：有无穷多种行为规则可以支持合作行为。在正常的平衡状态中，可观察到的行为可以完全相同，此即博弈双方相互合作，不玩欺骗。但其背后的行为规则可能大不相同，可能是由于双方都信奉仁厚恕道主义，也可能是因为双方都是理性流氓，还可能是因为双方都以冷血报复作威胁。这些行为规则上的区别在正常的平衡状态中是看不出来的，只有在非正常情况下或在与外人的交往中才会表现出来。

行为规则的冲突类似于人文学科里常说的文化冲突。由于行为规则反映了人们对各自行为的稳定预期，一些博弈论者把不同的行为规则解释为不同的文化信仰，应当是不无道理的。重复博弈理论为我们科学理解许多文化现象打开了大门。

本章基本概念

动态博弈   威胁   承诺   承诺行动
子博弈   子博弈精炼纳什均衡   重复博弈   无名氏定理

本章结束语

完全信息动态博弈是博弈的类型之一。参与者的行动有先后顺序，且后行者能够观察到先行者所选择的行动；每个参与者对其他所有参与者的特征、策略空间及支付函数都有准确的认识。在完全信息静态博弈的纳什均衡的基础上，泽尔腾引入的子博弈精炼纳什均衡是对纳什均衡的一个重要改进，它剔除了多个纳什均衡解中那些包含不可置信威胁、承诺等行为的解，从而区分了动态博弈中的"合理的纳什均衡"和"不合理的纳什均衡"。正如纳什均衡是完全信息静态博弈解的一般概念一样，子博弈精炼纳什均衡就是完全信息动态博弈解的一般概念。求解子博弈精炼纳什均衡可以用逆向归纳法，它是从动态博弈的最后一个阶段开始分析，逐步向前归纳出各阶段博弈参与者的选择策略。最后，在完全信息静态博弈中不能解决的僵局终于随重复博弈而"破冰"，双方达成合作的可能性又取决于重复博弈的次数和信息的完备性，在不同次数类型的重复博弈过程中，双方合作的可能性又与时间成本、信誉、策略等内容相关，这使完全信息动态博弈的过程更有实践性和趣味性。

第四章

不完全信息静态博弈

内容提要：本章介绍不完全信息静态博弈及不完全信息静态博弈的策略式表述，分析参与者的不同类型和海萨尼转换，介绍贝叶斯均衡及其应用，分析一级密封价格拍卖、二级密封价格拍卖和双方叫价拍卖，讨论机制设计和显示原理。

第一节　不完全信息静态博弈简介

一、不完全信息静态博弈

在博弈中，假设完全信息是所有参与者的共同知识，满足该假设的博弈被称为"完全信息博弈"。但在现实中很多博弈并不满足上述假设，现实中的博弈往往是不完全信息博弈。例如，在产品市场竞争中厂商可能不知道其他厂商的生产成本；在产品交易过程中买方不能全面了解产品的质量；参加拍卖竞价的人通常不知道别人对标的物的估价；在招聘过程中招聘方不了解应聘者的能力；当你与陌生人打交道时，你并不知道他喜欢什么、不喜欢什么。在不完全信息博弈中，参与者对策略空间及策略组合下的支付没有完全的了解，至少有一个参与者不知道其他参与者的支付函数。

博弈论中的不完全信息是指博弈参与者对其他参与者对博弈局势有关的事前信息了解得不充分。所谓事前信息是指关于在博弈实际开始之前参与者所处地位或状态的信息，而不是在博弈进行中产生的与参与者的实际策略选择有关的信息。当然，不完全信息不是完全没有信息，否则博弈方的决策选择就会完全失去依据，博弈分析也就没有意义了。

因此，至少有一个参与者不知道其他参与者的支付函数的博弈被称为不完全信息博弈，又称贝叶斯博弈（Bayesian game）。如果参与者是同时行动的，则为不完全信息静态博弈，如果参与者是不同时行动的，则为不完全信息动态博弈。在不完全信息博弈中，并非所有参与者均知道同样的信息，除了大家都知道的公共信息外，参与者各自具有自己的私有信息。①

由于信息不完全，参与者需要对自己所不能确知的任何信息做出主观判断，并在此基础上决定自己的行为。因此我们要探讨的是如何在不确定的情况下做出理性、一致的决策，换句话说，首先必须承认自己虽然没有办法做到无所不知，但应该尽可能有效地运用自己所知的一切为自己谋利。在信息不完全的情况下，博弈参与者不是使自己的支付或效用最大，而是使自己的期望效用或收益最大。比如让你在以 50% 的概率获得 100 元与以 10% 的概率获得 200 元之间选择的话，前者的期望收益是 50 元，后者是 20 元，故选前者，这就是期望效用最大化的决策。

下面来看一个市场进入博弈的例子。该博弈有两个参与者，一个是在位者，即市场现有的生产厂商；另一个是进入者，进入者决定是否进入新的产业，它只知道在位者有两种可能的成本函数——高成本或低成本，但不知道在位者到底是高成本的还是低成本的，也不知道它选择默许还是斗争。对应两种成本状况的不同策略组合及支付矩阵如表 4-1 所示。

表 4-1　　　　　　　　　　市场进入博弈

		在位者			
		高成本		低成本	
		默许	斗争	默许	斗争
进入者	进入	40, 50	−10, 0	30, 80	−10, 100
	不进入	0, 300	0, 300	0, 400	0, 400

假设进入者不进入，那么如果在位者是高成本的，默许和斗争的收益都是 300，如果在位者是低成本的，默许和斗争的收益都是 400。而当进入者选择不进入时，进入者的收益为 0。

假设进入者进入，那么如果在位者是高成本的，则选择默许的收益是 50，选择斗争的收益是 0，这意味着在位者会选择默许，此时进入者的收益为 40。同理，如果在位者是低成本的，则选择默许的收益是 80，选择斗争的收益是 100，这意味着在位者会选择斗争，此时进入者的收益为 −10。那么可以这样理解，在完全信息下，若在位者是高成本的，进入者的最优选择是进入；若在位者是低成本的，进入者的最优选择是不进入。但在这个博弈中，进入者并不知道在位者是高成本的还是低成本的，故进入者的最优选择依赖于它在多大程度上认为在位者是高成本的或低成本的。

假定进入者认为在位者高成本的概率为 p，低成本的概率为 $(1-p)$，则进入者选择进入的期望利润是 $p\times40+(1-p)\times(-10)$，选择不进入的期望利润为 0；两者

---

① 生活中不完全信息的事例有很多，例如南北朝诗歌《木兰诗》就有这样的描述：雄兔脚扑朔，雌兔眼迷离；双兔傍地走，安能辨我是雄雌？

相等的时候 $p=1/5$。因此，进入者的最优选择是：若 $p \geq 1/5$，进入；若 $p < 1/5$，不进入（当 $p=1/5$ 时，进入者进入与不进入无差异，可假定它进入）。

二、海萨尼转换

1. 类型

在博弈中，"类型"用来定义参与者的私有信息，是将各个参与者的有关特征加以抽象得到的一个概念，用它概括别人不知道的私人信息。譬如，厂商的成本就是厂商的类型。在不完全信息博弈中，参与者具有若干种类型，而不同的类型将制定不同的策略，类型的差异会对最终结果产生影响。

对于一个参与者而言，他知道自己是某种特定的类型，而对于其他参与者来说，则只知道他是若干可能类型中的一种，而不能确切地知道他是哪一种特定的类型。例如两家厂商生产同一种商品，它们可能是高成本的，也可能是低成本的，但不知道对方是高成本的还是低成本的，只知道对方可能是高成本的，也可能是低成本的。这就意味着两个厂商具有两种类型，高成本类型与低成本类型。

根据类型的定义，我们甚至允许一个参与者不知道其他参与者是否知道自己的类型。比如在市场进入博弈中，在位者有高成本和低成本两种类型，作为进入者可能知道也可能不知道，而在位者不知道进入者是否知道自己是高成本的还是低成本的。此时进入者也有两种类型：知道在位者的成本或不知道在位者的成本。再比如在谈判博弈中，甲方知道自己是强硬派还是妥协派，乙方知道自己知道甲方是强硬派还是妥协派，但甲方不知道乙方是否知道甲方是强硬派还是妥协派。这里，甲方的两种类型是强硬派或妥协派，乙方的两种类型是知道或不知道。

不完全信息意味着至少有一个参与者有多个类型，否则就成为完全信息。可见，类型是参与者个人特征的完备描述。而且在绝大多数博弈中，参与者的特征由支付函数完全决定，故一般又用参与者的支付函数等同于他的类型。

2. 海萨尼转换

在上述市场进入博弈中，进入者是否进入取决于对方是高成本的还是低成本的，这个博弈看起来似乎是一个进入者在和两个在位者博弈，其中一个在位者是高成本的，另一个在位者是低成本的。甚至成本可能不仅仅是高成本和低成本两种情况，如果对方的成本函数是连续函数，就可能有非常多种情况，进入者看起来是在和无数个对手进行博弈，它可能不知道正在博弈的对手是谁，因此博弈就无法进行。再比如，一个汽车制造商在与竞争者进行价格竞争的时候，它可能不清楚竞争对手的成本情况。但是它知道竞争对手的产品价格是按照其成本状况制定的。当它不清楚竞争对手的价格策略时，它将难以制定自己的价格策略。因此在 1967 年以前，博弈论专家认为不完全信息情况下的博弈是难以表述的，因为如果一些参与者不知道另一些参与者的支付函数，或支付函数不是共同知识，参与者不知道是与什么类型的其他博弈方进行博弈，是没有可能进行理性的策略选择的。但是，海萨尼提出了一种处理不完全信息博弈的方法，即"海萨尼转换"。

海萨尼的方案是，尽管参与者对于其他博弈方的有关信息缺乏了解，但是在博弈开始之前知道自己的信息，比如，厂商知道自己的成本情况，尽管不清楚别的厂商的成本情况。另外，尽管不知道其他厂商的成本，但是作为同样一个产业里面的厂商，该厂商可以根据自己的成本情况大致判断竞争对手的成本在什么样的范围内，这种判断可以用概率的方法来测量。海萨尼转换引入了虚拟的参与者"自然"，并对静态博弈赋予时间顺序（动态化）。

（1）引入一个虚拟的参与者"自然"，用 N 表示。在实际博弈方选择之前随机选择 n 个参与者的类型 $t=(t_1，t_2，\cdots，t_n)$，其中 $t_i \in T_i$，$i=1，2，\cdots，n$。

（2）"自然"博弈方让每个实际博弈方知道自己的类型，但其他部分或全部博弈方只知道其他博弈方类型的概率分布，即参与者 i 知道 $t_i(i=1，2，\cdots，n)$，但参与者 $j(j \neq i)$ 只知道 $p_j(t_{-j} \mid t_j)$。

（3）n 个参与者同时选择行动，构成行动组合 $(a_1，\cdots，a_n)$，其中 $a_i \in A_i(t_i)$。

（4）参与者 i 得到收益 $u_i(a_1，\cdots，a_n；t_i)$。

上述的处理方法就是所谓的"海萨尼转换"，前边提到的市场进入博弈经过海萨尼转换就可以用图 4-1 的博弈树表述出来。

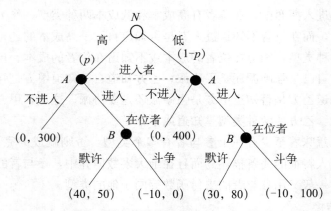

图 4-1　海萨尼转换后的市场进入博弈

在海萨尼转换中，海萨尼还假定"自然"是根据先验概率分布 $p(t_1，t_2，\cdots，t_n)$ 选择向量 $t=(t_1，t_2，\cdots，t_n)$ 的，而且概率分布 $p(t_1，t_2，\cdots，t_n)$ 是所有参与者的共同知识，也就是说，所有参与者知道 $p(t_1，t_2，\cdots，t_n)$，所有参与者知道所有参与者知道 $p(t_1，t_2，\cdots，t_n)$，这就是"海萨尼公理"。例如，在市场进入博弈中，进入者只有一种类型 $T_1=\{t_1\}$，在位者有两种类型 $T_2=\{t_{21}，t_{22}\}=\{$高成本，低成本$\}$，那么下面的概率分布就是进入者和在位者的共同知识（见表 4-2）：

表 4-2　　市场进入博弈的概率分布

类型	$(t_1，t_{21})$	$(t_1，t_{22})$
概率	p	$1-p$

经过转换的博弈有两个阶段，第一阶段为虚拟博弈方"自然"的选择阶段，第二

阶段是实际博弈方的同时选择阶段，因此这个博弈是动态博弈。因为至少部分博弈方对"自然"的选择不完全清楚，因此这是一个不完美信息动态博弈。当"自然"选择实际博弈方的类型以后，包括"自然"选择路径的各博弈方策略组合 $(a_1, \cdots, a_n; t_i)$ 下的收益 $u_i(a_1, \cdots, a_n; t_i)$ 是大家都知道的，因此这是一个完全但不完美信息动态博弈。海萨尼转换只是在形式上把不完全信息静态博弈转化成完全但不完美信息动态博弈，并没有改变博弈的本质。通过海萨尼转换，这类博弈问题就可以利用完全信息博弈的方法进行分析，海萨尼转换已经成为处理不完全信息博弈的标准方法。

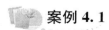 **案例 4.1**

压岁钱该不该换

在过年时一位老先生给两个读中学的孙子每人发了一个红包作为压岁钱，并告诉他们两个人，这两个红包中的金额一个是另一个的 2 倍，如果想撞撞运气的话，可以考虑相互交换。现在的问题是，这两个中学生在知道自己红包中的金额之前和之后应该如何决策？假设老大拿的红包里是 200 元。

假设两个中学生拿到爷爷给的红包之后均未打开红包，这时正确的决策应该是交换。先假定其中某个人红包里的金额为 x 元，这时另一个人红包里的金额为 $2x$ 和 $x/2$ 的概率各为 0.5。如果对方是 $2x$，自己增加一个 x；如果对方是 $x/2$，则自己减少 $x/2$，于是得到期望收益 $x/4$，即：

$$0.5x - 0.5\frac{x}{2} = \frac{x}{4}$$

期望收益为正数，值得交换。

假定两个中学生分别打开了自己的红包，均已知道自己红包里的金额，那么是否还要交换呢？这就另当别论了。假如老大已经知道自己红包里的金额是 200 元，那么老二红包里的金额要么是 100 元，要么是 400 元。老二的红包里究竟是多少呢？如果是 400 元，爷爷的总开支就是 600 元；如果是 100 元，则爷爷的总开支是 300 元。那么爷爷的总开支究竟是多少呢？这并不难确定：

（1）可以根据爷爷往年给他们压岁钱的多少进行判断；

（2）可以根据爷爷平时对他们是否严格要求和对他们的宠爱程度进行判断；

（3）可以根据爷爷当年的收入情况进行判断。

假定判断爷爷的总开支为 600 元的概率是 0.3，总开支为 300 元的概率是 0.7，或者相反，这就是后验概率。这时，每个人收益增加和收益减少的概率都将不再是 0.5 比 0.5，而是需要根据后验概率进行修订的概率。

资料来源：熊义杰. 现代博弈论. 北京：国防工业出版社，2010：134.

三、不完全信息静态博弈的策略式表述

不完全信息静态博弈虽然与完全信息静态博弈存在明显差异，但两者之间仍然有

着密切的联系。在前面的章节中，我们知道，一个有 n 个参与者的完全信息博弈的策略式表述为 $G=\{S_1, \cdots, S_n; u_1, \cdots, u_n\}$，其中 S_i 为参与者的策略空间，$u_i(s_1, \cdots, s_n)$ 为所有参与者各自选择策略形成策略组合 $(s_1, \cdots, s_n)$ 时参与者 i 的收益。由于在静态博弈中参与者是同时行动的，参与者的一个策略 s_i 就是一个简单的行动 a_i，所以完全信息静态博弈的标准式可以表述为 $G=\{A_1, \cdots, A_n; u_1, \cdots, u_n\}$，其中 A_i 是参与者 i 的行动空间，$u_i(a_1, \cdots, a_n)$ 为所有参与者各自选择行动组合 $(a_1, \cdots, a_n)$ 时参与者 i 的收益。

在不完全信息静态博弈中，博弈的基本式不能简单地表示成这种形式，因为参与者 i 的行动依赖于参与者的类型，策略的实质是参与者根据可能的类型来选择相应的行动，而不再是简单的行动。换句话说，行动空间是类型依存的。比如，一个厂商能选择什么产量依赖于它的成本函数，一个人能干什么事情依赖于他的能力。这里，我们用 t_i 表示参与者 i 的类型，并用 T_i 表示由全体 t_i 构成的类型空间，参与者 i 的行动空间可能依赖其类型 t_i，通常记为 $A_i(t_i)$，$a_i(t_i) \in A_i(t_i)$ 表示 i 的一个特定行动。类似地，参与者的支付函数也成为类型的函数，类型不同，参与者的支付函数自然不同。例如，生产同样的产量，拥有不同成本函数的厂商的利润就不同；工作同样的时间，不同的人得到的效用不同。我们用 $u_i(a_1, \cdots, a_n; t_i)$ 表示参与者 i 的支付函数，t_i 为参与者 i 的类型，每一种类型 t_i 都对应着参与者 i 的一种支付函数。

同时，我们用 $t_{-i}=(t_1, \cdots, t_{i-1}, t_{i+1}, \cdots, t_n)$ 表示除参与者 i 之外其他所有参与者的类型组合，用 T_{-i} 表示全体 t_{-i} 构成的集合。t_{-i} 对参与者 i 来说不能确切地被了解，但参与者 i 对 t_{-i} 可以有一个推断。用条件概率 $p(t_{-i} \mid t_i)$ 表示参与者 i 在知道自己的类型是 t_i 的条件下对其他参与者的类型组合（即 t_{-i}）的推断。我们可以用下列策略式表述来描述不完全信息静态博弈：一个有 n 个参与者的不完全信息静态博弈的策略式表述包括参与者的类型空间 $T_1, \cdots, T_n$，推断概率 $p_1, \cdots, p_n$，依赖于类型的行动空间 $A_1(t_1), \cdots, A_n(t_n)$ 以及依赖于类型的支付函数 $u_i(a_1, \cdots, a_n; t_1), \cdots, u_n(a_1, \cdots, a_n; t_n)$。推断条件概率 $p_i=p_i(t_{-i} \mid t_i)$ 描述了参与者 i 在知道自己的类型 $t_i \in T_i$ 的条件下，对其他 $n-1$ 个参与者的可能类型组合 $t_{-i} \in T_{-i}$ 的不确定性。用 $G=\{A_1, \cdots, A_n, T_1, \cdots, T_n, p_1, \cdots, p_n, u_1, \cdots, u_n\}$ 表示这个博弈。

通过上述定义可以看出，如果所有参与者的类型空间 T_i 只包含一个元素 t_i，不完全信息静态博弈就退化为完全信息静态博弈，或者说，完全信息静态博弈可以理解为不完全信息静态博弈的一个特例。另外，如果参与者的类型是完全相关的，当参与者 i 观测到自己的类型时也就知道了其他参与者的类型，博弈也是完全信息的。不过我们一般假定参与者的类型是相互独立的，这样推断就有 $p_i(t_{-i} \mid t_i)=p_i(t_{-i})$。

同时，我们假定 $A_i(t_i)$ 和 $u_i[a_1(t_1), \cdots, a_n(t_n); t_i]$ 本身是共同知识，尽管其他参与者不知道参与者 i 的类型 t_i，但他们知道参与者 i 的策略空间和支付函数是如何依赖于他的类型的。所以，参与者 $j(j \neq i)$ 不知道参与者 i 的支付函数，是指参与者 $j(j \neq i)$ 不知道参与者 i 的支付函数究竟是 $u_i[a_1(t_1), \cdots, a_i(t_i'), \cdots, a_n(t_n); t_i']$，还是 $u_i[a_1(t_1), \cdots, a_i(t_i''), \cdots, a_n(t_n); t_i'']$，这里 $t_i' \in T_i$，$t_i'' \in T_i$，且 $t_i' \neq t_i''$。

第二节　贝叶斯纳什均衡及其应用

一、贝叶斯纳什均衡

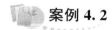 **案例4.2**

著名的 BF 实验
——如果我们不能从别人那里得到有用的信息该怎么办

把几只蜜蜂和几只苍蝇放进一个玻璃瓶中，然后将瓶子平放，让瓶底朝向窗户，结果会怎样呢？你会看到蜜蜂不停地在瓶底寻找出口，直到累死为止，而苍蝇则在不到两分钟内全部逃出。为什么呢？因为蜜蜂喜欢光亮，于是它们坚定地认为出口一定在光亮的地方，于是它们不停地重复这一合乎逻辑的行为。而苍蝇呢？它们对事物的逻辑毫不在意，而是到处乱飞，探索有可能出现的任何机会，于是它们成功了。在这个实验中，实验、试错、冒险、迂回前进、混乱、随机应变，所有这些都有助于应付未知的状况，表明要善于打破固定的思维模式，要有足够的探索未知领域的学习能力。

因此，在不完全信息静态博弈中，我们追求的是在任何情况下期望效用的最大化，而不是某一个策略的效用最大化。

不完全信息静态博弈的均衡也被称作为贝叶斯纳什均衡。根据前面的分析可知，在不完全信息静态博弈中，参与者 i 的策略空间 $A_i(t_i)$ 和支付函数 $u_i[a_i(t_i), a_{-i}(t_{-i}); t_i]$ 都是所有参与者的共同知识，即所有参与者知道所有参与者的策略空间和支付函数依赖于各自的类型。由于参与者 i 只知道自己的类型 t_i，而不知道其他 $n-1$ 个参与者的类型 t_{-i}，参与者 i 只能对其他参与者的类型做概率推断，即 $p_i(t_{-i} \mid t_i)$，这样参与者 i 的（条件）期望支付为：

$$\sum p_i(t_{-i} \mid t_i) u_i[a_i(t_i), a_{-i}(t_{-i}); t_i] \tag{4-1}$$

那么，贝叶斯纳什均衡可以表述为：在静态贝叶斯博弈 $G=\{A_1, \cdots, A_n; T_1, \cdots, T_n; p_1, \cdots, p_n; u_1, \cdots, u_n\}$ 中，如果对于每一个参与者 i 及其类型空间 T_i 中的每一个类型 t_i，$a_i^*(t_i)$ 满足：

$$\max_{a_i \in A_i} \left\{ \sum_{t_{-i} \in T_{-i}} u_i[a_1^*(t_1), \cdots, a_i^*(t_i), a_{i+1}^*(t_{i+1}), \cdots, a_n^*(t_n); t_i] \ p_i(t_{-i} \mid t_i) \right\}$$

$$\tag{4-2}$$

则策略组合 $a^* = [a_1^*(t_1), \cdots, a_n^*(t_n)]$ 是一个纯策略贝叶斯纳什均衡。

与完全信息静态博弈中的纳什均衡的思想是一样的，即每个参与者的策略都必须是其他参与者策略的最优反应，并且对每个参与者都如此。只不过在完全信息静态博弈中每个参与者都追求最大效用，而在不完全信息静态博弈中每个参与者都追求最大期望效用。

混合策略贝叶斯纳什均衡的概念可以类似地定义，只不过需要对每个参与者的全部纯策略构建一个概率分布，即混合策略，再形成 n 个参与者的策略组合 $[a_1(t_1), \cdots, a_n(t_n)]$ 的联合概率分布，从而建立每个参与者的上述期望支付的期望值。

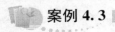 **案例 4.3**

纸老虎博弈

中国人习惯将表面强大实质软弱的对手称为"纸老虎"。但是，在实际的博弈中，对手是不是真正的纸老虎还是一个问题呢！

对手有可能是纸老虎，也有可能是"真老虎"。如果挑战纸老虎，弱小的一方有可能取胜，并且弱小的一方战胜表面强大的对手，即使战胜的是纸老虎，也具有巨大的声誉效应。这对于弱小的参与者来说是特别具有诱惑力的。但是，如果对手其实是真老虎，贸然挑战就会招致毁灭性的打击，后果是严重的。

弱小的参与者在面对表面强大的对手时，有时候不知道对手是不是纸老虎，因为信息是不对称的。但是，战胜纸老虎带来的巨大声誉与遭遇真老虎带来的可怕后果会将弱小的参与者置于左右为难的局面中，微小的信息错误也时常驱使参与者铤而走险。下面的模型刻画了这种情形。

假设弱小的参与者不清楚第二个参与者是否真正强大。自然在博弈开始的时候进行"海萨尼转换"，赋予参与者 2 某种类型——强大或者软弱，参与者 2 知道赋予自己的类型是什么，但是参与者 1 不知道。

参与者 1 赋予第二个参与者是真老虎即强大的概率为 q。这个 q 叫做"信念"；因为是在博弈一开始就做出判断，所以也叫做"先验信念"。

每个参与者可选择的策略是战争或和平。如果选择和平，则参与者 1 得到支付 0（无论其他参与者做何选择）；倘若他选择战争而其对手选择和平，则他得到支付 1；若二者都选择战争，则当参与者 2 强大的时候，他们的支付为 $(-1, 1)$；如果参与者 2 是软弱的纸老虎，则他们的支付为 $(1, -1)$，见表 4-3。假定 q 的数值是他们都共同知道的，被称为他们的"共同知识"。

表 4-3   纸老虎博弈

		参与者 2			
		强大		软弱	
		战争	和平	战争	和平
参与者 1	战争	−1, 1	1, 0	1, −1	1, 0
	和平	0, 1	0, 0	0, 1	0, 0

首先，注意到当参与者 2 强大的时候，他总是选择战争。还注意到当参与者 2 软

148

弱的时候，参与者1从选择战争中获得的支付总为1，大于从选择和平中得到的支付，因为后者恒为零。因此，参与者1从选择战争中获得的期望支付等于$(-1) \times q + 1 \times (1-q) = 1-2q$。于是，当$q < 0.5$时，参与者1的最优策略就是选择战争；当$q > 0.5$时他的最优策略是选择和平。

当参与者2软弱的时候，其最优策略是什么呢？对于他来说要做出最优决策，不仅需要知道他自己是软弱的，而且还要知道（i）倘若他自己强大他将选择的行动，以及（ii）他关于参与者1的主观概率q的信念（即他关于参与者1的信念的信念），记为q_w。若$q_w > 0.5$，参与者2很有信心参与者1不会选择战争，则他选择战争；若$q_w < 0.5$，参与者2认为参与者1将选择战争，因此他自己选择和平。给定我们关于q是共同知识的假定$q_w = q$，因此若$q < 0.5$，软弱的参与者2会选择和平；若$q > 0.5$，软弱的参与者2会选择战争。

这个结果相当直观。参与者1将会选择战争，如果他认为参与者2看来很可能不强大的话。参与者2在他自己强大的情况下总是选择战争，因为他对其力量有自信。当他软弱的时候，参与者2在决定战争与和平时会表现得慎重一些：仅当他认为对方认为他有较高的概率强大的时候，他才会选择战争。

通过这个例子，我们看到在信息不对称情况下的策略是类型依存的，即策略的选择是依赖于参与者类型的。

资料来源：蒲勇健. 简明博弈论教程. 北京：中国人民大学出版社，2013.

二、不完全信息古诺模型

在完全信息静态博弈的分析中我们介绍过古诺模型，并假设厂商相互了解对方的产量和成本，而市场价格又是统一的，因此博弈方的收益函数是共同知识。但在现实中，竞争厂商往往会对自己的生产销售情况进行保密，其他厂商很难了解真实情况。例如，只要一个厂商对另一个厂商的生产成本不是很清楚，则前一个厂商就不可能知道后一个厂商在各种产量组合下的收益，那么该厂商就是不完全信息的。这时候古诺模型就是不完全信息古诺模型。

假设市场反需求函数为$P(Q) = a - (q_1 + q_2)$，其中$a > 0$，P为产品价格，Q为市场总产量，q_1、q_2分别为厂商1和厂商2的产量，$Q = q_1 + q_2$。厂商1的成本函数为$C_1 = C_1(q_1) = c_1 q_1$，无固定成本，边际成本为c_1，c_1为常数且$c_1 > 0$，这是厂商的共同知识。厂商2的成本有两种情况，一种情况是$C_2 = C(q_2) = c_H q_2$，另一种情况是$C_2 = C(q_2) = c_L q_2$，而且$c_H > c_L$。厂商2的成本是私人信息，厂商1只知道前一种情况的概率为θ [即$p(c_H) = \theta$]，后一种情况的概率为$1 - \theta$ [即$p(c_L) = 1 - \theta$]。θ为共同知识，即厂商1知道厂商2高成本的概率为θ，厂商2知道厂商1认为自己高成本的概率为θ。通常来说，厂商2在边际成本是较高的c_H时会选较低的产量，在边际成本为较低的c_L时会选择较高的产量。厂商1在做决策时也会考虑厂商2的这种行为特点。

厂商 1 的利润函数为：

$$\pi_1 = P(Q)q_1 - C_1 = (a - q_1 - q_2)q_1 - c_1 q_1$$

厂商 2 的利润函数可能为：

$$\pi_2^H = [a - q_1 - q_2(c_H)]q_2 - c_H q_2$$

也可能为：

$$\pi_2^L = [a - q_1 - q_2(c_L)]q_2 - c_L q_2$$

那么厂商 2 的利润最大化问题为：

$$\max_{q_2}\{[a - q_1 - q_2(c_H) - c_H]q_2\} \ \text{或} \ \max_{q_2}\{[a - q_1 - q_2(c_L) - c_L]q_2\}$$

厂商 1 的利润最大化问题为：

$$\max_{q_1}\{\theta[a - q_1 - q_2(c_H) - c_1]q_1 + (1-\theta)[a - q_1 - q_2(c_L) - c_1]q_1\}$$

即厂商 2 是在不同的边际成本下分别根据 q_1 求得最大收益产量，而厂商 1 则根据 $q_2(c_H)$ 和 $q_2(c_L)$ 及它们出现的概率求得最大期望收益产量。

上述三个问题的一阶条件分别为：

$$q_2^*(c_H) = \frac{a - q_1^* - c_H}{2}$$

$$q_2^*(c_L) = \frac{a - q_1^* - c_L}{2}$$

和

$$q_1^* = \frac{1}{2}\{\theta[a - q_2^*(c_H) - c_1] + (1-\theta)[a - q_2^*(c_L) - c_1]\}$$

解这 3 个方程构成的方程组，得：

$$q_2^*(c_H) = \frac{a - 2c_H + c_1}{3} + \frac{1-\theta}{6}(c_H - c_L)$$

$$q_2^*(c_L) = \frac{a - 2c_L + c_1}{3} - \frac{\theta}{6}(c_H - c_L)$$

和

$$q_1^* = \frac{a - 2c_1 + \theta c_H + (1-\theta)c_L}{3}$$

比较 $q_2^*(c_H)$ 和 $q_2^*(c_L)$ 可得：

$$q_2^*(c_L) - q_2^*(c_H) = \frac{1}{2}(c_H - c_L)$$

这表明厂商 2 在边际成本较低时的最优产量 $q_2^*(c_L)$ 比边际成本较高时的最优产量 $q_2^*(c_H)$ 要高一些。

下面来比较一下不完全信息下的贝叶斯均衡与完全信息下的纳什均衡。

在完全信息下，如果厂商 2 的成本是 c_L 且厂商 1 知道厂商 2 的成本是 c_L，那么厂商 1 的最优产量为：

$$q_{1L}^{NE} = \frac{a - 2c_1 + c_L}{3}$$

如果厂商 2 的成本是 c_H 且厂商 1 知道厂商 2 的成本是 c_H，那么厂商 1 的最优产量为：

$$q_{1H}^{NE} = \frac{a - 2c_1 + c_H}{3}$$

可见，

$$q_{1L}^{NE} = \frac{a - 2c_1 + c_L}{3} < q_1^* < \frac{a - 2c_1 + c_H}{3} = q_{1H}^{NE}$$

也就是说，与完全信息情况相比，在不完全信息情况下，厂商 1 的最优产量 q_1^* 处于两种完全信息博弈（厂商 1 完全了解厂商 2 的边际成本是 c_L 还是 c_H）最优产量之间。厂商 1 的均衡产量比完全信息时的均衡产量更大还是更小，取决于厂商 2 期望成本的大小，也就是厂商 2 高低两种成本和各自出现的概率的大小，变化方向不能简单确定。

在完全信息情况下，如果厂商 2 的成本是 c_L，厂商 2 的最优产量为 $q_{2L}^{NE} = \frac{a - 2c_L + c_1}{3}$，如果厂商 2 的成本是 c_H，厂商 2 的最优产量为 $q_{2H}^{NE} = \frac{a - 2c_H + c_1}{3}$，于是有：

$$q_{2H}^{NE} = \frac{a - 2c_H + c_1}{3} < q_2^*(c_H) < q_2^*(c_L) < \frac{a - 2c_L + c_1}{3} = q_{2L}^{NE}$$

从最左边的一个不等式中可以看出，在不完全信息博弈中，$q_2^*(c_H)$ 大于完全信息博弈的最优产量，这是厂商 2 对知道厂商 1 不完全知道自己的边际成本究竟是高还是低而做出的反应，即厂商 2 在实际高成本时本应生产较少，但它考虑到对方不知道自己高成本，所以对方选择的产量会小于知道自己高成本时的最优产量，因此自己可以适当多生产一些。

三、拍卖理论

1. 拍卖概述

拍卖（auction）是一种投标机制，它由一组确定谁是赢者及其支付价格的拍卖规则组成。拍卖规则还可能会对拍卖的参与者、可行的投标等做一定的限制并规定一定的行为准则，也就是博弈规则。

常见的拍卖方式主要包括以下几种：

（1）英国式拍卖。

英国式拍卖是最为人们熟知的拍卖方法，也被称为最高价格公开出价、增价拍卖，实际是一个不完全信息动态博弈。拍卖人宣布拍卖标的起叫价及最低增幅，买者可以自由地提高自己的出价，如果没有买者想再进一步提高自己的出价，那么出价最高的买者支付他所出的价格并得到物品。买者的优势策略是使自己的出价总是比先前的最高出价高一个很小的 ε，直到出价高达他自己对物品的估价为止。在这种拍卖中，投标人的策略是一个出价序列。这个出价序列是以下三者的函数：①物品对该投标人自己的价值；②该投标人有关其他投标人对物品估价的先验估计；③所有投标人的出价行为。投标人会根据他的信息集的变化调整他的出价。

如果有一件古董进行英国式拍卖，买主们轮流出价，直到开出最高价的买主拿走古董并支付所开出的最高价格。按这种拍卖方法，古董并不能按买主心中的最高评价价值被卖出。比如，当买主中的最高评价为100万元，第二高评价为90万元时，评价最高的买主开出91万元时，就可买走其评价为100万元的古董。

（2）最高价格密封出价拍卖。

最高价格密封出价拍卖，又称一级密封价格拍卖。在这种拍卖中，每个投标人分别将自己的出价写入信封中，密封后同时交给拍卖人。每个投标人分别提交自己的出价，但他们不知道别人的出价。出价最高的人获得物品，并按他自己的出价付钱给卖者。投标人的策略是一个出价，这个出价是物品对投标人自己的价值，以及他对其他参与者估价的先验信念的函数。参与者面临一个困境：出价越高赢得物品的概率就越大，但给定中标，出价越高买者剩余就越少。最优策略取决于参与者的风险偏好和他对于其他参与者的估价的先验信念。

（3）次高价格密封出价拍卖。

次高价格密封出价拍卖又称二级密封价格拍卖、维克瑞拍卖。在这种拍卖中，每个参与者同样以密封的形式独立出价，而且他们不知道别人的出价，产品也被出售给出价最高的投标人。但是，获胜者支付的是所有投标价格中的第二高价，不会随他开出的价格而变。可见，在次高价格密封出价拍卖中，当一个投标人获胜时，他最后支付的成交价格独立于其出价。比如，一个古董进行次高价格密封出价拍卖，出价最高的为100万元，第二高为90万元，古董就卖给开出100万元的人，但他只需支付给卖主90万元。

买者的优势策略是根据自己对物品的估价来出价（说真话）。当低于这个价格时，将减少投标人赢得物品的概率；而高于此价格，虽然可以提高投标人赢的概率，但一旦存在别的人开出的价格比他的价值评价还要高，当他获胜时，就必须以高出他的价值评价的价格购买物品，对他来说是得不偿失的。所以，在没有串通的情况下，每个投标人的最优策略就是依照自己对拍卖物品的估价据实竞标。

（4）荷兰式拍卖。

荷兰式拍卖是一种特殊的拍卖形式，也叫降价式拍卖，是一个不完全信息动态博弈。拍卖标的竞价由高到低依次递减直到第一个竞买人应价（达到或超过底价）时击槌成交。降价式拍卖通常从非常高的价格开始，高到有时没有人竞价，这时价格就以事先确定的降价阶梯，由高到低递减，直到有竞买人愿意接受为止。如有两个或两个以上竞价人同时应价，则转入增价拍卖形式。

例如，卖家有100朵鲜花，必须在一天内卖完，否则花就凋谢了。首先，卖家设定最高价为每朵100元，每两个小时降价10元。拍卖开始后没有人竞价。过了两个小时，降到每朵90元时，有一个竞买人竞价。如果他买100朵，则拍卖到此结束，此竞买人成为买受人，100朵鲜花以每朵90元成交。如果他只买70朵，那么剩下的30朵继续拍卖。如果一天过去了，不再有人竞价，那么拍卖的结果是唯一的竞买人成为买受人，以每朵90元的成交价买走70朵花。但是，如果过了两个小时又有人来竞买剩下的 30 朵花，而价格为每朵 80 元。这时拍卖结束，两个竞买人都成为买受人，都以每朵 80 元的价格成交。

荷兰式拍卖也被称为无声拍卖，其最大优点是成交过程迅速，尤其适合农产品等对时间敏感的产品。荷兰超过 90％的大宗农产品是经拍卖市场进行批发销售的。荷兰花卉拍卖市场已经成为全球最大的鲜花交易中心。

在这种拍卖中，投标人的策略是决定在何时让拍卖人停止要价。这个出价是物品对投标人自己的价值，以及投标人对其他投标人估价的先验信念的函数。赢得拍卖的投标人的支付等于物品对他的价值减去他的出价。

（5）双方叫价拍卖。

在这种拍卖中，潜在的买者和卖者同时开价，卖者要价，买者出价，拍卖商选择成交价格 p 清算市场：所有要价低于 p 的卖者卖出，所有出价高于 p 的买者买入。买者和卖者的策略是决定出价和要价。

⬇ 拓展阅读 4.1

不同商品适用不同的拍卖方法

在拍卖市场中，不同商品适用不同的拍卖方法。例如鲜花和海产品这些鲜活易腐产品都必须及时出手，适合采用荷兰式拍卖法，荷兰花卉拍卖市场和日本的金枪鱼市场都采用这种方式。古董和艺术品则往往采用英国式拍卖法来提高拍卖品的价格。在英国式拍卖中，每个参与者都可以观察到整个拍卖过程，看着竞相开出的越来越高的价格，参与者的心理难免受到影响，从而调整自己的价格，便产生了公共价值效应，往往使成交价格扶摇直上，例如索斯比拍卖行和克里斯蒂拍卖行之所以采取这种方式拍卖古董和艺术品，就是想利用竞争气氛博得比较高的成交价格。然而在一些行业中比如公共营运车辆指标拍卖中，公共价值效应会增加竞买人的负担，破坏市场机制，形成市场恶性循环。而改用维克瑞拍卖法，先把拍卖行热浪因素排除出去，避免了公共价值效应带来的负面影响，它在房地产市场以及政府组织的公共营业指标等方面的拍卖中效果尤其良好。在实践中，美国的国库券拍卖就已经采用维克瑞拍卖法，不过它们的规则允许标的物的数量大于一件，而得标的人可以超过一个。其规则如下：竞买者出标的时候要决定需要的数量与单价，卖方再将所有的出标价格由高到低排列，以标的物总量为限，优先配给出价高者，而价格则定为分配不到标的物者的最高出价。由于得标者不论其出价的高低都按相同的价格成交，故称单一价格法；而价格由没有得标者的最高出价决定，故仍然维持了维克瑞投标法的特色，即大家都会根据自己的真实评价来出价。另外，美国的通信频道的经营许可证拍卖也采用了这种方法，亦取得了良好的效果。

资料来源：宋保峰. 维克瑞拍卖法的研究及应用. 经济与管理，2003（6）.

2. 一级密封价格拍卖

一级密封价格拍卖的基本规则是投标人密封标书投标，统一时间开标，标价最高者中标。如果出现标价相同的情况，则采取抛硬币或类似方法决定该由谁中标。中标博弈方的支付不仅取决于标价，还取决于他对拍卖标的物的带有很大主观性的估计，每个投标方的估价通常是自己的私人信息。赢者的支付是他对物品的评价减去他的出价，其他投标方的支付为零。

关于拍卖的博弈论可以描述如下：假定拍卖博弈有 n 个投标人，即投标人 i, $i=1$, …, n；投标人 i 对于物品的估价为 v_i，为私有信息；v_i 独立服从 $[0, 1]$ 上的均匀分布且 v_i 的分布为共同知识，即每个投标人都知道其他人的估价独立服从 $[0, 1]$ 上的均匀分布，但是具体数值是不确定的。投标人 i 的出价（策略）为 b_i（i 依据 v_i 和他对其他投标人出价的判断来进行出价）。

投标人的支付取决于所有投标人的策略，同时也取决于自己的类型，在这里，投标人的类型就是对物品的估价。在一级密封价格拍卖中，报最高价者获得物品，并且支付他报出的最高价。如果投标人 i 的出价为唯一的最高报价，则期望获得的收益为 $v_i - b_i$；如果投标人 i 的出价为最高报价，但与其他 m 位投标人的出价相同，假设如果多个投标人出价相同，拍卖品在多个投标人之间随机分配（这个假设并不重要，因为多个投标人同时报出相同价格的概率在连续分布的情形下为 0），则投标人 i 的收益为 $\frac{1}{m}(v_i - b_i)$；如果投标人 i 的出价不是最高价，那么他将不能获得拍卖品，收益为 0。于是可以得到投标人 i 的支付：

$$u_i(b_i, b_j, v_i) = \begin{cases} v_i - b_i, & \text{若 } b_i > b_j, j \neq i \\ \frac{1}{m}(v_i - b_i), & \text{若有包括 } i \text{ 的 } m(m \leqslant n) \text{ 位投标人的出价相等} \\ 0, & \text{若 } b_i < b_j, j \neq i \end{cases}$$

对于拍卖品的估价 v_i 越高，给出的报价 b_i 也会随之增加，因此可以假定投标人的出价 $b_i(v_i)$ 是其估价 v_i 的严格递增可微函数，且 $b_i \leqslant v_i \leqslant 1$，因为当 $b_i > 1 \geqslant v_i$ 时意味着参与者愿意支付比物品价值本身更高的价格，这显然不可能是最优的。因为博弈是对称的，我们只需考虑对称的均衡出价策略：$b = b^*(v)$。给定 v 和 b，可以得到投标人 i 的期望支付为：

$$u_i = (v - b)Prob(b > b_j, i \neq j)$$

其中，$v - b$ 是给定赢的情况下投标人 i 的净所得，第二项 $Prob(\cdot)$ 表示 $b > b_j$ 的概率，b_j 是投标人 j 的出价策略。

根据对称性，$b = b^*(v)$，所以：

$$Prob\{b_j < b\} = Prob\{b^*(v_j) < b\} = Prob\{v_j < b^{*-1}(b)\}$$
$$= Prob\{v_j < \Phi(b)\} = \Phi(b)$$

这里 $\Phi(b) = b^{*-1}(b)$ 是 b^* 的反函数，即当投标人选择 b 时他的估价是 $\Phi(b)$。

于是，投标人 i 的期望支付函数为：

$$u_i = (v - b)\prod_{j \neq i} Prob(b > b_j) = (v - b)\Phi^{n-1}(b)$$

最优化一阶条件为：

$$-\Phi^{n-1}(b)+(v-b)(n-1)\Phi^{n-2}(b)\Phi'(b)=0$$

即：

$$-\Phi(b)+(v-b)(n-1)\Phi'(b)=0$$

因为在均衡情况下 $\Phi(b)=v$ ，一阶条件可以写成：

$$-v+(v-b)(n-1)\frac{\mathrm{d}v}{\mathrm{d}b}=0$$

解上述微分方程得：

$$b^*(v)=\frac{n-1}{n}v<v$$

可见，$b^*(v)$ 随 n 的增加而增加，当 n 趋于 ∞ 时，$b^*(v)$ 趋近于 v ，即投标人越多，卖者得到的价值就越高，因此让更多的人参加竞标是卖者的利益所在。而这种投标法也反映了博弈方在投标活动中面临的一个基本矛盾，那就是标价越高，中标机会越大，但中标收益越小；而标价越低虽然中标机会也越低，但一旦中标，收益较大。兼顾中标机会和收益大小的折中报价正是博弈方的最优选择。

3. 二级密封价格拍卖

在拍卖中，一个卖者的不可分割的一个标的物有 n 个投标人想买，设投标人 i 的估价为 v_i ，v_i 服从 ［0，1］ 上的均匀分布，这是局中人的共同知识，并且假设 $0\leqslant v_1\leqslant v_2\leqslant\cdots\leqslant v_n$ 。规定每个投标人提交一个密封投标，里面写明他的出价 b_i 。在一个规定的时间、规定的地点统一开标，出价最高的投标人获得标的物，同时该投标人须支付出价第二高的投标人所出价的金额，其他人无所得也无所失。如果有多个投标人出价相同，都是最高价，则在这几个人中用抛硬币的方法确定谁是赢者，考虑投标人 n 的情况，投标人 n 的期望收益为：

$$u_n=(v_n-b)P(b_1<b_n,b_2<b_n,\cdots,b_{n-1}<b_n)$$

其中，b 是第二高的出价，即 $u_n=(v_n-b)P(b<b_n)$ ，从这个等式可以了解到，当 $v_n<b$ 时，投标人的期望收益将小于 0 ，当有人出价大于 v_n 时，投标人 n 不应该再出价，且 v_n-b 里的两个量都不由投标人 n 自己决定，投标人能决定的是（当然也不是完全能决定）概率 $P(b<b_n)$ 。他应该考虑使这个概率尽可能大，如果 b_n 较小，则投标人 n 获得标的物的概率就较小，而投标人 n 获得标的物后应支付的价格与 b_n 无关，所以当投标人取 $b_n=v_n$ 时，既能使自己的期望收益不小于 0 ，又能使自己获得标的物的概率最大，即在二级密封价格拍卖中，投标人用自己的估价作为出价是上策（即说真话）。

例如，某古董拍卖采取维克瑞拍卖法。你的真实估价是 5 万元，你的投标价格为 b ；假设其他人的最高投标价格为 v ，现在讨论一下你的投标策略。如果 $v<5$ 万元，你只要 $b>v$ 就可以中标，而且利润为 5 万元 $-v>0$ ，你的最优策略是 $b=5$ 万元。如果 $v>5$ 万元，假如 $b>v$ ，则你中标但是需要支付 v ，你亏损了 $v-5$ 万元；假如 $b<v$ ，则对方中标，你的最优策略依然是 $b=5$ 万元。

可见，对于投标人而言，其报价等于真实估价是占优策略，这一点与博弈中的信息是否完全无关，因而对于所有类型的投标人，其报价等于真实价值就构成一个贝叶斯纳什均衡。这同时也说明，二级密封价格拍卖具有良好的稳定性，并不因为信息的多寡而改变。二级密封价格拍卖还存在其他的贝叶斯均衡，但只有报价等于真实价值是由唯一的占优策略组成的均衡。

案例 4.4

哪种拍卖更有利于防止买者串谋？

维克瑞的研究表明，二级密封价格拍卖在一定假设下是一种最优的激励相容机制。拍卖的目的之一是防止买者之间串谋。罗宾逊（Robinson）在 1985 年指出，二级密封价格拍卖比一级密封价格拍卖更有利于买者之间的串谋。例如卖者要拍卖一件物品，这时候有 3 个买者，这件物品对买者 1 的价值是 100 元，对买者 2 的价值是 90 元，对买者 3 的价值是 80 元，他们都知道物品对自己的价值，但不知道物品对对方的价值。此时买者的最优策略是讲真话，让报价等于价值，这时买者 1 将获得这件物品，但支付给卖者的价格为 90 元，获得的剩余价值是 10 元。但如果 3 个买者串谋达成一个协议，买者 1 出价 100 元，买者 2 和买者 3 出价 50 元，或买者 2 出价 50 元，买者 3 出价低于 50 元，买者 1 多得的收益三者平分，则买者 1 获得该物品，付给卖者的价格仅为 50 元，获得的剩余价值为 50 元，多得的剩余价值为 40 元，这个串谋协议被证明会自动实施，卖者的利益将会遭受损害。但是，研究表明这个串谋协议在只有一期的一级密封价格拍卖中不会自动实施，即买者没有积极性遵守这个协议。如果买者 1 的出价为 100 元，他支付给卖者的价格也是 100 元，因此买者 1 不愿意出 100 元的价。但如果买者 1 的出价低于 90 元，买者 2 的出价就有可能高于买者 1 的出价而得到该物品，则买者 1 将失去该物品。因此，买者 1 最后支付的价格将是 90 元，而不是串谋价格 50 元。因此，如果卖者不希望买者串谋在一起压价的话，采用一级密封价格拍卖就比采用二级密封价格拍卖的效果要好。可见，不同的拍卖规则各有优缺点，如二级密封价格拍卖对价值的发现更具优势，而一级密封价格拍卖更有利于防止买者串谋，在实践中应根据具体情况灵活选用。

资料来源：张照贵．经济博弈与应用．成都：西南财经大学出版社，2016.

4. 双方叫价拍卖

双方叫价拍卖是一种比较特殊的交易方式，在拍卖过程中，双方对拍卖品的估价是私人信息，双方同时开价，卖者开出要价，买者开出出价，拍卖商然后选择成交价格 p 清算市场；所有要价低于 p 的买者卖出，所有出价高于 p 的买者买入，在价格 p 下的总供给等于总需求。这种规则有些类似于证券交易运用的电子自动成交撮合系统的交易规则，差别是证券交易有成千上万个卖者和买者，当一个买者或一个卖者的报价使其不能与某一个买者或卖者成交时，还能使其与另外的买者或卖者成交。

查特金和萨缪尔森（Chatterjee and Samuelson）在 1983 年建立了一个简单的双方叫价拍卖模型。在这个模型中，卖者对拍卖品有一个估价 c，买者对拍卖品也有一

个估价 v，c 和 v 服从 $[0，1]$ 上的均匀分布，这是双方的共同知识。卖者和买者同时选择要价 p_s 和出价 p_b，$p_s \in [0，1]$，$p_b \in [0，1]$。如果 $p_s \leqslant p_b$，则在 $(p_s + p_b)/2$ 价格上成交，此时买者的效用是 $u_b = v - (p_s + p_b)/2$，卖者的效用是 $u_s = \dfrac{p_s + p_b}{2} - c$；若 $p_s > p_b$，则不成交，此时买者和卖者的效用均为零。

在这个静态贝叶斯博弈中，卖者的策略（要价）p_s 是 c 的函数 $p_s(c)$，也就是卖者在每一种可能的估价（类型）c 下开出的要价；买者的策略（出价）p_b 是 v 的函数 $p_b(v)$，也就是买者在每一种可能的估价（类型）v 下开出的出价。

对于每一个 $c \in [0，1]$，卖者知道自己的估价，也清楚自己的要价 p_s，但卖者不知道买者的估价 v，也不知道买者的出价 p_b，只是知道买者的估价 v 服从 $[0，1]$ 上的均匀分布。因此，卖方的期望收益可以表示为：

$$E\left\{ \frac{1}{2}\{ p_s + E[p_b(v) \mid p_b(v) \geq p_s] \} - c \right\} + E[0 \mid p_b(v) < p_s]$$

$$= \left\{ \frac{1}{2}\{ p_s + E[p_b(v) \mid p_b(v) \geq p_s] \} - c \right\} Prob\{ p_b(v) \geq p_s \} \quad (4-3)$$

其中，$E[p_b(v) \mid p_b(v) \geq p_s]$ 是在给定卖者的要价低于买者的出价的条件下卖者预期的买者的出价。

同理，每一个买者也只是知道卖者的估价 c 服从 $[0，1]$ 上的均匀分布，而不知道卖者的具体估价 c 和要价 p_s，因此买者的期望收益可以表示为：

$$E\left\{ v - \frac{1}{2}\{ p_b + E[p_s(c) \mid p_b \geq p_s(c)] \} \right\} + E[0 \mid p_b < p_s(c)]$$

$$= \left\{ v - \frac{1}{2}\{ p_b + E[p_s(c) \mid p_b \geq p_s(c)] \} \right\} Prob\{ p_b \geq p_s(c) \} \quad (4-4)$$

其中，$E[p_s(c) \mid p_b \geq p_s(c)]$ 是在给定卖者的要价低于买者的出价的条件下买者预期的卖者的要价。

那么策略组合 $[p_s^*(c)，p_b^*(v)]$ 是一个贝叶斯纳什均衡，必须有下列两个条件成立：

（1）卖者的最优反应：对于所有的 $c \in [0，1]$，$p_s^*(c)$ 是下列最优化问题的解：

$$\max_{p_s}\left\{ \frac{1}{2}\{ p_s + E[p_b(v) \mid p_b(v) \geq p_s] \} - c \right\} Prob\{ p_b(v) \geq p_s \} \quad (4-5)$$

（2）买者的最优反应：对于所有的 $v \in [0，1]$，$p_b^*(v)$ 是下列最优化问题的解：

$$\max_{p_b}\left\{ v - \frac{1}{2}\{ p_b + E[p_s(c) \mid p_b \geq p_s(c)] \} \right\} Prob\{ p_b \geq p_s(c) \} \quad (4-6)$$

可以看出，如果卖者的策略和卖者的策略这两个函数结构形式不同，不完全信息的双方叫价拍卖博弈可能有许多贝叶斯均衡。

首先，考虑一种特殊情况，即单一价格贝叶斯纳什均衡。这种均衡的核心特征是，给定 $[0，1]$ 中的任意一个值 x，卖者的策略是：如果自己的估价 $c \leqslant x$，那么就开出要价 $p_s = x$；如果自己的估价 $c > x$，那么要价为 $p_s = 1$（即不卖）。买者的策略是：如果自己的估价 $v \geqslant x$，那么就开出出价 $p_b = x$；如果自己的估价 $c < x$，那么出

价为 $p_b = 0$（即不买）。

那么给定买者的策略，这时卖者只能在以价格 x 成交和不成交之间进行选择。如果卖者的估价 $c \leqslant x$，那么 x 是卖方能实现的最高要价。如果 $c > x$，假如以 $p_s = x$ 的价格成交，那么卖者的收益为 $x - c < 0$，这样卖者会开出要价 1 不进行交易，因为不成交能够避免损失。因此，当 $c \leqslant x$ 时，卖者要价 x；当 $c > x$ 时，卖者要价 1 是卖者的最优策略。同理，如果给定卖者的策略，那么当 $v \geqslant x$ 时，买者的出价为 x；当 $v < x$ 时，买者的出价为 0，这是买者的最优策略。

由分析可知，买者的上述策略是对卖者策略的最优反应，而卖者的上述策略也是对买者策略的最优反应。因此二者的上述策略是双方报价拍卖的贝叶斯纳什均衡。均衡结果如图 4-2 所示。

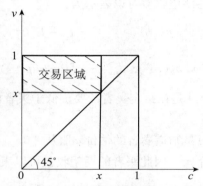

图 4-2　单一价格贝叶斯纳什均衡下的交易区域

下面考虑如果卖者的策略和卖者的策略这两个函数都是线性函数的情况。假设 $p_s(c) = \alpha_s + \beta_s c$，$p_b(v) = \alpha_b + \beta_b v$，首先对于卖者来说，他知道 v 在 $[0, 1]$ 上均匀分布，因此，$p_b(v)$ 在 $[\alpha_b, \alpha_b + \beta_b]$ 上均匀分布，于是有：

$$Prob\{p_b(v) \geqslant p_s\} = Prob\{\alpha_b + \beta_b v \geqslant p_s\} = Prob\left\{v \geqslant \frac{p_s - \alpha_b}{\beta_b}\right\}$$

$$= \frac{\alpha_b + \beta_b - p_s}{\beta_b}$$

$$E[p_b(v) \mid p_b(v) \geqslant p_s] = \frac{\frac{1}{\beta_b} \int_{p_s}^{\alpha_b + \beta_b} x \, \mathrm{d}x}{Prob\{p_b(v) \geqslant p_s\}} = \frac{1}{2}(p_s + \alpha_b + \beta_b)$$

将上面导出的两个结果代入卖者的最优反应函数，在买者选择先行策略的条件下卖者要价 $p_s(c)$ 的最优反应应该是下述最优化问题的解：

$$\max_{p_s}\left\{\left\{\frac{1}{2}\left[p_s + \frac{1}{2}(p_s + \alpha_b + \beta_b)\right] - c\right\}\frac{\alpha_b + \beta_b - p_s}{\beta_b}\right\}$$

最优化一阶条件为：

$$\frac{\mathrm{d}}{\mathrm{d}p_s}\left\{\left\{\frac{1}{2}\left[p_s + \frac{1}{2}(p_s + \alpha_b + \beta_b)\right] - c\right\}\frac{\alpha_b + \beta_b - p_s}{\beta_b}\right\} = 0$$

可以解得：

$$p_s = \frac{1}{3}(\alpha_b + \beta_b) + \frac{2}{3}c$$

同理，对于买者，他知道 c 在 $[0,1]$ 上均匀分布，因此 $p_s(c)$ 在 $[\alpha_s, \alpha_s + \beta_s]$ 上均匀分布，于是有：

$$Prob\{p_b \geqslant p_s(c)\} = Prob\{p_b \geqslant \alpha_s + \beta_s c\} = Prob\left\{c \leqslant \frac{p_b - \alpha_s}{\beta_s}\right\} = \frac{p_b - \alpha_s}{\beta_s}$$

$$E[p_s(c) \mid p_b \geqslant p_s(c)] = \frac{\dfrac{1}{\beta_s}\displaystyle\int_{\alpha_s}^{p_b} x\,\mathrm{d}x}{Prob\{p_b \geqslant p_s(c)\}} = \frac{1}{2}(\alpha_s + p_b)$$

将上面导出的两个结果代入买者的最优反应函数，得到在卖者选择先行策略的条件下买者出价 $p_b(v)$ 的最优反应应该是下述最优化问题的解：

$$\max_{p_b}\left\{\left\{v - \frac{1}{2}\left[p_b + \frac{1}{2}(\alpha_s + p_b)\right]\right\}\frac{p_b - \alpha_s}{\beta_s}\right\}$$

最优化一阶条件为：

$$\frac{\mathrm{d}}{\mathrm{d}p_b}\left\{\left\{v - \frac{1}{2}\left[p_b + \frac{1}{2}(\alpha_s + p_b)\right]\right\}\frac{p_b - \alpha_s}{\beta_s}\right\} = 0$$

可以解得：

$$p_b = \frac{1}{3}\alpha_s + \frac{2}{3}v$$

于是求得线性策略均衡为：

$$p_s{}^*(c) = \frac{1}{4} + \frac{2}{3}c$$

$$p_b{}^*(v) = \frac{1}{12} + \frac{2}{3}v$$

上面得到的线性策略均衡的直观图形如图 4-3 所示。从图 4-3 可以看出，当 $c > 3/4$ 时，卖者的要价 $p_s(c) = 1/4 + 2c/3$ 比成本要低，那意味着卖者不会出售 [在图形中，$p_s(c)$ 曲线位于 $p_s(c) = c$ 曲线的下方，而卖者的要价高于买者的最高出价 $p_b(1) = 1/12 + 2/3 = 3/4$]。此时不会有交易发生。当 $v < 1/4$ 时，买者出价高于其价值 [在图形中 $p_b(v)$ 曲线位于 $p_b(v) = v$ 曲线的上方，买者此时的出价低于卖者的最低要价 $p_s(0) = 1/4$]，此时交易也不会发生。在双方叫价拍卖模型的假设中提到，只有在 $p_b \geqslant p_s$，$\frac{1}{12} + \frac{2}{3}v \geqslant \frac{1}{4} + \frac{2}{3}c$，即 $v \geqslant c + 1/4$ 的条件下，才会有交易发生，不满足这个条件双方都不能成交，收益为 0，如图 4-4 所示。在图 4-4 中可以看出，在该博弈的线性策略均衡中，直线 $v = c + 1/4$ 上方的点对应的双方类型都会发生交易。

对比单一价格贝叶斯纳什均衡和线性贝叶斯纳什均衡可以发现，线性贝叶斯纳什均衡中双方进行交易的机会大于单一价格贝叶斯纳什均衡（如图 4-2 和 4-4 所示）。两者均包括潜在价值最大的交易，即当 $c = 0$，$v = 1$ 时，卖者认为毫无价值，而买者却认为有最大价值的交易。但是单一价格贝叶斯纳什均衡错过了一些有价值的交易，比如当 $c = 0$，$v = x - \varepsilon$ 时，其中 ε 为足够小的正数，在单一价格贝叶斯纳什均衡中无法成交，而在线性贝叶斯纳什均衡中这种情况是能够成交的，并且双方能够获得相当可观的收益（都接近 $x/2$）。同时，单一价格贝叶斯纳什均衡又实现了一些几乎没有什么价值的交易，比如 $c=x-\varepsilon$ 且 $v=x+\varepsilon$，这时候卖者和买者的估价非常接近，也就是图 4-2 的矩形交易区域的右下角部分，而在线性贝叶斯纳什均衡中是不包括这种交易的。对比之下，线性贝叶斯纳什均衡错过了所有价值不大的交易（$0\leqslant v-c<1/4$），但实现了价值至少在 1/4 以上的交易（$v-c\geqslant1/4$ 的部分）。总体上线性贝叶斯纳什均衡的效率比单一价格贝叶斯纳什均衡更高一些。

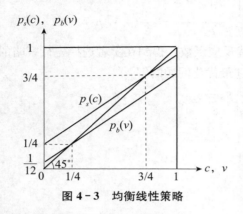

图 4-3　均衡线性策略

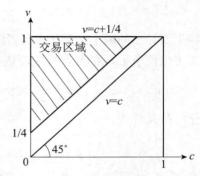

图 4-4　线性策略均衡下的交易区域

5. 机制设计和显示原理

在前面分析的拍卖博弈中，投标人依据其对拍卖品的估价（私人信息）提出各自的报价，拍卖人将根据出价最高点投标人的报价达成交易，这样设计的拍卖规则虽然能保证成交，但在博弈的过程中可能存在一些不良现象。比如在拍卖中，买者进行串谋，所有的买者一起只报一个很低的价格，导致标的物以一个很低的价格成交，或者如果在拍卖中只有一个投标人而且他的报价极低，这样卖者会承受巨大的损失。拍卖人为了能够获得最优的期望收益，他可以对拍卖方式进行进一步改进，如投标人必须交付一定的入场费用，或者拍卖人可以设置一个底价，低于这个底价的拍卖将不被接受。在拍卖活动中拍卖人如何制定或设计一个拍卖方式使自己的期望收益极大化，这就是机制设计问题。事实上，除了拍卖以外，机制设计在社会经济生活中有广泛的用途，如垄断价格歧视的设定、公共物品供给政策的制定、政府税收政策的制定、保险公司的收费和赔偿政策的制定等。

机制设计理论是研究在决策分散化、相互之间有不完全信息、个体自由决策的情况下，能够设计一套机制（契约、规则或制度）来实现预定的目的的理论。机制设计理论起源于美国明尼苏达大学经济学教授利奥·赫尔维茨（Leonid Hurwicz）1960年和1972年的开创性工作，其研究主要集中在机制的信息和计算成本方面，而没有考虑激励问题。新泽西普林斯顿高等研究院教授埃瑞克·马斯金（Eric S.Maskin）等提出的团队理论（theory of teams）在很大程度上填补了这方面的空白。20世纪70年代显示原理（revelation principle）的形成和实施理论（implementation theory）的发展也进一步推动了机制设计理论的深化。显示原理大大简化了机制设计理论问题的分析，在吉伯德（Gibbard，1973）提出直接显示机制之后，芝加哥大学经济学教授罗格·梅耶森（Roger B. Myerson）等将其拓展到更一般的贝叶斯纳什均衡上，并开创了其在规制理论和拍卖理论等方面的研究。为了表彰利奥·赫尔维茨、埃瑞克·马斯金、罗格·梅耶森为"机制设计理论"研究做出的贡献，2007年的诺贝尔经济学奖被授予这三名教授。

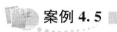 **案例 4.5**

所罗门王断案——如何甄别信息的真伪

所罗门王是古代以色列国的一位以智慧著称的君主。一次，两个妇人为争夺一个婴儿争扯到所罗门王殿前，她们都说婴儿是自己的，请所罗门王做主。所罗门王稍加思考后做出决定：将婴儿一刀劈为两段，两位妇人各得一半。其中一位妇人表示同意，而另外一位妇人则说婴儿不是自己的，应完整归还给第一位妇人，千万别将婴儿劈成两半。听完这位妇人的诉求，所罗门王立即做出最终裁决：婴儿是这位请求不杀婴儿的妇人的，应归于她。这个故事讲的道理是，尽管所罗门王不知道两位妇人谁是婴儿的母亲，但他知道婴儿真正的母亲是宁愿失去孩子也不会让孩子被劈成两半的。所罗门王正是利用这一点，一下就识别出谁是婴儿的真正的母亲。

所罗门王的智慧在于用一个假设的分婴令诱使当事人表达自己真实的想法。而设法让博弈者表达自己真实的信息，正是机制设计理论想要解决的关键问题。

拍卖机制设计是一种特殊的不完全信息博弈。在拍卖机制设计中，博弈的参与者有一个委托人和一个或多个代理人。委托人没有自己的私人信息，他们的行动往往受到其他参与者拥有私人信息的限制，委托人的支付函数是共同知识。委托人的任务是设计一个机制（博弈规则），最大化自己的期望收益。而代理人拥有私人信息（类型），代理人的支付函数只有代理人自己知道，委托人和其他代理人不知道。如在一级密封价格拍卖中，卖者不知道买者对拍卖品的评价；在双方叫价拍卖中，拍卖人不知道买者的评价，也不知道卖者的供给成本。

代理人向委托人提供个人信息，但不排除代理人宣布的信息是不真实的，除非委托人能够提供给代理人足够的激励。委托人在设计机制时会受到一些限制，其中有两个重要的约束条件：一是参与约束（participation constraint），又称个人理性约束（individual rationality constraint，IR），另一个是激励相容约束（incentive compatibility constraint，IC）。

个人理性约束是指代理人参与委托人设计的博弈所得到的期望收益必须不小于代理人不参与这个博弈所得到的期望收益，否则代理人就不会参与委托人设计的博弈，委托人设计的这个机制也就没有意义了。代理人在博弈之外能得到的最大期望收益被称为代理人保留收益，由于当代理人参与博弈时他就失去了博弈之外的机会，故又称机会成本。设代理人选择委托人希望的行动的期望收益为 u，代理人的机会成本为 u_0，则个人理性约束为 $u-u_0 \geq 0$。

激励相容约束是在给定委托人不知道代理人类型的情况下，代理人在所设计的机制下必须有积极性选择委托人希望他选择的行动。只有当代理人在选择委托人希望他选择的行动所得到的期望收益不小于他选择其他行动所得到的期望收益时，代理人才有积极性选择委托人所希望的行动。设代理人选择委托人希望他选择的行动时获得的收益是 u，选择其他行动的期望收益为 u_1，则激励相容约束为 $u-u_1 \geqslant 0$。

机制设计实际上是一个三阶段不完全信息博弈。不完全信息表现为代理人拥有自己的类型。

第一阶段：委托人设计一个机制，这里机制是一个博弈规则，根据这个规则，代理人发出信号，实现的信号决定配置结果。

第二阶段：代理人同时选择接受或拒绝委托人设计的机制，拒绝等于不参加博弈，一般假定拒绝时代理人可得到某种额定的保留效用。

第三阶段：接受机制的代理人根据机制的规则进行博弈。

机制设计可以分为间接机制和直接机制。在直接机制中，信号空间等于类型空间，而所有信号空间不等于类型空间的机制都是间接机制。

直接机制的特点是：代理人同时声明物品对自己的价值 t_i（即他们的类型）而不是报价 s_i。但并不要求他们必须诚实。即代理人 i 可以选择其类型空间 T_i 中的任意类型做声明，不管他的类型是什么。假如各代理人的声明是 $(t_1', \cdots, t_n')$，则代理人 i 得到的概率为 $q_i(t_1', \cdots, t_n')$，即要随机选择哪个代理人中标，随机选择的概率为 q_i。如果代理人 i 中标，则支付给委托人的价格为 $p_i(t_1', \cdots, t_n')$。对各种可能的声明情况 $(t_1', \cdots, t_n')$，概率之和 $q_1(t_1', \cdots, t_n') + q_2(t_1', \cdots, t_n') + \cdots + q_n(t_1', \cdots, t_n') \leqslant 1$ 必须成立。

直接机制的意义是要代理人声明拍卖物品对他们的价值，并不需要他们报出标价，委托人会根据预先确定的运作机制（包括一个随机选择过程）来确定中标者和中标者价格。这种直接机制与一般的投标拍卖规则的区别在于：首先，在形式上，各代理人决定的不是报价，而是自己的价值（类型）；其次，中标者并不一定是声明价值最高者，他只是中标的概率大一些；最后，中标价格不一定是可能的最高价格。

在直接机制中，委托人的目的首先是要了解代理人的私人信息，但是代理人不一定说实话，如果让代理人说了实话，这个机制就被称为说实话的直接机制。梅耶森的显示原理指出，任何一个机制所能达到的配置结果都可以通过一个（说实话的）直接机制实现，因此委托人可以只考虑直接机制的设计。

显示原理假定以 S_i 为信号空间和以 y_s 为配置规则的机制的贝叶斯均衡是：$s^*(\theta) = \{s_1^*(\theta_1), \cdots, s_n^*(\theta_n)\}$，$s_i^* \in S_i$，$\theta_i \in \Theta_i$，其中 Θ_i 是代理人 i 的类型空间，那么存在一个以 $S_i = \Theta_i$ 为信号空间的直接显示机制 $\hat{y}(\hat{\theta}) = y_s[s^*(\hat{\theta})]$。该机制的贝叶斯均衡是：所有代理人在第二阶段接受机制且在第三阶段同时报告自己的真实类型 $\theta^* = (\theta_1, \cdots, \theta_n)$。并且，直接机制的均衡配置结果与原机制的均衡配置结果相同。

显示原理的有用性在于简化机制而不是改进结果。委托人仅需要考虑导致说真话的机制，这将使相关策略的空间大大缩小，因此除激励相容与参与约束之外还可以加入说真话的条件来设计机制。显示原理在拍卖规则设计中的真正意义在于：任何拍卖规则能实现的拍卖效果都可以由一种精心设计的具有说实话的直接机制特征的拍卖规则同样加以实现。故拍卖规则设计不需要考虑所有各种复杂的可能性，只需要考虑一些特殊的直接机制就可以了。

四、混合策略与不完全信息静态博弈

在完全信息静态博弈中常常存在非纯策略的混合策略均衡，有时甚至只存在混合策略均衡。混合策略是当一个博弈中不存在纯策略纳什均衡或存在多个相互之间没有优劣之分的纯策略纳什均衡时，解决相应的博弈的决策选择问题的一种策略。混合策略的特征是各博弈方无法确定其他博弈方的选择，在各博弈方都采用混合策略时，他们能够知道的仅仅是其他博弈方选择每种纯策略的概率（可能性大小）。在不完全信息静态博弈中，基本特征也是各博弈方无法确定其他博弈方的选择，只能对其他博弈方选择各种行为的概率做出"判断"。

海萨尼 1973 年证明：完全信息静态博弈中的一个混合策略纳什均衡，几乎总是可以被解释成一个不完全信息的近似博弈的纯策略贝叶斯纳什均衡。这个结论可理解为混合策略的根本特征不是博弈方以随机方式选择策略，而是博弈方对其他博弈方的特征或者收益不完全确定。

以情侣博弈为例。在前边的完全信息静态博弈里，我们介绍了一个博弈案例，即情侣博弈，这个博弈有两个纯策略纳什均衡，即（足球，足球）和（芭蕾，芭蕾），同时也有一个混合策略纳什均衡，即丈夫以 2/3 的概率选择足球、以 1/3 的概率选择芭蕾，妻子以 1/4 的概率选择足球、以 3/4 的概率选择芭蕾。

现对该博弈的背景做一下改变（见表 4-4），假设两个人相处很长时间，但对对方的偏好并不完全知道，进一步假设如果双方都去看芭蕾，女方的效用是 $2+t_w$，如果双方都去看足球，男方的效用是 $3+t_h$。这里，t_h 是男方的私人信息，女方不知道，同样 t_w 是女方的信息，男方也不知道。但 t_h 和 t_w 都在 $[0, x]$ 上均匀分布，分布函数是共同知识。这样一来就构成了一个不完全信息静态博弈，表述为标准式就是：静态贝叶斯博弈 $G=\{A_w, A_h; T_w, T_h; p_w, p_h; u_w, u_h\}$，其中行动空间 $A_w=A_h=$ {足球，芭蕾}，类型空间 $T_w=T_h=[0, x]$，推断 p_w，p_h 为 t_w，t_h 在 $[0, x]$ 上的均匀分布。

表 4-4　　　　　　　情侣博弈（Ⅰ）

		男方	
		芭蕾	足球
女方	芭蕾	$2+t_w$，1	0，0
	足球	0，0	1，$3+t_h$

现在我们将构造一个贝叶斯均衡：存在一个 $t_h^* \in [0, x]$ 和一个 $t_w^* \in [0, x]$，当 t_h 达到或超过 t_h^*（即 $t_h \geqslant t_h^*$）时，男方选择足球，否则选择芭蕾；当 t_w 达到或超过 t_w^*（即 $t_w \geqslant t_w^*$）时，女方选择芭蕾，否则选择足球。对于男方来说，其选择足球的概

率为 $1-t_h^*/x$，女方选择芭蕾的概率为 $1-t_w^*/x$。现在给定男方的策略，女方选择芭蕾的期望收益为：

$$0\times\left(1-\frac{t_h^*}{x}\right)+(2+t_w)\times\frac{t_h^*}{x}=(2+t_w)\frac{t_h^*}{x}$$

女方选择足球的期望收益为：

$$1\times\left(1-\frac{t_h^*}{x}\right)+0\times\frac{t_h^*}{x}=1-\frac{t_h^*}{x}=\frac{x-t_h^*}{x}$$

因此：

$$(2+t_w)\frac{t_h^*}{x}=\frac{x-t_h^*}{x}$$

化简为：

$$x-t_h^*=(2+t_w)t_h^*$$

同理，当给定女方的策略时，男方选择芭蕾的期望收益为：

$$1\times(1-\frac{t_w^*}{x})+0\times\frac{t_w^*}{x}=1-\frac{t_w^*}{x}$$

男方选择足球的期望收益为：

$$0\times(1-\frac{t_w^*}{x})+(3+t_h)\times\frac{t_w^*}{x}=(3+t_h)\frac{t_w^*}{x}$$

因此：

$$1-\frac{t_w^*}{x}=(3+t_h)\frac{t_w^*}{x}$$

化简为：

$$x-t_w^*=(3+t_h)t_w^*$$

由此可得：

$$\begin{cases}x-t_h^*=(2+t_w)t_h^*\\x-t_w^*=(3+t_h)t_w^*\end{cases}$$

解得上述条件为：

$$t_h^*=\frac{-6+2\sqrt{9+3x}}{3}$$

$$t_w^*=\frac{-3+\sqrt{9+3x}}{2}$$

因此，贝叶斯均衡是：对于男方，如果 $t_h\geqslant t_h^*$ 则选足球，否则就选芭蕾；对于女方，如果 $t_w\geqslant t_w^*$ 则选芭蕾，否则就选足球。这时男方选足球的概率和女方选芭蕾的概率分别为 $1-\dfrac{-6+2\sqrt{9+3x}}{3x}$ 和 $1-\dfrac{-3+\sqrt{9+3x}}{2x}$。当 $x\rightarrow0$ 时，上述两个概率分别趋向于 $2/3$ 和 $3/4$。这与完全信息混合策略纳什均衡的概率完全相同。因此，海萨尼认为完全信息博弈的混合策略均衡是不完全信息博弈的贝叶斯纳什均衡的极限。

本章基本概念

不完全信息静态博弈	类型	海萨尼转换	贝叶斯均衡
不完全信息古诺模型	拍卖理论	机制设计	显示原理
混合策略均衡			

本章结束语

本章主要介绍了不完全信息静态博弈及贝叶斯均衡的应用。在博弈中，至少有一个参与者不知道其他参与者的支付函数的博弈被称为不完全信息博弈，又称贝叶斯博弈。如果参与者是同时行动的，则为不完全信息静态博弈。在博弈中，不完全信息意味着至少有一个参与者有多个类型，否则就成为完全信息。海萨尼转换已经成为处理不完全信息博弈的标准方法。海萨尼转换引入了虚拟参与者"自然"，并对静态博弈赋予时间顺序（动态化）。不完全信息静态博弈的均衡也被称作贝叶斯纳什均衡。在不完全信息静态博弈中每个人都追求最大化期望效用。

拍卖是一种投标机制，主要包括英国式拍卖、一级密封价格拍卖、二级密封价格拍卖、荷兰式拍卖、双方叫价拍卖等几种形式。一级密封价格拍卖的基本规则是投标人密封标书投标，统一时间开标，标价最高者中标。二级密封价格拍卖是在一个规定的时间、规定的地点统一开标，出价最高的投标人获得标的物，同时该投标人须支付出价第二高的投标人所出价的金额。在二级密封价格拍卖中投标人用自己的估价作为出价是上策（说真话）。

在双方叫价拍卖中，双方对拍卖品的估价是私人信息，双方同时出价，卖方开出要价，买方开出出价，只有在出价不低于要价的情况下，拍卖人才宣布以要价和出价的平均值成交这笔交易。如果卖者的策略和卖者的策略这两个函数结构形式不同，则不完全信息的双方叫价拍卖博弈可能有许多贝叶斯均衡。线性贝叶斯纳什均衡中双方进行交易的机会大于单一价格贝叶斯纳什均衡。

机制设计实际上是一个三阶段不完全信息博弈，可以分为间接机制和直接机制。在直接机制中，信号空间等于类型空间，而所有信号空间不等于类型空间的机制都是间接机制。在直接机制中，如果让代理人说了实话，这个机制就被称为说实话的直接机制。梅耶森的显示原理指出，任何一个机制所能达到的配置结果都可以通过一个（说实话的）直接机制实现，因此委托人可以只考虑直接机制的设计。

完全信息静态博弈中的一个混合策略纳什均衡几乎总是可以被解释成一个不完全信息的近似博弈的纯策略贝叶斯纳什均衡。这个结论可理解为，混合策略的根本特征不是博弈方以随机方式选择策略，而是博弈方对其他博弈方的特征或者收益不完全确定。

第五章

不完全信息动态博弈

内容提要： 本章我们讨论不完全信息动态博弈，以及对应的精炼贝叶斯均衡概念。精炼贝叶斯均衡要求参与者不但策略最优，而且需要使用贝叶斯法则修正对于其他参与者类型的信念，两者缺一不可。然后本章分析一种代表性的不完全信息动态博弈——信号博弈，以及信号博弈在信息不对称与委托-代理问题中的应用。

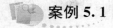
案例 5.1

三人对决

从前有甲、乙、丙三位枪手在进行对决，三人的枪法有所不同，其命中率分别为10％、60％、99％。出于公平的要求，规定必须按照甲、乙、丙的顺序依次开枪进行对决，直至剩下最后一个人为止，如表5-1所示。那么，为了对自己更加有利，也就是为了争取最长的存活时间，甲将如何开这第一枪呢？

表5-1   三人对决

人物	甲	乙	丙
命中率	10％	60％	99％
开枪顺序	1	2	3

从表面上看，甲的选择似乎只有两种：向乙或者向丙开枪；结果无非是命中击毙一名对手，或未打中然后由乙继续开枪。

假设结果一：甲命中了。

如果甲命中击毙了乙，则下一个开枪的将是丙，该枪手毫无疑问会将枪口指向甲。无论如何，我们知道甲和丙两个枪手的命中率非常悬殊，因此甲存活下来的可能性很小。

166

甲如果第一枪击毙了丙，最终的结果也类似，甲和乙二人的命中率也很悬殊，甲凶多吉少。

假设结果二：甲未命中。

如果第一枪甲没有命中，将由乙继续开枪。对于乙、丙而言，甲的命中率太低，并不能造成实际的威胁，他们彼此才是真正的对手。所以两人都希望先击毙对方，以免除危险。那么接下来的情况将是乙、丙相互射击，而甲可以渔翁得利。

下面对两种假设的结果进行比较分析。

通过上面的两种假设结果可以看出，甲如果选择射击乙（或者丙），如果命中了，无疑加速了自己死亡的脚步，这个结果对于甲将是不幸的。而如果没有命中，反而因为自己的"失误"为自己争取了更多的存活时间。相较之下，显然后者是一个更有利于甲的局面。

然而，只要甲选择射击其他任何一人，就可能发生"不幸命中"的情形，这无异于自取灭亡。那么甲如何能做到最大限度地保证"没有命中"的情况发生呢？甲是否还有其他选择？是否存在更有利的策略呢？

其实，既然甲不想命中，那么他完全可以选择不射击任何人，因此他的最优选择是朝天放空枪。这样一来，把主要矛盾转移给乙和丙，而接下来乙和丙的互相厮杀会使甲生存得更长久一些。

"三人对决"的故事很容易让我们联想到《三国演义》故事中的经典情节"火烧赤壁"。刘备、孙权、曹操三方当时的军事实力就是三个枪手的原型。孙刘联合抗击曹操，使得曹操在赤壁之战中大败，逃至华容道。此时恰好遇到义薄云天的关羽把守华容道，最后关羽放走了曹操。许多人感到很奇怪，足智多谋的诸葛亮为什么明知曹操曾有恩于关羽，而依照关羽的仁义性格很可能放走曹操，却依然安排关羽守卫华容道，而没有换成其他人呢？这也许并不是一种巧合，因为刘备一方即使有机会除掉最强大的曹操，这样做对自己可能也并不是最好的选择，其道理与三人对决中的甲枪手选择放空枪不谋而合。

第一节　精炼贝叶斯均衡

一、不完全信息动态博弈概述

不完全信息动态博弈就其基本要素来看是信息的不完全与博弈的动态性质的一种综合。在处理不完全信息的要素时，将某些参与者"类型"的不确定性作为信息不完全性的一种表征的方法将继续得以采用，即博弈中参与者面临的信息不完全性（无论它是指何种信息）将用某些参与者的"类型"的不确定性加以刻画。同时，作为动态博弈，"序贯理性"的思想将一直得到贯彻。我们在不完全信息动态博弈中如果将信息不完全程度削减到零，则不完全信息动态博弈就自然会退化成一种完全信息动态博弈，其相应的精炼均衡概念就由精炼贝叶斯均衡回到子博弈精炼均衡。从这种意义上来看，不完全信息动态博弈的精炼均衡概念是子博弈精炼均衡概念的一种推广，正如不完全信息动态博弈应被视作完全信息动态博弈的一种推广一样。

1. 不完全信息动态博弈的基本规则

在不完全信息动态博弈中，行动有先后次序，后行动者可以通过观察先行者的行动以获得有关对方偏好、策略空间等的信息，修正自己的判断。当然，先行动者也知道自己的行为有传递自己特征信息的作用，就会有意识地选择某种行动来揭示或掩盖自己的真实面目。不完全信息动态博弈的基本规则如下：

（1）"自然"选择参与者的类型 T，参与者自己知道，其他参与者不知道。

（2）"自然"选择之后，参与者开始行动，行动有先后顺序，后行动者能观察到先行动者的行动，但不能观察到先行动者的类型。

（3）先行动者的行动与类型依存，每个参与者的行动都传递着关于自己类型的某种信息。

（4）后行动者通过观察先行动者的行动来推断其类型或修正对其类型的先验信念（概率分布），然后选择自己的行动。

（5）先行动者预测自己的行动将被后行动者所利用，就会设法传递对自己最有利的信息，避免传递对自己不利的信息。图 5-1 就是一个典型的不完全信息动态博弈。

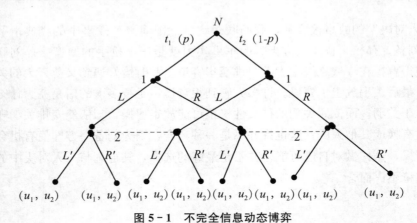

图 5-1 不完全信息动态博弈

在这个博弈里面，参与者 1 的类型 t 为个人信息。参与者 2 不知道 t，但知道 t 的概率分布。博弈的行动顺序是：参与者 1 选择行动 $a_1 \in (L, R)$，然后参与者 2 观察 a_1，选择 $a_2 \in (L', R')$；博弈的收益为：$u_1(a_1, a_2, t)$，$u_2(a_1, a_2, t)$。需要指出的是，经过海萨尼转换之后，原来的不完全信息动态博弈现在从形式上看已经变成完全但不完美信息动态博弈，当然博弈的本质并没有变化。

在这个博弈里面，参与者 2 可以观察到参与者 1 的行动 a_1，但是不能观察到参与者 1 的类型。而他的支付（收益）却依赖于参与者 1 的类型，这样就产生了一个问题：参与者 2 如何从观察到的参与者 1 的行动中来推断对方的类型呢？如何形成关于对方类型的信念呢？下面我们介绍的贝叶斯法则可能是一个解决办法。

2. 贝叶斯法则

在不完全信息动态博弈中，我们求解的均衡概念是精炼贝叶斯纳什均衡。精炼贝叶斯纳什均衡是完全信息动态博弈的纳什均衡和不完全信息静态博弈的贝叶斯纳什均衡的结合。精炼贝叶斯纳什均衡的要点在于参与者要根据所观察到的其他参与者的行动来修正自己有关后者类型的判断，即自己的信念，并由此选择自己的行动。这里，修正过程使用的是贝叶斯法则。这一点意味着每个参与者都假定其他参与者选择的是均衡策略。具体来讲，精炼贝叶斯纳什均衡是所有参与者策略和信念的一种结合，它满足如下条件：当给定每个参与者有关其他参与者类型的信念时，他的策略选择是最优的；每个参与者有关其他参与者所属类型的信念都是使用贝叶斯法则从观察到的行动中获得的。用数学的语言来说，精炼贝叶斯纳什均衡是一个"不动点"。应该强调的是，与其他均衡概念不同，精炼贝叶斯纳什均衡不能仅定义在策略组合上，它必须同时说明参与者的信念，因为最优策略是相对于参与者的信念而言的。

这里谈及的贝叶斯法则是概率统计学中应用所观察到的现象修正先验概率的一种标准方法，它的数学表达式为：

$$P(\theta \mid a) = \frac{P(a \mid \theta) \cdot P(\theta)}{P(a)} \tag{5-1}$$

这就是条件概率的公式。根据这一规则，比如说，在给定某人 A 干了 a 这件事情的条件下，他属于 θ 类型的概率（后验概率）$P(\theta \mid a)$，等于 A 属于 θ 类型的先验概率 $P(\theta)$ 乘以 θ 类型的人会干 a 这件事情的概率 $P(a \mid \theta)$，再除以 A 可能干 a 这件事情的"边际"概率 $P(a)$。具体来说，假设你对新来的同学 A 不了解，你可能判断他是坏人或好人的概率各为 0.5（先验概率）。但你知道，好人是不干坏事的，只有坏人才干坏事。假如有一天你发现 A 做了一件坏事，就会修改对他的看法，断定他是坏人，这里实际上用贝叶斯法则把你认为 A 是坏人的概率由 0.5 变为 1 了。

3. 市场进入博弈的贝叶斯法则

我们曾经讨论过市场进入博弈，下面将市场进入博弈的例子进一步具体化。我们假设厂商 B 不知道原垄断者厂商 A 是属于高成本类型还是低成本类型，但厂商 B 知道，如果厂商 A 属于高成本类型，厂商 B 进入市场时不合作的概率是 0.2（假如此时厂商 A 为了保持垄断带来的高利润，不计成本地同厂商 B 斗争）；如果厂商 A 属于低成本类型，厂商 B 进入市场时不合作的概率是 1。

在博弈开始时，厂商 B 认为厂商 A 属于高成本类型的概率为 0.75，因此，厂商 B 估计自己在进入市场时，厂商 A 不合作的概率为：$0.2 \times 0.75 + 1 \times 0.25 = 0.4$。0.4 是在给定厂商 A 所属类型的先验概率下，厂商 A 采取不合作行为的概率。

这里，贝叶斯法则的公式中的各字母对应的事件如下：$a = $ 厂商 A 不合作；$\theta = $ 厂商 A 高成本。那么 $P(a)$ 表示厂商 A 不合作的概率，$P(\theta)$ 表示厂商 A 高成本的先验概率，$P(a \mid \theta)$ 表示厂商 A 高成本时不合作的概率，$P(\theta \mid a)$ 表示厂商 A 不合作时高成本的概率（后验概率）。当厂商 B 进入市场时，厂商 A 确实不合作。使用贝叶斯法则，根据不合作这一可以观察到的行为，厂商 B 认为厂商 A 属于高成本类型的概率变成：

$$P(\theta \mid a) = \frac{P(a \mid \theta) \cdot P(\theta)}{P(a)} = \frac{0.2 \times 0.75}{0.4} = 0.375 \qquad (5-2)$$

根据这一新的概率，厂商 B 估计自己在进入市场时厂商 A 不合作的概率为：

$$0.2 \times 0.375 + 1 \times 0.625 = 0.7$$

如果厂商 B 再一次进入市场时厂商 A 又不合作，使用贝叶斯法则，根据再次不合作这一可观察到的行为，厂商 B 认为厂商 A 属于高成本类型的概率变成：

$$P(\theta \mid a) = \frac{P(a \mid \theta) \cdot P(\theta)}{P(a)} = \frac{0.2 \times 0.375}{0.7} = 0.107 \qquad (5-3)$$

这样，根据厂商 A 一次又一次的不合作行为，厂商 B 对厂商 A 所属类型的判断逐步发生变化，越来越倾向于将厂商 A 判断为低成本类型的厂商。

以上例子表明，在不完全信息动态博弈中，参与者所采取的行为具有传递信息的作用。尽管厂商 A 有可能是高成本厂商，但厂商 A 连续进行的不合作行为让厂商 B 误认为厂商 A 是低成本类型，从而使厂商 B 停止了进入市场的行动。

应该指出的是，传递信息的行为是需要成本的。假如这种行为没有成本，谁都可以效仿，那么这种行为就达不到传递信息的目的。低成本者要告诉对方我是低成本类型从而阻止别人进入，就得定一个比短期垄断更低的价格。只有在一种行为需要相当大的成本，因而别人不敢轻易效仿时，这种行为才能起到传递信息的作用。

二、序贯理性

在第二章我们已经知道，博弈的纳什均衡是一种"僵持"状态的策略组合，当所有的参与者都选择该策略组合中给出的相应策略时，任何一个参与者都不会有单方面偏离这一选择的动机。作为动态博弈，一个策略是参与者在其可能进行行动选择的所有信息集上将作何选择的一整套规定或计划，而作为不完全信息博弈，这种规定或计划还是"类型依存"的，即不同类型的参与者将选择不同的策略计划。因此，一个不完全信息动态博弈的纳什均衡将是指这样的一种类型依存性的策略组合，当给定其他参与者的策略时（其他参与者的策略是类型依存的，所以我们说给定其他参与者的策略即指给定其他参与者的策略与类型的依存关系），任一参与者在其任何类型下由该组合给出的类型依存策略都是其最优的。显然，这里还需要附加一个条件，即给定参与者对其他参与者的类型分布的先验概率，而且这个先验概率 $P_i(\theta_{-i} \mid \theta_i)$ 是参与者的共同知识，否则他将无法对选择的"最优性"加以判断。这种概率分布或密度来自博弈开始之前参与者所拥有的信息，故称为"先验"信息或"先验"概率。

条件概率 $P_i(\theta_{-i} \mid \theta_i)$ 是先验的，因为它是博弈所给定的条件，来自博弈开始之前参与者 i 关于其他参与者类型的相关信息。当然，"自然"这个"参与者"并不包括在由下标 i 标记的 n 个参与者之中，但由海萨尼转换所假定的参与者"自然"首先行动，它决定每一个参与者的类型。但每个参与者除了自己能"观察"到自己的类型外，对于其他参与者的类型是只具有不完全信息的。

动态博弈与静态博弈的一个本质区别在于动态博弈均衡中存在对"序贯理性"的

要求。序贯理性是不完全信息动态博弈求解均衡的基本要求。也就是说，在博弈的任意决策节上（包括未被经过的），没有参与者有改变其策略的动机，那么该判断是序贯理性的。因此，我们需要对博弈的纳什均衡加以精炼，以剔除含有不可置信承诺和威胁的均衡，这就是下面将要引入的精炼贝叶斯纳什均衡。

序贯理性在完全信息动态博弈中指的是参与者在任一子博弈上都选择最优的行动计划，而精炼均衡要求所有参与者的策略在任一子博弈上都是其在给定其他参与者策略选择下的该子博弈上的最优策略，即纳什均衡策略。在不完全信息动态博弈中，信息集不一定是单节的，此时，序贯理性指的是任一参与者在从其任一信息集开始的随后的博弈中（后续博弈）所选择的行动计划都是最优的。对于任一参与者来说，当他处于某一信息集 h 上时，他对其他的每一个参与者的类型有一个概率判断。在不完全信息动态博弈中，他在此时并不准确地知道其他参与者的类型是什么，但知道其他参与者的类型为每一种特定的类型组合的概率是多少。于是，假定所有参与者都是风险中性的，则他将根据这种概率分布来选择使他的期望支付最大化的行动计划。

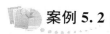
案例 5.2

黔驴技穷

"黔驴技穷"的故事来自柳宗元的《黔之驴》，这个故事说的是，黔地（这里的黔并非贵州）这个地方本来没有驴，有一个喜欢多事的人用船运来一头驴。运到后却没有什么用处，就把它放置在山脚下。老虎看到它是一个庞然大物，把它作为神来对待，躲藏在树林里偷偷看它。老虎渐渐小心地出来接近它，不知道它是什么东西。有一天，驴叫了一声，老虎十分害怕，远远地逃走，认为驴要咬自己。但是老虎来来回回地观察它，觉得它并没有什么特殊的本领。老虎渐渐地熟悉了驴的叫声，又前前后后地靠近它，但始终不与它搏斗。老虎渐渐地靠近驴子，态度更加不庄重，时常冒犯它。驴非常生气，用蹄子踢老虎。老虎很高兴，盘算这件事说："驴的技艺仅仅只是这样罢了！"于是老虎跳起来大吼了一声，咬断了驴的喉咙，吃光了它的肉。

这个故事里面的老虎采取的对策和信念密切相关。它一开始看到驴是庞然大物，以为是神，这个就是先验概率，后来又仔细观察驴的行动，多次修正先验概率，最后认为驴"技止此耳"，得到后验概率，然后根据后验概率，采取新的对策，咬死了驴。老虎的对策在给定的信念下是最优的；它的信念又是根据对手的策略不断进行修正的。因此，老虎的信念修改满足贝叶斯法则，同时老虎的对策也是满足序贯理性的要求的。

三、精炼贝叶斯均衡

为了研究不完全信息动态博弈的均衡，1991 年弗登伯格和梯若尔首先提出了"精炼贝叶斯均衡"（perfect Bayesian equilibrium）的概念。为介绍精炼贝叶斯均衡的概念，我们考虑如下几个不完全信息动态博弈（经过海萨尼转换之后已经成为完全不完美信息动态博弈）。

首先，参与者 1 在 3 个行动中进行选择——L、M 及 R，如果参与者 1 选择了 R，则博弈结束（不需要参与者 2 行动）；如果参与者 1 选择了 L 或 M，则参与者 2 就会知道参与者 1 没有选择 R（但不清楚参与者 1 是选择了 L 还是 M），并在 L' 或 R' 两个行动中进行选择，博弈随之结束。收益情况由图 5-2 所示。

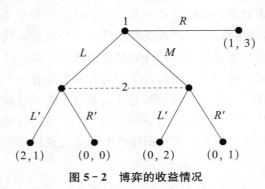

图 5-2　博弈的收益情况

这个博弈实际上只有一个子博弈。因为参与者 2 虽然后行动，但是他并不知道参与者 1 究竟选择了什么。因此我们可以将这个博弈转化为一个策略式表述博弈（见表 5-2）。

表 5-2　　　　　　　　策略式表述

		参与者 2	
		L'	R'
参与者 1	L	2, 1	0, 0
	M	0, 2	0, 1
	R	1, 3	1, 3

从表 5-2 的策略式表述，我们可以发现存在两个纯策略纳什均衡 $(L，L')$ 和 $(R，R')$。为确定这些纳什均衡是否符合子博弈精炼纳什均衡的条件，我们先明确博弈的子博弈。如果一个博弈只有一个子博弈，则子博弈精炼纳什均衡条件（具体地说，即参与者的策略在每一个子博弈中均构成纳什均衡）自然就得到满足。从而在只有一个子博弈的博弈中，子博弈精炼纳什均衡的定义便等同于纳什均衡的定义，于是在表 5-2 中，$(L，L')$ 和 $(R，R')$ 都是子博弈精炼纳什均衡。然而，$(R，R')$ 却又明显要依赖于一个不可置信威胁：如果轮到参与者 2 行动，则选择 L' 要优于选择 R'，于是参与者 1 便不会由于参与者 2 威胁他将在其后的行动中选择 R' 而去选择 R。换言之，参与者 1 认为参与者 2 选择 R' 不过是一个空头威胁。

上面的例子反映了一个问题，即在信息完全但不完美的博弈中，尽管 $(R，R')$ 是子博弈精炼纳什均衡，但是它依赖于一个不可置信的空头威胁，应该从合理的预测中将其排除。问题出现的原因是，参与者 2 不知道参与者 1 若不选择 R，他究竟选择了 L 还是 M。在附加的条件中，将要求参与者 2 对这个问题有一定的推断，并在这

172

个推断下采取最优的策略行动。为此要进一步强化均衡概念，以排除图 5-2 中的不合理的子博弈精炼纳什均衡。首先我们对均衡附加以下两个要求。

要求 1： 在每一个信息集中，应该行动的参与者必须对博弈进行到该信息集中的哪个节有一个推断。对于非单节信息集，推断是在信息集中不同节点的一个概率分布；对于单节信息集，参与者的推断就是到达此单一决策节的概率为 1。

要求 2： 给定参与者的推断，参与者的策略必须满足序贯理性的要求。即在每一个信息集中应该行动的参与者（以及参与者随后的策略），对于给定的该参与者在此信息集中的推断，以及其他参与者随后的策略（其中"随后的策略"是在达到给定的信息集之后，包括了其后可能发生的每一种情况的完全的行动计划）必须是最优反应。

在图 5-2 中，要求 1 意味着如果博弈进行到参与者 2 的非单节信息集，则参与者 2 必须对具体到达哪一个节（也就是参与者 1 选择了 L 还是 M）有一个推断。这样的推断就表示为到达两个节的概率 p 和 $1-p$，见图 5-3。

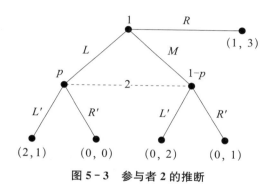

图 5-3 参与者 2 的推断

给定参与者 2 的推断，选择 R' 的期望收益就等于 $p \cdot 0 + (1-p) \cdot 1 = 1-p$，而选择 L' 的期望收益等于 $p \cdot 1 + (1-p) \cdot 2 = 2-p$。由于对任意的 p，都有 $2-p > 1-p$，要求 2 就排除了参与者 2 选择 R' 的可能性，从而，在本例中简单要求每一个参与者持有一个推断，并且在此推断下选择最优行动，就可以排除不合理的均衡 (R, R')。

要求 1 和要求 2 只保证了参与者持有推断，并对给定的推断选择最优行动，但并没有明确这些推断是否理性。为进一步约束参与者的推断，我们需要区分处于均衡路径上的信息集和不处于均衡路径上的信息集。为此，首先给出如下定义。

定义 5.1 对于一个给定的扩展式博弈中的均衡，如果博弈根据均衡策略进行时将以正的概率达到某信息集，我们称此信息集处于均衡路径上。反之，如果博弈根据均衡策略进行时肯定不会达到某信息集，我们称之为不在均衡路径上的信息集。（其中均衡可以是纳什均衡、子博弈精炼均衡、贝叶斯均衡以及精炼贝叶斯均衡。）

要求 3： 在处于均衡路径上的信息集中，推断由贝叶斯法则及参与者的均衡策略给出。

例如，在图 5-3 的子博弈精炼纳什均衡 (L, L') 中，参与者 2 的推断一定是

$p=1$：给定参与者 1 的均衡策略（具体地说为 L），参与者 2 知道已经到达了信息集中的哪一个节。作为要求 3 的另一种说明（假定性的），设想在图 5-3 中存在一个混合策略均衡，其中参与者 1 选择 L 的概率为 q_1，选择 M 的概率为 q_2，选择 R 的概率为 $1-q_1-q_2$。要求 3 则强制性规定参与者 2 的推断必须为 $p=q_1/(q_1+q_2)$。

要求 1 到要求 3 包含了精炼贝叶斯均衡的主要内容，这一均衡概念最为关键的新特征要归功于克瑞普斯和威尔逊（1982）：在均衡的定义中，推断被提高到和策略同等重要的地位。正式地讲，一个均衡不再只是由每个参与者的一个策略所构成，还包括两个参与者在该他行动的每一个信息集中的一个推断。通过这种方式使参与者推断得以明确的好处在于，和前面我们强调参与者选择可信的策略一样，现在我们就可以强调参与者持有理性的推断，无论是处于均衡路径上（要求 3），还是处于均衡路径之外（后面的要求 4）。

在简单的经济学应用中，比如信号博弈——要求 1 到要求 3 不仅包括了精炼贝叶斯博弈的主要思想，而且还构成了它的定义。不过，在更为复杂的经济学应用中，为剔除不合理的均衡，还需引入进一步的要求。不同的学者使用过不同的精炼贝叶斯均衡定义，所有的定义都包括要求 1 到要求 3，绝大多数同时包含了要求 4；还有的引入了更进一步的要求。我们用要求 1 到要求 4 作为精炼贝叶斯均衡的定义。

要求 4：对不在均衡路径上的信息集，推断由贝叶斯法则以及可能情况下的均衡策略决定。

定义 5.2 满足要求 1 到要求 4 的策略和推断构成博弈的精炼贝叶斯均衡。

对要求 4 再给出一个更为精确的表述，有助于我们理解"可能情况下的均衡策略"的含义。我们通过图 5-4 和图 5-5 中的三个参与者的博弈来说明并理解要求 4 的必要性。

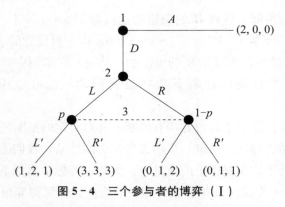

图 5-4 三个参与者的博弈（Ⅰ）

考虑此博弈的一个子博弈：它开始于参与者 2 的信息集。这一子博弈（参与者 2 和参与者 3 之间的）唯一的纳什均衡为 (L, R')，于是子博弈唯一的子博弈精炼纳什均衡为 (D, L, R')。这一组策略和参与者 3 的推断 $p=1$ 满足了要求 1 到要求 3，而且也简单地满足了要求 4，因为没有不在这一均衡路径上的信息集，于是构成了一个精炼贝叶斯均衡。

下面考虑策略 (A, L, L') 以及相应的推断 $p=0$。这组策略是一个纳什均衡，没有参与者愿意单独偏离这一结果。这一组策略及推断也满足要求 1 到要求 3，参与者 3 有一个推断并根据它选择最优行动。但是，这一纳什均衡不是精炼贝叶斯纳什均衡，因为博弈中的子博弈有唯一的纳什均衡为（L，R'），这也说明要求 1 到要求 3 并不能保证参与者的策略是子博弈精炼纳什均衡。为什么会出现这样的问题呢？问题在于参与者 3 的推断 $p=0$ 与参与者 2 的策略 L 并不一致，但要求 1 到要求 3 并没有对参与者 3 的推断进行任何限制，因为如果按给定的策略进行博弈将不会到达参与者 3 的信息集。不过，要求 4 强制参与者 3 的推断取决于参与者 2 的策略：如果参与者 2 的策略为 L，则参与者 3 的推断必须为 $p=1$；如果参与者 2 的策略为 R，则参与者 3 的推断必须为 $p=0$。但是，如果参与者 3 的推断为 $p=1$，则要求参与者 2 又强制参与者 3 的策略为 R'，于是策略（A，L，L'）及相应推断 $p=0$ 不能满足要求 1 到要求 4。根据定义，策略（A，L，L'）以及相应的推断 $p=0$ 不能构成精炼贝叶斯均衡。在这里，要求 4 的作用是排除了一个不合理的纳什均衡与推断，尽管这组策略及推断满足要求 1 到要求 3。

为进一步理解要求 4，假设图 5-4 稍做改变成为图 5-5：现在参与者 2 多出了第三种可能的行动 A'，也可以令博弈结束（为使表示简化，这一博弈略去了收益情况）。和前例相同，如果参与者 1 的均衡策略为 A，则参与者 3 的信息集就不在均衡路径上。如果参与者 2 的策略为 A'，则要求 3 就对参与者 3 的推断没有任何限制，但如果参与者 2 的策略为以 q_1 的概率选择 L，以 q_2 的概率选择 R，以 $1-q_1-q_2$ 的概率选择 A'，则要求 4 就限定了参与者 3 的推断为 $p=q_1/(q_1+q_2)$。

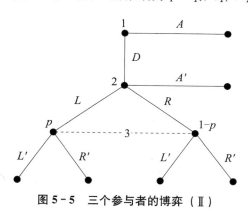

图 5-5　三个参与者的博弈（Ⅱ）

现在我们讨论几种均衡概念之间的关系。在纳什均衡中，每一个参与者的策略都必须是其他参与者策略的一个最优反应，于是没有参与者会选择严格劣策略。在精炼贝叶斯均衡中，要求 1 和要求 2 事实上就是要保证没有参与者的策略是始于任何一个信息集的劣策略。纳什均衡及贝叶斯纳什均衡对不在均衡路径上的信息集则没有这方面的要求，即使是子博弈精炼纳什均衡也只是要求纳什均衡在每个子博弈上实现，对某些不在均衡路径上的信息集并没有这方面的要求，例如那些不包含在任何子博弈内的信息集。精炼贝叶斯均衡弥补了这一缺陷：参与者不可以使用起始于任何信息集的严格劣策略，即使该信息集不在均衡路径上。

泽尔滕：颤抖手精炼均衡

"颤抖手精炼均衡"（trembling hand perfect equilibrium）概念是泽尔腾提出的对纳什均衡的又一个改进，也叫做"颤抖手均衡"。其基本思想是：在任何一个博弈中，每个局中人都有一定的犯错误的可能性（类似一个人在用手抓东西时，手一颤抖，他就抓不住他想抓的东西）。当一个策略组合是一个颤抖手精炼均衡时，它必须具有如下性质：各局中人 i 要采用的策略不仅在其他局中人不犯错误时是最优的，而且在其他局中人偶尔犯错误（概率很小，但大于 0）时还是最优的。可以看出，颤抖手均衡是一种较稳定的均衡。

从博弈论中我们知道，泽尔腾的这种颤抖手均衡也是一种精炼贝叶斯均衡。大致说来，泽尔腾假定，在博弈中存在一种数值极小但又不为 0 的概率，即在每个博弈者选择对他来说所有可行的一个策略时，可能会偶尔出错，这就是所谓的"颤抖手"。一个博弈者的均衡策略是在考虑到其对手可能"颤抖"（偶尔出错）的情况下对其对手策略选择所做的最好的策略回应。单从这一点来看，在演化博弈论中，最初的演化稳定性的出现并不完全来自博弈双方的理性计算，而实际上可能是随机形成的（往往取决于博弈双方"察言观色"的一念之差）。按照这一分析思路，我们也可以认为，人们对一种习俗（演化稳定性）的偏离也可能出自泽尔腾所说的那种人们在社会博弈中的"颤抖"。

第二节　信号博弈

一、信号传递与信号机制

在经济学的研究文献中，信号博弈作为一种特殊的不完全信息动态博弈得到了广泛的应用。正是信号博弈以一种十分特别的视角去理解很多令人感到迷惑的经济现象，信号博弈以及博弈论作为一种方法论才在主流经济学中产生了巨大的影响。

信息的不完全和不对称往往对拥有信息的一方和缺乏信息的一方都会有不利的影响。从拥有私人信息的一方来说，虽然许多时候保守秘密对自己有利，但也存在希望将私人信息传递给他人的情况。例如，在二手车交易问题中，拥有货真价实的二手车的卖方希望将自己二手车的质量信息传递给买方，希望买方了解真实情况。当求职者有真才实学的时候，也非常想让招工单位了解自己的真实水平。从缺乏信息的一方来说，更是希望尽可能多地掌握信息，以克服自己的信息不完全性。但问题是信息的真实性是没有保障的，许多拥有私人信息者有欺骗的动机，而缺乏信息者又很难判断信息的真伪。因此，在信息不完全、不对称的情况下，传递信息和克服信息不完全的困难并不是一件简单的事情。

在某些情况下，拥有信息的一方的确有欺骗对方的动机，从而就破坏了整个信息传递的机制。例如足球比赛里面出现罚点球的情况，假设主罚点球的运动员在准备射门时说道："我会射到右边。"守门员会相信吗？当然不能。因此，在双方利益不完全一致的情况下，并不是所有的行为都能传递信息，能有效传递信息的行为必须满足一定的性质和条件。通常把能有效地传递信息的行为笼统地称为行为信号，先看一些有趣的例子。

第一个例子是萨摩亚群岛上的居民对文身的看法，在萨摩亚群岛上，武士有很高的地位，但要成为一名武士，首要条件是必须有一身好的文身。文身之所以成为该岛选择武士的标准，显然不是因为它本身对打仗杀敌有什么特别的作用，靠文身是吓不倒敌人的，而是因为该岛居民相信，只有能够忍受文身的巨大痛苦的青年，才是有巨大勇气的，而足够的勇气正是成为好武士的必要条件，这就是文身成为该岛挑选武士标准的根本原因，即文身反映了青年人的品质并传递了部落想了解的信息。

另一个例子是波纳佩岛上的一种奇异风俗，在该岛上，谁能种出特别大的山药，谁的社会地位就高，谁就能赢得人们的尊敬并可担任公共职务，形成这种传统的原因同样也不是因为大山药本身有什么神奇的威力，也不是因为种出大山药就会拥有魔法，而是因为该岛居民相信，能种出比别人更大的山药的人，一定比别人更有智慧，这样的人更能胜任公共职务，管理好岛上的重大事务。这就是说，种出大山药是因为它能够反映出种植者的过人智慧，这也是一种传递人们无法直接了解的信息的机制。

实际上除了人类社会以外，动物世界也有类似的情况，例如，根据生物学的研究，孔雀开屏纯粹是雄孔雀向雌孔雀传递有关自身健康和良好素质的主要信号机制，因为雄孔雀开屏本身除了吸引雌孔雀以外，对雄孔雀并没有其他实际的意义，反而可能会给自己增加危险，并且浪费能量。演化博弈论中讨论的蛙鸣问题实际上也具有同样的性质，也就是说蛙鸣在很大程度上可能也是雄蛙向雌蛙发出有关自身素质信息的一种方式，类似的例子在动物世界中还有许多。

通过对前面所举例子的分析不难发现，一种行为要成为能够传递信息的信号，能够形成一种信号机制，关键不是它是否具有实际意义（事实上文身、种山药和孔雀开屏等对于它们针对的对象都没有实际的用处），而在于它必须是有成本代价的行为，而且通常对于不同"品质"（勇气大小、聪明程度、健康强壮程度等）的发信号方，成本代价要有差异。如果一种行为没有成本，或者不同"品质"的发信号方采用这种行为的成本代价没有差异，那么"品质"差的发信号方会发出与"品质"好的发信号方同样的信号，以伪装成"品质"很好，从而使信号机制失去作用。例如，若文身和种出大山药对谁都很轻松容易的话，它们就不会得到如此重视并成为获得社会地位的手段。

二手车交易中讨论的"昂贵的承诺"实际上也可以被看做一种信号机制。这是商业活动中利用信号机制的一个典型例子。产品市场常常是信息极不完全的，因为消费者通常对所购买的产品只有很有限的知识，并不总是能够识别产品的真实质量，或者辨别是不是假冒伪劣产品，因此很容易出现逆向选择、劣质产品赶走优质产品、市场完全失灵等低效率的状况。在这种市场中，生产经营优质产品的厂商必须想办法将产品质量的信息传递给消费者，将自己的优质产品与其他厂商的劣质产品区别开来，做不到这一点就可能会比伪劣产品更早地被赶出市场。当然，生产优质产品的厂商仅仅声称自己的产品是优质产品往往是没有用的，因为这样做没有成本或只有少量广告成本，搞假冒伪劣的厂商也可以这么做。生产优质产品的厂商只能通过某种有成本而且产品质量越优成本越高的方法传递有关自己产品质量的信息。"质量三包"和"假一罚十"等"昂贵的承诺"就是有效的方法。

之所以"质量三包""假一罚十"能够有效传递产品质量的信息，原因在于"质量三包"和"假一罚十"是有代价的承诺。生产优质产品的厂商由于产品质量高，退货、返修或索赔的比例不会高，因此虽然做出上述承诺可能会增加一些成本，但肯定在可以承受的范围之内。而且有了这些承诺，消费者才可以放心消费，厂商的销售和利润才会大幅度上升，最终对生产优质产品的厂商肯定是有利的。如果生产劣质产品的厂商也承诺"质量三包""假一罚十"，那么由于它们的产品质量差，退货、返修或索赔的比例肯定大大高于生产优质产品的厂商，它们肯定要亏本，因此它们肯定不敢承诺"质量三包"或"假一罚十"（除非承诺可以不兑现）。因此，在厂商的承诺必须兑现的情况下，生产劣质产品的厂商一般是不敢做与生产优质产品的厂商同样的承诺的。这样，生产优质产品的厂商就成功地将产品质量信息传递给了消费者。

因此，承诺行动在信号博弈里面是很重要的一种传递信号的手段。

二、信号博弈模型

具体来说，信号博弈通常描绘的是两个参与者之间的二阶段不完全信息动态博弈，其中，首先行动的参与者的类型不为后行动的参与者所知，他只知道首先行动的参与者的不同类型的先验概率分布。后行动参与者试图从他所观察到的首先行动的参与者所选择的行动中对其类型做出概率判断，从而选择自己的最优行动。

在这种博弈中，后行动者主要关心的是先行动者的类型可能是什么，而先行动者也知道这一点。因此先行动者有动机或者试图告诉后行动者他的真实类型，或者相反，他可能会试图欺骗后行动者，而努力将有关其类型的虚假信息告诉后行动者。当然，先行动者可以直接告诉后行动者他的类型是什么，但仅凭这种口头的承诺并不能使后行动者真正相信他所说的。如果他要后行动者相信他的话，他就必须做出一种努力，这种努力会使他蒙受一定的损失或存在一种成本。这种成本是当他仅是这种类型时才能支付的，否则他不能承担这种成本。我们称这种成本支付是一种信号。通过它，先行动者能告诉后行动者他的真实类型。当然，说谎者也可以发出信号，并让后行动者难以准确判断其真实类型，如果这样做对先行动者有利的话。譬如，文凭就是需要支付成本的一种信号，因为读书取得文凭是需要支付机会成本的一种活动，不同能力的人对这种成本的承受力是不同的。所以，雇主就可通过文凭去判断雇员的能力情况并据此支付不同的薪水。在金融市场上，如果一个厂商需要在金融市场上融资，但投资者对其真实的盈利能力具有不完全信息，那么，真正有高盈利能力的厂商就可以通过向投资者支付较高的权益份额来使自己区别于低盈利能力的厂商，从而让投资者识别出自己的真实类型而投资，而低盈利能力的厂商由于对自己的真实盈利能力心知肚明，所以不敢模仿高盈利能力的厂商，从而它承诺的权益份额就较低，投资者不会将资金投入该厂商。

因此，信号博弈的基本特征是博弈方分为信号发出方和信号接收方两类，先行动的信号发出方的行为对后行动的信号接收方来说具有传递信息的作用，信号博弈其实是这些具有信息传递机制的动态贝叶斯博弈的总称，许多博弈或信息经济学问题都可以归结为此类博弈。

如今，信号模型已被十分广泛地应用于经济学的许多领域。信号博弈作为典型的不完全信息动态博弈的例子，包含两个参与者：发出方（记为 S）与接收方（记为 R），博弈是动态的，博弈的时间顺序规定如下：

（1）自然按照概率分布 $p(t_i)$ 为发出方 S 从一个可行类型空间中选取类型 t_i，其中 $p(t_i)>0$ 对每一个 i 都成立，且 $p(t_1)+\cdots+p(t_n)=1$；

（2）发出方 S 观察到 t_i 后，从一个可行信号集 $M=\{m_1，\cdots，m_s\}$ 中选取一个发送信号 m_j；

（3）接收方 R 观察到信号 m_j（注意，不是观察到 t_i），然后从可行行动集 $A=\{a_1，\cdots，a_g\}$ 中选择一个行动 a_k；

（4）双方收益分别为 $u_S(t_i，m_j，a_k)$ 与 $u_R(t_i，m_j，a_k)$。

这里，我们简单地将类型空间、可行信号集与可行行动集定义为有限集合，在实际应用中，它们常常表现为连续统的区间，显然，此时可行信号集依赖于类型空间，而可行行动集则依赖于发出方发出的信号。

现在我们考虑图 5-6 所展示的博弈。这是一个简单的抽象信号博弈，其中 N 表示自然，$T=\{t_1，t_2\}$，$M=\{m_1，m_2\}$，$A=\{a_1，a_2\}$，图中 p 及 $1-p$ 表示自然选择类型时的概率分布。注意，这个博弈依时间顺序应先从自然 N 开始行动，但我们不能将博弈的开头表示为如图 5-7 所示。

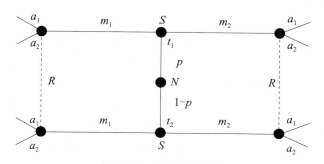

图 5-6　抽象信号博弈

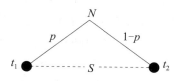

图 5-7　错误的开头表示方法

图 5-7 的表示是错误的，因为在图 5-7 中，发出方不知道自己属于何种类型，但在事实上，发出方知道自己的类型。而正确的图 5-6 告诉我们，只有接收方 R 不知道 S 的类型，他只能依据发出方发出的信号来选择自己的行动。

在任何博弈中，参与方的策略其实都是一个完整的行动计划，在参与者可能被要求采取行动的每一个偶然场合，一个策略确定了该场合下的一个可行行动。在信号博弈中，发出方的纯策略是根据自然抽取的可能类型来选取相应的信号的，因此，信号可视作类型 t 的函数 $m(t_i)$。而接收方的纯策略是信号的函数 $a(m_j)$，即根据观察到的发出方发出的信号确定自己的行动。在图 5-6 的信号博弈中，发出方 S 与接收方 R 各有 4 个纯策略。

发出方的纯策略为：

发出方 S 的策略 1，记为 $S(1)$：若自然抽取 t_1，选择 m_1；若自然抽取 t_2，仍选择 m_1；

发出方 S 的策略 2，记为 $S(2)$：若自然抽取 t_1，选择 m_1；若自然抽取 t_2，则选择 m_2；

发出方 S 的策略 3，记为 $S(3)$：若自然抽取 t_1，选择 m_2；若自然抽取 t_2，则选择 m_1；

发出方 S 的策略 4，记为 $S(4)$：若自然抽取 t_1，选择 m_2；若自然抽取 t_2，仍选择 m_2。

接收方的纯策略为：

接收方 R 的策略 1，记为 $R(1)$：若 S 发出 m_1，选择 a_1；若 S 发出 m_2，仍选择 a_1；

接收方 R 的策略 2，记为 $R(2)$：若 S 发出 m_1，选择 a_1；若 S 发出 m_2，则选择 a_2；

接收方 R 的策略 3，记为 $R(3)$：若 S 发出 m_1，选择 a_2；若 S 发出 m_2，则选择 a_1；

接收方 R 的策略 4，记为 $R(4)$：若 S 发出 m_1，选择 a_2；若 S 发出 m_2，仍选择 a_2。

三、信号博弈的精炼贝叶斯均衡

我们注意到一个事实，发出方 S 的纯策略中的 $S(1)$ 与 $S(4)$ 有一个特点，对于自然抽取的不同类型，S 选择相同的信号，具有这类特点的策略被称为混同（pooling）策略。至于 $S(2)$ 与 $S(3)$，由于对不同的类型发出不同的信号，故将其称为分离（separating）策略。由于在这个简单情况中各种集合只有两个元素，因此局中人的纯策略也只有混同与分离这两种，假如类型空间的元素多于两个，那么就有部分混同策略或半分离（semi-separating）策略。实际上，各种类型分为不同的组，对于给定的类型组中的所有类型，发出方发出相同的信号，而对于不同组的类型则发出不同的信号。当然，图 5-6 中的博弈只分混同与分离这两种策略是针对纯策略来说的，在这两种类型的扩展式博弈中，也存在混合策略，若自然抽取 t_1，S 选择 m_1；而若自然抽取 t_2，S 在 m_1 和 m_2 这两个信号中随机选择，这样的混合策略被称为杂合（hybrid）策略。为使问题简化，我们只讨论纯策略。

因为发出方在选择信号时知道博弈进行的全过程，这一选择发生于单节信息集

（对自然可能抽取的每一种类型都存在一个这样的信息集）。从而，把精炼贝叶斯均衡的要求 1 应用于发出方时就无须附加任何条件；相反，接收方在不知道发出方类型的条件下观察到发出方的信号并选择行动，也就是说接收方的选择处于一个非单节信息集（对发出方可能选择的每一种信号都存在一个这样的信息集，而且在每一个这样的信息集中，各有一个节对应于自然可能抽取的每一种类型）。我们把要求 1 应用于接收方可得到：

信号要求 1 在观察到 M 中的任何信号 m_j 之后，接收方必须对哪些类型可能会发送 m_j 持有一个推断。这一推断用概率分布 $\mu(t_i \mid m_j)$ 表示，其中对所求 T 中的 t_i，$\mu(t_i \mid m_j) \geqslant 0$，而且有：

$$\sum_{t_i \in T} \mu(t_i \mid m_j) = 1$$

给定发出方的信号和接收方的推断，再描述接收方的最优行为便十分简单，接收方可以选择使自己效用最大化的行动。接收方只能观察到 m_j 而无法观察到 t_i，所以只能依据推断 $\mu(t_i \mid m_j)$ 来计算自己的期望效用，把要求 2 应用于接收方可以得到：

信号要求 2R 对 M 中的每一个 m_j，在给定哪些类型可能发送 m_j 的推断 $\mu(t_i \mid m_j)$ 的条件下，接收方的行动 $a^*(m_j)$ 必须使接收方的期望效用最大化，即 $a^*(m_j)$ 为下式的解：

$$\max_{a_k \in A} \left\{ \sum_{t_i \in T} \mu(t_i \mid m_j) U_R(t_i, m_j, a_k) \right\}$$

要求 2 同样适用于发出方，但发出方有完全信息（及由此而来的单纯推断），并且只在博弈的开始时行动，于是要求 2 相对比较简单：对给定的接收方的策略，发出方的策略是最优反应。

信号要求 2S 对 T 中的每一个 t_i，在给定接收方策略 $a^*(m_j)$ 的条件下，发出方选择的信号 $m^*(t_i)$ 必须使发出方的效用最大化，即 $m^*(t_i)$ 为下式的解：

$$\max_{m_j \in M} \left\{ U_S[t_i, m_j, a^*(m_j)] \right\}$$

最后，给定发出方的策略 $m^*(t_i)$，令 T_j 表示选择发出方信号 m_j 的类型集合，也就是说，如果 $m^*(t_i) = m_j$，则 t_i 为 T_j 中的元素。如果 T_j 不是空集，则对应于信号 m_j 的信息集就处于均衡路径上；否则，如果任何类型都不选择 m_j，其对应的信息集则处于均衡路径之外。对处于均衡路径上的信号，把要求 3 运用于接收方的推断，可以得到：

信号要求 3 对每一个 M 中的 m_j，如果在 T 中存在 t_i 使得 $m^*(t_i) = m_j$，则接收方对应于 m_j 的信息集中所持有的推断必须决定于贝叶斯法则和发出方的策略：

$$\mu(t_i \mid m_j) = \frac{p(t_i)}{\sum_{t_i \in T_j} p(t_i)}$$

定义 5.3 信号博弈中一个纯策略精炼贝叶斯均衡为一对策略 $m^*(t_i)$ 和 $a^*(m_j)$ 以及推断 $\mu(t_i \mid m_j)$，满足信号要求 1、2R、2S 及 3。

根据发出方的策略到底是混同的还是分离的，我们就称相应的均衡分别为信号博弈的混同均衡或分离均衡。

下面，我们求解图 5-8 中两阶段博弈的纯策略精炼贝叶斯均衡。请注意这里自然抽取每一种类型的可能性是相等的，我们分别用（p，$1-p$）和（q，$1-q$）表示接收方在其两个信息集内的推断。

在这个具有两个类型、两种信号的博弈中，由于发出方有 4 个纯策略，信号博弈有 4 个可能的纯策略精炼贝叶斯均衡。现在我们将图 5-6 中的博弈树赋予得益向量（见图 5-8），然后来计算纯策略精炼贝叶斯均衡。

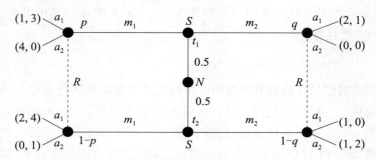

图 5-8 赋予得益向量的抽象信号博弈

1. 混同均衡 m_1

发出方的这个纯策略表明，不管发出方的类型是 t_1 还是 t_2，总是发出同样信号 m_1，可以用（m_1，m_1）表示，向量中第一个和第二个元素分别对应于类型 t_1 和 t_2 发出的信号。假如博弈存在一个均衡，其中发出方的纯策略是（m_1，m_1），那么图 5-8 左边接收方的信息集当然在均衡路径上，我们可以通过信号要求 3 计算出接收方的推断为（p，$1-p$）＝（0.5，0.5）。在这个推断下（事实上，在任何其他推断下也一样），接收方在观察到信号 m_1 之后的最优反应是 a_1，因为从得益来看，此时 a_2 显然是接收方的严格劣策略。从而类型 t_1 与 t_2 的发出方分别获得收益 1 与 2。

那么，两种类型的发出方是否都愿选取信号 m_1 呢？这需要确定如果发出方发出信号 m_2，接收方将如何做出反应以及在相应反应下发出方的得益究竟如何。试想接收方对信号 m_2 的反应是采取行动 a_2，此时类型 t_1 与 t_2 的发出方的得益分别为 0 与 1，这少于他们发出信号 m_1 肯定能获得收益 1 与 2，就是说，如果接收方对信号 m_2 的反应是 a_2 的话，不管哪种类型的发出方都不愿发送信号 m_2。如果接收方对于信号 m_2 的反应是采取行动 a_1，那么类型 t_2 的发出方的得益为 1，少于他发出信号 m_1 后的得益 2，但是，类型 t_1 的发出方的得益为 2，它超过了若发出信号 m_1 后的得益 1。由此，如果接收方对信号 m_2 的反应是 a_1 的话，类型 t_1 的发出方愿意发出信号 m_2。注意我们已经假设存在博弈的均衡，其中发出方的策略是（m_1，m_1），那么在这样的均衡中，接收方对 m_2 的反应必定是 a_2。于是在这个均衡中，接收方的策略是（a_1，a_2），其中第一个元素是对信号 m_1 的反应，第二个元素是对信号 m_2 的反应。要使接收方的策略（a_1，a_2）是均衡策略，我们必须计算一下接收方的得益，显然，我们只需要检查一下当信号为 m_2 时接收方采取 a_1 与 a_2 的期望得益，由于在该信息集

上推断为 $(q,1-q)$，因此，接收方取 a_1 的期望得益为 q，取 a_2 的期望得益为 $2(1-q)$，要使接收方在观察到信号 m_2 后不偏离均衡策略 a_2，必须使 $2(1-q) \geqslant q$，即 $q \leqslant 2/3$。

结论：$[(m_1,m_1),(a_1,a_2),p=0.5,q \leqslant 2/3]$ 构成博弈的混同均衡（精炼贝叶斯均衡）。

2. 混同均衡 m_2

发出方的纯策略是 (m_2,m_2)，由先验概率也可得 $q=0.5<2/3$，根据以上的分析，接收方对于 m_2 的最优反应是 a_2。这样，类型 t_1 的发出方的得益为 0，类型 t_2 的发出方的得益为 1，可是，由于接收方对 m_1 的最优反应是 a_1（不论 p 为何值），因此类型 t_1 的发出方若发出信号 m_1，则得益为 1。可见，发出方的纯策略 (m_2,m_2) 不可能是均衡策略，因为他完全可以偏离该策略从而提高自己的收益。

结论：不存在混同均衡 m_2。

3. 分离均衡：类型 t_1 发出信号 m_1，类型 t_2 发出信号 m_2

如果存在一个均衡，其中发出方的纯策略为 (m_1,m_2)，那么接收方的两个信息集（图 5-8 左右两边）都在均衡路径上，于是两个推断都可由贝叶斯法则与发出方的策略确定，例如对于 p 而言，

$$p = \mu(t_1 \mid m_1) = p(t_1)/p(t_1) = 1 \tag{5-4}$$

同样可得：

$$1-q = \mu(t_2 \mid m_2) = p(t_2)/p(t_2) = 1 \tag{5-5}$$

即

$$q = 0$$

给定推断 $p=1$，接收方的最优反应仍是 a_1，给定推断 $q=0$，接收方的最优反应是 a_2。因此，两种类型的发出方的得益均为 1。现在我们需要检验一下在给定接收方的策略 (a_1,a_2) 下，发出方的 (m_1,m_2) 是否最优呢？图 5-8 明确地告诉我们，类型 t_2 的发出方如果偏离这个策略不发信号 m_2 而发出 m_1，那么由于接收方反应为 a_1 而使类型 t_2 发出方的得益为 2，这比他发送信号 m_2 时得到更好的得益，于是在给定接收方策略 (a_1,a_2) 的情况下，发出方会有主动偏离 (m_1,m_2) 的可能，故不存在这样的均衡，其中发出方的策略为 (m_1,m_2)。

结论：不存在分离均衡：类型 t_1 发出信号 m_1，类型 t_2 发出信号 m_2。

4. 分离均衡：类型 t_1 发出信号 m_2，类型 t_2 发出信号 m_1

发出方的纯策略为 (m_2,m_1)，我们可以利用贝叶斯法则与发出方的策略确定接收方的两个推断：$p=0$ 与 $q=1$。在给定这两个推断的情况下，接收方的最优反应是 (a_1,a_1)，从而类型 t_1 与 t_2 的发出方的得益均为 2。仍然要看看发出方是否会单方面偏离。

如果类型 t_1 发出方偏离而发出信号 m_1，那么由于接收方对 m_1 的反应是 a_1，因而类型 t_1 发出方的得益仅为 1；如果类型 t_2 发出方偏离而发出信号 m_2，接收方反应仍为 a_1，发出方的得益也为 1。显然，无论发出方属于何种类型，都不可能激励他偏离策略 (m_2,m_1)。

183

结论： $[(m_2，m_1)，(a_1，a_1)，p=0，q=1]$ 构成信号博弈的分离均衡（精炼贝叶斯均衡）。

四、公司融资和资本结构

公司融资是一个典型的信号博弈。考虑一个企业家已经注册了一个公司，但需要对外融资以投入一个颇具吸引力的项目。公司的盈利能力其实是企业家的私人信息，但是对投资者来说新项目的收益无法从原公司的收益中分析出来，因此投资者所能观测到的只有公司总的利润水平。假设公司向潜在投资者承诺一定的股权份额，以换取必要的资金。那么，在什么条件下应该上马新项目，并且承诺的股权份额应该为多少？这是下面要讨论的公司融资和资本结构问题。

为把上述问题转化为一个信号博弈，假设现存公司的利润要么高，要么低：$\pi=L$ 或 H，这里 $H>L>0$。为表现出新项目是具有吸引力的，假设需要的投资为 I，将得到的收益为 R，潜在投资者以其他方式投资的收益率为 r，且 $R>I(1+r)$。博弈的时间顺序和收益情况如下：

（1）自然决定现存公司的利润状况，$\pi=L$ 的概率为 p；

（2）企业家了解到 π，然后向潜在投资者承诺一定的股权份额 s，这里 $0\leqslant s\leqslant 1$；

（3）投资者观测到 s（但不能观测到 π），然后决定是接受还是拒绝这一开价；

（4）如果投资者拒绝开价，则投资者的收益为 $I(1+r)$，企业家的收益为 π，如果投资者接受开价，则投资者的收益为 $s(\pi+R)$，企业家的收益为 $(1-s)(\pi+R)$。

假设投资者在接收到开价 s 之后，投资者推断 $\pi=L$ 的概率为 q，即 $\mu(\pi=L|s)=q$，则当且仅当

$$s[qL+(1-q)H+R]\geqslant I(1+r) \tag{5-6}$$

时，投资者将接受 s，愿意投资的期望效用为 $s[qL+(1-q)H+R]$。

当且仅当

$$s\leqslant R/(\pi+R) \tag{5-7}$$

时，投资者愿意接受 s，对企业家来讲，假设现存公司的收益为 π，并愿意以股权份额 s 为代价获得融资，接受投资者的资金 I 以后新项目的收益为 R。

考虑这个信号博弈中是否存在混同均衡。假如存在混同均衡，那么企业家无论 $\pi=H$ 或者 $\pi=L$，都将会向投资者提出相同的开价 s。投资者在观察到 s 之后，对原来公司收益为高还是低的推断 $\mu(\pi=L|s)=q$ 应该等同于"自然"选取 $\pi=L$ 的先验概率 p，即 $q=p$。投资者认为企业家愿以 s 换取 I 的充要条件是式（5-7），而 $\pi=L$ 比 $\pi=H$ 更容易使式（5-7）成立，或者说，当 $\pi=H$ 时，式（5-7）的成立相对更困难一些。给定 $q=p$，综合式（5-6）与式（5-7）可知，仅当

$$\frac{I(1+r)}{pL+(1-p)H+R}\leqslant\frac{R}{H+R} \tag{5-8}$$

时，混同精炼贝叶斯均衡的确存在。当 $p\rightarrow 0$ 时，式（5-8）几乎成为 $R>I(1+r)$，这是我们在建立模型之初所假设的基本条件，也就是说，当 p 充分地接近于 0 时，式（5-8）成立，因为 $R>I(1+r)$，博弈存在混同均衡。但是，当 p 充分接近于 1 时，

仅当

$$R - I(1+r) \geq \frac{I(1+r)H}{R} - L$$

时，式（5-8）才成立。直观理解，混同均衡的困难之处是，高利润类型必须补贴低利润类型。在式（5-6）中令 $q=p$，可得 $s \geq I(1+r)/[pL+(1-p)H+R]$，如果投资者确信 $\pi = H$（即相信公司是高利润的，$p=0$），则他将接受较小的股权份额 $s \geq I(1+r)/(H+R)$。在混同均衡中，投资者以投资 I 要求得到较大的均衡股权份额对于高利润的公司来说过于昂贵，也许这样昂贵的索取使高利润的公司宁可放弃新项目。

倘若式（5-8）不成立，则不存在混同均衡，那么是否存在分离均衡呢？企业家的分离策略可写作 s_L 与 s_H，分别对应于低利润类型与高利润类型公司开出的股权份额。如前面所分析的那样，$s_L > s_H$，因为高利润公司不愿花费昂贵代价引进新项目。在给定推断 $\mu(L \mid s_L) = 1$ 下，低利润类型公司开出 $s_L = I(1+r)/(L+R)$ 并为投资者所接受。不过此时投资无效率，因为投资者获得盈利 $I(1+r)$，这是他不参与该项投资就能得到的收益。在推断 $\mu(L \mid s_H) = 1$ 下，似乎也可以使 s_H 为 $I(1+r)/(L+R)$，但是由于前提条件是式（5-8）不成立，因此 $I(1+r)$ 与 R 几乎无差异。对于高利润类型公司来说，只有令 $s_H < I(1+r)/(L+R)$，才会感到可以降低昂贵的成本，否则它几乎没有挣钱反而承担一定的风险，从而不愿引进新项目，对于这样的 s_H 投资者肯定不会接受，因为他的收益还不如他不投资这个项目。这个均衡说明了发出方的可行信号集是无效率的：高利润类型的公司无法把自己的优势特色显示出来，对高利润类型的公司有吸引力的投资项目对低利润类型的公司更具吸引力。模型表现出的内在机制迫使公司寻求债务融资或寻找内部资金渠道。

五、KMRW 声誉模型及其应用

在现实世界中，人们大多数行为之间的相互作用或博弈是重复发生的，例如，公众与雇员之间的劳资协议；消费者在同一食品店购买食品，并经常购买同一品牌的产品；垄断市场的厂商进入问题；各国之间的关税谈判；中央政府与地方政府的利益分配（如分税制）；政府税收方案与公司行为；央行的货币政策与公众的预期行为；等等。我们把在博弈中参与者重复遇到策略相互作用的博弈称为"重复博弈"。在博弈论的理论体系中，重复博弈也是重要内容之一。

重复博弈是指有同样结构的博弈重复多次，其中的每次博弈被称为阶段博弈。例如市场进入博弈中的两个厂商（在位者和进入者）就"进入"问题反复博弈；具有广泛意义的囚徒困境进行多次等。重复博弈是扩展式博弈的特殊形式。正如前面已经讨论的结论，重复博弈有如下几个特征：

（1）重复进行的各阶段博弈的结构不变；

（2）所有参与者都观测到博弈过去的历史；

（3）重复博弈中对参与者的总支付是所有各阶段博弈支付的贴现值之和或加权平均值。

在完全信息情况下，不论博弈重复多少次，只要重复的次数是有限的，唯一的子博弈精练纳什均衡就是每个参与者在每次博弈中选择静态均衡策略，即有限次重复不可能导致参与者的合作行为。特别地，在有限次重复囚徒困境博弈中，每次都选择"坦白"是每个囚徒的最优策略。这一结果似乎与人们的直观感觉不一致。阿克谢罗德（1981）的实验结果表明，即使在有限次重复博弈中，合作行为也频繁出现。1982 年，克瑞普斯、米尔格罗姆、罗伯茨和威尔逊建立的声誉模型（被称为 KMRW 声誉模型）通过将信号博弈引入重复博弈，对这种现象做了很合理的解释。他们证明，参与方对其他参与方收益函数或策略空间的不完全信息对均衡结果有重要影响，只要博弈重复的次数足够多（没有必要是无限次的），合作行为在有限次博弈中会出现。特别地，为了发送对自己有利的信号，"坏人"可能在相当长一段时期内表现得像"好人"一样。

1. KMRW 模型的内容

我们以囚徒困境为例说明 KMRW 模型。假定囚徒 1 有两种类型，理性的或非理性的概率分别为 $1-p$ 和 p。假定囚徒 2 只有一种类型，即理性的。假定理性的囚徒可以选择任何策略。阶段博弈的得益矩阵如表 5-3 所示；非理性的囚徒 1 由于某种原因，只有一种策略，即"针锋相对"：开始选择"抵赖"，然后在 t 阶段选择囚徒 2 在 $t-1$ 阶段的选择（即"你抵赖我就抵赖，你坦白我就坦白"）。博弈的顺序如下：

（1）自然首先选择囚徒 1 的类型，囚徒 1 知道自己的类型，囚徒 2 只知道囚徒 1 理性的概率是 $1-p$，非理性的概率是 p；

（2）两个囚徒进行第一阶段博弈；

（3）在观测到第一阶段博弈的结果后进行第二阶段博弈；在观测到第二阶段博弈的结果后，进行第三阶段博弈，如此等等；

（4）理性囚徒 1 和囚徒 2 的得益是阶段博弈的收益的贴现值之和（假定贴现因子 $\delta=1$）。

表 5-3　　　　　　　　　　囚徒困境

		囚徒 2	
		坦白	抵赖
囚徒 1	坦白	-8, -8	0, -10
	抵赖	-10, 0	-1, -1

首先讨论博弈只重复两次（$T=2$）的情况。用 C 代表"坦白"，D 代表抵赖（因此 C 代表非合作行为，D 代表合作行为）。与完全信息情况一样，在最后阶段（$T=2$），理性囚徒 1 和囚徒 2 都将选择 C，非理性囚徒 1 的选择依赖于囚徒 2 在第一阶段的选择。在第一阶段，非理性囚徒 1 选择 D（根据假定）；理性囚徒 1 的最优选择仍然是 C，因为他的选择不会影响囚徒 2 在第二阶段的选择。因此，我们只需要考虑囚徒 2 在第一阶段的选择（X），他的选择将影响非理性囚徒 1 在第二阶段的选择，如表 5-4 所示。

表 5 - 4   博弈重复两次

	$T=1$	$T=2$
非理性囚徒 1	D	X
理性囚徒 1	C	C
囚徒 2	X	C

如果选择 $X=D$，囚徒 2 的期望收益是：

$$[p\times(-1)+(1-p)\times(-10)]+[p\times0+(1-p)\times(-8)]=17p-18$$

其中等式左边第一项是第一阶段的期望收益，第二项是第二阶段的期望收益。

如果选择 $X=C$，囚徒 2 的期望收益是：

$$[p\times0+(1-p)\times(-8)]+(-8)=8p-16$$

因此，如果条件 $17p-18\geq8p-16$ 即 $p\geq2/9$ 被满足，囚徒 2 将选择 $X=D$。

换言之，如果囚徒 1 属于非理性的概率不小于 2/9，囚徒 2 将在第一阶段选择抵赖（合作）。

现在考虑博弈重复三次（$T=3$）的情况。假定 $p\geq2/9$，如果理性囚徒 1 和囚徒 2 在第一阶段都选择 D（合作），那么第二、三阶段的均衡路径与表 5 - 4 相同（其中 $X=D$），总的路径如表 5 - 5 所示。

表 5 - 5   博弈重复三次的均衡

	$T=1$	$T=2$	$T=3$
非理性囚徒 1	D	D	D
理性囚徒 1	D	C	C
囚徒 2	D	D	C

首先考虑理性囚徒 1 在第一阶段的策略。当博弈重复三次时，C 不一定是理性囚徒 1 在第一阶段的最优选择，因为尽管选择 C 在第一阶段可能得到 0 单位的最大收益（如果囚徒 2 选择 D），但暴露出他是理性的，囚徒 2 在第二阶段就不会选择 D。理性囚徒 1 在第二阶段的最大收益是（-8）；但如果选择 D，不暴露自己是理性的，理性囚徒 1 可能在第一阶段得到（-1）而在第二阶段得到 0。

给定囚徒 2 在第一阶段选择 D，如果理性囚徒 1 选择 D，囚徒 2 的后验概率不变，因而在第二阶段和第三阶段选择（D，C），理性囚徒 1 的期望收益是：

$$(-1)+0+(-8)=-9$$

如果理性囚徒 1 在第一阶段选择 C，暴露自己的理性特征，囚徒 2 将在第二阶段和第三阶段选择（C，C），理性囚徒 1 的期望收益是：

$$0+(-8)+(-8)=-16$$

因为 $-9\geq-16$，理性囚徒 1 的最优选择是 D（没有兴趣偏离表 5 - 4 的策略）。

现在考虑囚徒 2 的策略。囚徒 2 有三种策略，分别为（D，D，C）、（C，C，C）和（C，D，C）。给定理性囚徒 1 在第一阶段选择 D（第二、三阶段选择 C），囚徒 2 选择（D，D，C）的期望收益为：

$$(-1)+[p\times(-1)+(1-p)\times(-10)]+[p\times0+(1-p)\times(-8)]=17p-19$$

如果囚徒2选择 (C,C,C)，博弈路径如表5-6所示，期望收益是：

$$0+(-8)+(-8)=-16$$

表5-6 第二种合作策略

	$T=1$	$T=2$	$T=3$
非理性囚徒1	D	C	C
理性囚徒1	D	C	C
囚徒2	C	C	C

因此，(D,D,C) 优于 (C,C,C)，如果：

$$17p-19\geqslant-16 \text{ 即 } p\geqslant3/17$$

因为假定 $p\geqslant2/9$，上述条件被满足。

如果囚徒2选择 (C,D,C)，博弈路径如表5-7所示，期望收益是：

$$0+(-10)+[p\times0+(1-p)\times(-8)]=8p-18$$

表5-7 第三种合作策略

	$T=1$	$T=2$	$T=3$
非理性囚徒1	D	C	D
理性囚徒1	D	C	C
囚徒2	C	D	C

因此，(D,D,C) 优于 (C,D,C)，如果：

$$17p-19\geqslant8p-18 \text{ 即 } p\geqslant1/9$$

因为假定 $p\geqslant2/9$，上述条件被满足。

上述分析表明，只要囚徒1是非理性的概率 $p\geqslant2/9$，表5-5所示的策略组合就是一个精炼贝叶斯均衡：理性囚徒1在第一阶段选择 D，然后在第二阶段和第三阶段选择 C，囚徒2在第一阶段和第二阶段选择 D，然后在第三阶段选择 C。将任何一个囚徒选择 C 的阶段称为非合作阶段，两个囚徒都选择 D 称为合作阶段，那么，容易看出，只要 $T>3$，非合作阶段的总数量就等于2，与 T 无关。在以上的讨论中，我们假定只有囚徒1的类型是私人信息（单方非对称信息）。在这个假设下，如果 $p<2/9$，合作均衡不能作为精炼贝叶斯均衡出现（在假定的参数下）。但是，如果假定两个囚徒的类型都是私人信息，也就是说，每个囚徒都有 $p>0$ 的概率是非理性的，那么，不论 p 多么小（但严格大于0），只要博弈重复的次数足够多，合作均衡就会出现。

KMRW 定理：在 T 阶段重复囚徒困境博弈中，如果每个囚徒都有 $p>0$ 的概率是非理性的，如果 T 足够大，那么存在一个 $T_0<T$，使得下列策略组合构成一个精炼贝叶斯均衡：所有理性囚徒在 $t\leqslant T_0$ 阶段选择合作（抵赖），在 $t>T_0$ 阶段选择不合作（坦白）；并且非合作阶段的数量（$T-T_0$）只与 p 有关而与 T 无关。

KMRW 定理告诉我们：每一个囚徒在选择合作时都冒着被其他囚徒出卖的风险（从而可能得到一个较低的现阶段收益），若他选择不合作，就暴露了自己是非合作型

188

的，从而失去获得长期合作收益的可能，如对方是合作型的话。如果博弈重复的次数足够多，未来收益的损失就超过短期被出卖的损失，在博弈的开始，每一个参与者都想树立一个合作的形象，即使他在本性上并不是合作型的；只有在博弈快结束的时候，参与者才会一次性地把自己过去建立的声誉利用尽，合作才会停止（因为此时，短期收益很大而未来损失很小）。

关于 KMRW 定理的一个很好的解读是，一个人干坏事还是干好事常常并不取决于他到底是好人还是坏人，而取决于别人认为他是好人还是坏人，因为坏人也有动力去建立一个好人的形象以谋取长远利益。正所谓①：

> 赠君一法决狐疑，不用钻龟与祝蓍。
> 试玉要烧三日满，辨材须待七年期。
> 周公恐惧流言日，王莽谦恭未篡时。
> 向使当初身便死，一生真伪复谁知？

2. KMRW 模型的应用：货币政策

接下来我们应用 KMRW 模型来分析宏观经济学中的一个重要问题，政府的货币政策。假定公众认为政府有两种可能的类型：强政府或弱政府。强政府从来不制造通货膨胀；弱政府有兴趣制造通货膨胀，但通过假装强政府，可以建立一个不制造通货膨胀的声誉。公众不知道政府的类型，但可以通过观测通货膨胀率来推断政府的类型。特别地，一旦政府制造了通货膨胀，公众就认为政府是弱政府，在理性预期下，政府在随后阶段的通货膨胀不能带来任何产出或就业的好处。因此我们要讨论的是在什么条件下弱政府将选择不制造通货膨胀。

政府从自身目标出发，希望通货膨胀率 π 为 0，但希望产出 y 能达到有效率的水平 y^*。我们可以把政府的收益用下式表示：

$$U(\pi, y) = -c\pi^2 - (y - y^*)^2$$

另外，我们假设 $b<1$ 反映了产品市场上垄断力量的存在（从而如果没有意料外的通货膨胀，则真实产出小于有效率的产出水平），且 $d>0$ 表示意料外的通货膨胀通过真实工资对产出的作用，由此我们可以将政府的单阶段收益重新表示为：

$$W(\pi, \pi^e) = -c\pi^2 - [(b-1)y^* + d(\pi - \pi^e)]^2$$

这里，π 为真实通货膨胀率，π^e 为公众对通货膨胀率的预期值，y^* 为有效率的产出水平。公众的收益为 $-(\pi - \pi^e)^2$，即公众总是简单地试图正确预测通货膨胀率，在 $\pi = \pi^e$ 时他们达到收益最大化（最大化收益为 0）。在两阶段模型中，每一个参与者的收益都是各参与者单阶段收益的简单相加，$W(\pi_1, \pi_1^e) + W(\pi_2, \pi_2^e)$ 和 $-(\pi_1 - \pi_1^e)^2 - (\pi_2 - \pi_2^e)^2$，其中 π_t 为 t 阶段的真实通货膨胀率，π_t^e 为公众（在 t 阶段开始时）对 t 阶段通货膨胀率的预期。

收益函数 $W(\pi, \pi^e)$ 中的参数 c 反映了政府在零通货膨胀率和有效率产出两个目标之间的替代，现在我们假定这一参数只是政府的私人信息，$c = S$ 或 W [分别表示

---

① 引自白居易的《放言五首·其三》。

对治理通货膨胀的态度强硬（strong）或软弱（weak）]，这里 $S>W>0$，从而两阶段博弈的时间顺序如下：

(1) 自然赋予政府某一类型 c，$c=W$ 的概率为 p；

(2) 公众形成他们对第一期通货膨胀率的预期 π_1^e；

(3) 政府观测到 π_1^e，其后选择第一期的真实通货膨胀率 π_1；

(4) 公众观测到 π_1（而不能观测到 c），然后形成他们对第二期通货膨胀率的预期 π_2^e；

(5) 政府观测到 π_2^e，然后选择第二期的真实通货膨胀率。

从这一两阶段货币政策博弈当中可以抽象出单阶段信号博弈。发出方的信号为政府对第一期真实通货膨胀率水平的选择 π_1，接收方的行动为公众对第二期通货膨胀率的预期 π_2^e。公众对第一期通货膨胀率的预期以及政府对第二期真实通货膨胀率水平的选择分别为信号博弈之前及之后的行动。

在单阶段问题中，给定公众的预期 π^e，政府对 π 的最优选择为：

$$\pi^*(\pi^e) = \frac{d}{c+d^2}[(1-b)y^* + d\pi^e] \tag{5-9}$$

同样的论证结论意味着如果政府的类型为 c，给定预期 π_2^e，则其对 π_2 的最优选择为：

$$\pi_2^*(\pi_2^e, c) = \frac{d}{c+d^2}[(1-b)y^* + d\pi^e] \tag{5-10}$$

预测到这一点，如果公众推断 $c=W$ 的概率为 q，并据此开始第二阶段的博弈，则他们将选择 $\pi_2^e(q)$，以使下式最大化：

$$-q[\pi_2^*(\pi_2^e, W) - \pi_2^e]^2 - (1-q)[\pi_2^*(\pi_2^e, S) - \pi_2^e]^2 \tag{5-11}$$

在混同均衡中，两种类型所选择的第一期通货膨胀率相同，不妨以 π^* 表示，于是，公众第一期的预期为 $\pi_1^e = \pi^*$。在均衡路径上，公众推断 $c=W$ 的概率为 p，开始第二阶段的博弈，并形成预期的 $\pi_2^e(p)$，则类型为 c 的政府对给定的预期选择最优的第二期通货膨胀率水平。为完成对这样一个均衡的描述，还必须（同往常一样）明确接收方处于均衡路径之外的推断，根据式（5-11）计算相应的均衡路径之外的行为，并检验这些均衡路径之外的行为对任何类型的发出方都不会使其有动机偏离均衡。

在分离均衡中，不同类型选择的第一期通货膨胀率水平不同，分别以 π_W 和 π_S 表示，于是公众第一阶段的预期为 $\pi_1^e = p\pi_W + (1-p)\pi_S$。在观测到 π_W 之后，公众推断 $c=W$ 并开始第二阶段的博弈，形成预期 $\pi_2^e(1)$；类似地，观测到 π_S 后形成的预期为 $\pi_2^e(0)$。在均衡中，软弱类型选择 $\pi_2^*[\pi_2^e(1), W]$，强硬类型则选择 $\pi_2^*[\pi_2^e(0), S]$，博弈结束。为完成对这一均衡的描述，不仅要明确接收方均衡路径之外的推断和行动，并检验没有任何类型的发出方将有动机偏离，这和前面相同；而且还要检验两种类型都没有动机去伪装其他类型的行为。

在这一博弈中，软弱类型可能会在第一阶段被吸引选择 π_S，从而诱使公众第二阶段的预期为 $\pi_2^e(0)$，并在其后选择 $\pi_2^*[\pi_2^e(0), W]$，博弈结束。这是由于即使 π_S 较低，软弱类型有些不情愿，但这样一来会使 $\pi_2^e(0)$ 非常低，从而软弱类型的政府有机会从第二阶段的预料外通货膨胀 $\pi_2^*[\pi_2^e(0), W] - \pi_2^e(0)$ 之中获得巨大收益。在分离均衡中，强硬类型选择的第一期通货膨胀率水平必须足够低，使软弱类型没有动力去伪装成强硬类型，即使在第二阶段可获得预料外通货膨胀的好处。对许多参数的值，这一约束使 π_S 低于强硬类型在完全信息下将会选择的通货膨胀率水平。

前面我们强调了承诺行动在子博弈精炼纳什均衡中的重要性。在精炼贝叶斯纳什均衡中，承诺行动同样重要。一种行动要起到某种传递信息的功能，行动者必须为此付出代价（成本），否则所有其他类型的参与者都会模仿（或不相信）。也就是说，只有负担成本的承诺行动才可信。在这里，第一期的通货膨胀率水平就是政府发送的信号。这种信号可能传递了某种关于政府类型的信息。

第三节　逆向选择与道德风险

一、信息不对称问题概述

在博弈中，信息不对称是指某些参与者拥有但另一些参与者不拥有某信息。假定你以 15 万元购买了一辆新车并行驶了 100 公里，然后决定出售该小汽车，小汽车本身并没有什么问题，或许仅仅因为你需要钱做其他事情。奇怪的是，这样的一辆车通常要比一辆新车的价格低 20％ 甚至更多。也就是说，即使你只行驶了 100 公里，车也是崭新的，并有一张转让给新车主的保证书，它也许最多卖 12 万元。如果你是未来的车主，你自己也许不会支付多于 12 万元的价钱。为什么仅仅因为小汽车是二手车，其价值就降低了那么多呢？要回答这个问题，可以换一换角度，将你作为未来的买主并想一想你所关心的问题：为什么这辆车要出售？是车主真的改变了他对车的想法呢，还是车有什么问题？或许这辆车本身就是一个次品？

上面的分析告诉我们，用过的车之所以比新车售价低得多，是因为消费者对旧车的质量存在信息不对称问题。旧车的车主对车的了解要比未来的买主多得多。买主可以请一个技工来检查旧车，但出售旧车的车主对车已有经验，因而对它更加了解，结果一辆旧车的未来买主总是对它的质量有疑虑，并且这种疑虑是有道理的。完全类似地，我们发现保险、信贷甚至就业市场都具有信息不对称的特点。

市场经济的有效运行靠的是价格这只"看不见的手"在调节，然而价格调节带来效率是有前提条件的，其中最重要的前提条件就是完全信息，即生产者和消费者拥有一切做出正确决策所需要的信息。然而完全信息只是一种理想化的假设。在现实世界中，信息是不对称的，当一家公司招聘员工时，对于应聘者的真实能力公司是不清楚的。当投保人向保险公司投保时，如果是人身保险或寿险，保险公司也拿不准投保人身体健康状况的真实情况。当消费者在购买产品时，不能掌握有关产品质量的全部信息。商业银行在为一个项目贷款时，一般也不能对项目的风险有完全准确的估计。

对于这样的一些有关信息不对称的问题，在进行博弈分析的时候都可以将其看做不完全信息博弈，其中的绝大多数都是不完全信息动态博弈。为了方便分析，现在对众多的信息不对称加以归类，我们将其分为以下几种。

1. 事前的隐藏信息博弈

这类博弈包括逆向选择、信号传递、信息甄别。

逆向选择的著名例子是阿克洛夫的二手车市场问题。信号传递其实就是信号博弈，我们在上一节已经进行了分析，其代表性例子还有斯彭斯的文凭信号模型。信息甄别是一种解决事前信息不对称的机制设计，它是通过分离均衡而达到对不同类型局中人加以识别的目的，本质上与信号博弈类似。在这类信息不对称博弈中，包括保险市场、金融市场、垄断者价格歧视问题、公司内部持股比例、公司资本结构等模型。在保险公司与投保人之间签订保险合约时，保险公司不是很清楚投保人的健康状况。商业银行在贷款给公司时，对公司的还款能力也不是很清楚。垄断者在销售其产品时，不是很清楚顾客的需求强度，因而设计一些歧视性价格来发现顾客的需求强度类型，此时博弈表现为信息甄别。公司内部持股比例越高，说明公司越好，因为内部人比外部投资者更清楚公司的实力，这也是一种信号传递博弈。公司资本结构也会向外部投资者发送有关公司实力的信号，这是事前信息不对称的一种解决方案。

2. 事后的隐藏信息博弈

这是一种道德风险模型所表达的情形。在这类博弈中，有股东与经理之间、债权人与债务人之间、经理与销售人员之间、雇主与雇员之间、原告或被告与代理律师之间的委托-代理关系。经理作为股东的代理人，可能会做出利己但损害股东利益的道德风险行为。债务人可能将债权人借给他的钱用于高风险项目，从而损害债权人的利益。销售人员可能未尽心尽力推销公司产品，但又将不良的销售业绩归咎于市场需求不足等。

3. 事后的隐藏行动博弈

这也是一类道德风险模型所描述的情形。当投保人在取得保险合约之后，不保重身体（有不良的生活习惯如饮酒、吸烟等）或不注意防盗、不注意汽车保养，佃农不努力劳作、经理不努力经营、雇员不努力工作、债务人不控制项目风险、房东不加强房屋修缮、房客不注意房屋维护、议员不真正代表选民利益、政府官员不廉洁奉公、律师不努力办案时，事后的隐藏行动的道德风险就出现了。对一个社会来说，犯罪分子的犯罪行为可以被看做一种严重的道德风险。

总的来看，信息不对称可按时间将在"事前"和"事后"发生的可能性分为事前不对称和事后不对称，也可按内容将不对称分为"行动上的不对称"和"知识上的不对称"，分别称为"隐藏行动"和"隐藏信息"。

道德风险的出现是因为委托人不能完全观察到代理人的行为，而代理人活动的结果尽管能被观察到，但这种结果不完全是代理人行动选择的结果，而是代理人行动与其他随机性因素共同作用的结果。并且，委托人不能将代理人行动与随机因素的作用完全区分开来，这样就产生了委托-代理问题。

需要指出的是，同一个委托-代理关系可以存在多种信息不对称属性，如雇主知道雇员的能力但不知道其努力水平，这是一个隐藏行动的道德风险问题；但若雇主和雇员本人在签约时都不知道雇员的能力，雇员本人在签约后发现了自己的能力（雇主仍不知），则问题就是一个隐藏信息的道德风险问题。若雇员开始就知道自己的能力而雇主不知，则是逆向选择问题。若雇员开始就知道自己的能力而雇主不知且若雇员在签约前就获得学历证书，则问题就是信号传递问题。若雇员是在签约后根据工资合同的要求去接受教育，则问题就是信息甄别问题。关于委托-代理问题，我们在下一节再详细讨论。

逆向选择、信号传递及信息甄别博弈实际上都是在事前的信息不对称环境下的博弈，后两者可以被看做解决逆向选择问题的机制设计。信号传递和信息甄别机制在解决逆向选择问题时是相似的。

二、逆向选择问题的产生

1. 二手车市场的逆向选择

假定在一个二手车市场有高质量车和低质量车两种二手汽车，再假定卖方和买方都知道哪一种车是高质量的，哪一种车是低质量的。在图 5-9 (a) 中，S_H 和 D_H 分别表示高质量二手车的供给曲线和需求曲线。在图 5-9 (b) 中，S_L 和 D_L 分别表示低质量二手车的供给曲线和需求曲线，在图中 S_H 高于 S_L，这是因为高质量车的车主更不愿与自己的车分离，从而必须得到更高的价格才愿意出售。同样，D_H 高于 D_L，这是因为买主愿为高质量车支付更多的钱。如图 5-9 所示，高质量车的市场价格是 12 万元，低质量车是 8 万元，每种车出售的数量都是 50 000 辆。

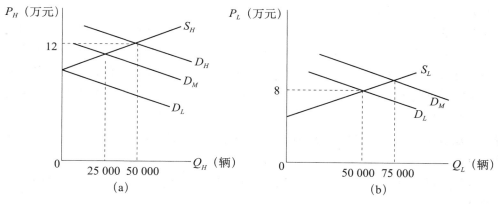

图 5-9　二手车市场

在现实生活中，二手车的卖主对车的质量比买主要知道得多得多。我们考虑，如果卖主知道车的质量而买主不知道会发生什么情况。在高质量车和低质量车各占 50% 的情况下（即各为 50 000 辆），买主可能会认为他们买到的二手车是高质量车的可能性是 50%，因此，在购买时，买主会把所有的车都看做中等质量车。在图 5-9 中，对中等质量车的需求用 D_M 表示，它低于 D_H 但高于 D_L，现在将有较少的高质量车（25 000辆）和较多的低质量车（75 000 辆）售出。

当消费者明白大多数售出的车（3/4）都是低质量车时，他们的需求曲线又会进一步移动，因为这意味着平均来说汽车是中低质量的。结果需求曲线还将左移，使汽车的组合进一步转向低质量车，这一移动会持续下去，直到低质量车全都卖完。在这一点上，市场价格太低而不能使任何高质量车进入市场出售，因此，消费者只能认为他们购买的任何车都是低质量的，这就是崭新的、状况良好的二手车所能出售的价格比新购买的车价格低得多的原因。由于信息不对称，低质量产品把高质量产品赶出了市场，形成市场失灵。高质量车往往无法形成交易，这种现象类似于金融学中的"劣币驱逐良币"，其根本原因是信息不对称造成了逆向选择。

2. 保险市场的逆向选择

为什么超过 65 岁的人几乎难以以任何价格买到医疗保险？老年人得严重疾病的风险比其他年龄的人大得多，为什么保险的价格不上升以反映这一较高的风险呢？原因就是信息不对称。即使保险公司坚持所有投保人都要进行医疗检查，购买保险的人对他们自身总的健康情况的了解也要比任何保险公司所希望知道的多得多，结果就像二手车市场那样，出现了逆向选择。由于不健康的人可能更需要保险，因此不健康的人在被保险人总数中的比例提高了，这迫使保险价格（投保人所交的保险费）上升，从而使那些较健康的人（知道自己是低风险的）做出不投保的选择，这进一步提高了不健康的人的比例，而这又迫使价格进一步上升，如此下去，直到几乎所有想买保险的人都是不健康的人。在这一点上，出售保险就变得无利可图了。

逆向选择还会在其他方面使保险市场的运作出现问题。假定一家保险公司想为某一特定事件例如导致财产损失的车祸提供保险单，它选择一个目标人群——30～40岁的男性——来推销这种保险单，并且它估计了这一组别中发生事故的概率。这一目标人群中的一些人发生事故的概率很低，大大低于 1％；而另一些人发生事故的概率很高，大大高于 1％。如果保险公司不能区分高风险和低风险的人，它会将保险费建立在所有人的平均水平上，即事故的可能性为 1％。由于人们拥有的信息较多，那些事故可能性低的人会选择不买保险，而另一些事故可能性高的人会购买保险。这反过来会使买了保险的人的事故可能性提高到 1％以上，从而迫使保险公司提高其保险费。极端地说，只有那些很可能会遭受损失的人才会选择投保，使保险公司出售保险单不可行。

这类市场失灵由政府出面解决可能是一个不错的选择。政府通过为所有 65 岁以上的老人提供保险，消除了逆向选择问题。

3. 信贷市场的逆向选择

通过使用信用卡，许多人借钱而不提供任何抵押品。大多数信用卡都允许持卡人借入数千元，而许多人都有几张信用卡。信用卡公司通过对借款余额收利息来赚钱。但是信用卡公司或银行如何区分高质量借款人（有借有还的人）和低质量借款人（有借无还的人）呢？显然，借款人对他们会不会偿还比公司知道得多。逆向选择问题又一次出现了。信用卡公司和银行必须对所有借款人收取同样的利率，这会吸引较多的低质量借款人，迫使利率上升，进一步增加低质量借款人的人数，并进一步迫使利率上升，如此下去，直到所有借款人都是低质量的借款人。

事实上，信用卡公司和银行在一定程度上能够利用电子化的信用史来区分低质量和高质量的借款人，而这种电子化的信用史是它们之间经常分享的，它们消除或者大大削弱了信息不对称和逆向选择问题，否则这一问题可能使信贷市场无法运作。如果没有这些信用史，即使有信用的人也会发现借钱的代价极其高昂。

三、道德风险与风险分担

在经济学中，道德风险是指在信息不对称条件下，不完全合同使负有责任的经济行为主体不承担其行动的全部后果，在最大化自身效用的同时，做出不利于他人行动的现象。这个概念最早起源于海上保险，1963年美国数理经济学家阿罗将此概念引入经济学中，指出道德风险是个体行为由于受到保险的保障而发生变化的倾向。道德风险是一种客观存在的，相对于逆向选择的事后机会主义行为，是交易的一方由于难以观测或监督另一方的行动而导致的风险。

1. 道德风险

当一个人购买了保险，而一家信息有限的保险公司又不能准确地监督他的行为时，他的行为在购买保险之后可能改变，如买了医疗保险的人会让医生多开一些不必要的贵重药品；买了家庭财产盗窃险的人不愿花钱装加固锁；买了火灾险的大楼业主不再费心检查每一层楼的灭火设备是否齐全。这些行为都被称为道德风险或败德行为。换言之，道德风险是指保险降低了人们避免已保过险的事故的积极性。

道德风险从其名称来看，毕竟是道德范围内的事，无法由法律来对投保人实施强制性约束，在道德风险和犯罪行为之间有一条比较明确的界限。例如为房屋买了火灾险后就不注意采取防火措施，导致房屋失火，这就是道德风险。但如果投保人购买保险后放火把房屋烧了，这就构成了以获利为目的的纵火罪，这里的纵火越过了道德的界限，走向了犯罪。在有道德风险的情况下，保险公司可能被迫提高它们的保险费或者干脆拒绝对某些客户出售保险。

道德风险会加重逆向选择，如果车主在投保后完全放松对车的保护，那么本来失窃率就高的地区案发率会进一步上升，从而加重保险公司的负担。但两者并不相同，道德风险是由于人为的行为而提高了发生损失的可能性，而逆向选择则是由于投保人分布的偏向性而使保险公司赔偿率超过平均水平。

2. 风险分担

保险公司在设计保险费时必须解决这样一个问题：如何让投保人购买保险后仍然努力将损失的可能性降到最低和将损失的后果减少到最少。例如，保险公司希望投保人总是小心地保护自己的汽车，检查大楼的消防设施，或生病后仅购买一些必要的药品。显然，如果保险公司提供全额保险，这样的目的是达不到的。因为投保后的车主没有动力采取任何防护措施，即使汽车被盗，保险公司也会如数赔偿；买了火灾险的大楼业主也不会有积极性采取防火措施，即使大楼起火，保险公司也总会如数赔偿；投保后的病人也会尽量享受医疗服务，甚至可以贿赂医生给他多开贵重药物，反正由保险公司付钱。这种道德风险将使保险公司承担过大的压力。

另一个极端是，如果保险公司不提供任何保险，情况又会如何呢？如果没有汽车盗窃险，车主会安装贵重的防盗锁；如果没有火灾险，业主会仔细检查每一层楼的消防设施是否完好；如果没有健康保险，每个人都会保重身体并在生病时尽量减少医药开支。总之，如果由个人承担一切风险，他会努力将损失降低到最小。但是，如果没有保险业务，保险公司也就没有收入，确实想买保险的人也不能用保险来规避风险。由此看来会出现这样一对矛盾，保险太少意味着人们自己承担过多的风险，而保险太多又使人们制造出更大的风险。

如果人们减少风险损失的努力是可以被观察到的，那么保险公司可以通过观察到的信息，根据人们不同的努力程度来规定保险费。比如，保险公司可以根据大楼的防火、灭火设施的完善程度来确定火险费率。比如在西方国家，保险公司在规定车险费率时通常对青年人比中年人采取更高的收费标准，因为后者开车时普遍比前者更谨慎。对于这些比较容易搜寻的信息，保险公司可以有效地利用，但对于人们的绝大多数行为，保险公司是无法观察到的，所以作为一种折中的解决办法，保险公司会提供非全额保险，即让投保人承担部分风险，留给投保人一些风险让他们采取谨慎的保护性行为。当然究竟非全额保险的赔偿费占损失的多大比重，要根据不同险种和不同的风险及安装防护措施的程度来确定。这种部分保险制度其实可以理解为某种意义上的激励机制。

3. 劳动市场的效率工资

在完全竞争的市场中，工资与边际生产力的联系十分密切，工人会在工资等于其边际生产力时找到工作。工资的差别是由于生产率和职业的吸引力不同而产生的。因此，如果所有工人的生产率是相同的，或者说，如果公司清楚地知道每个工人的生产率，那么基于信息不对称的工资差别不可能持续很久，在发育良好的市场上，公司会在其他公司那里寻找低工资的工人，并试图将其争取过来，这一过程会继续下去，直到具有相同生产率并从事类似工作的工人获得相同的工资为止。

然而工人并没有对公司的忠诚，因为他们在其他雇主那里从事同样的工作也会得到同样的报酬。为了得到员工的忠诚和高质量的工作并减少工人跳槽，公司所采取的一种激励方式就是向工人支付比他们在其他地方所能得到的报酬更高的报酬。认为支付更高的工资能够形成具有更高生产率的劳动队伍的理论被称为效率工资理论。如果某一工人所获得的报酬比他在别处能够得到的报酬要高，那么他被解聘的成本确实很大。雇主支付高工资的一个原因是想提高工人在被解聘时的成本，工资越高，解聘的成本越大。

当然工人们知道，经理并不能总是监督他们。他们在偷懒也即减少工作努力程度所带来的好处和代价（即被察觉并被解聘）之间求得平衡。当一个工人认为他偷懒被察觉的概率很小时，他可能会经常偷懒，除非被察觉后受到的惩罚变得更大。相应地对那些日常监督成本很高或是工人可能造成重大损失的工作（如按错一个电钮可能毁坏一台机器的工作），雇主通常都支付高额工资，更高的工资增加了工人将工作做好的动力。

如果一家公司向其工人支付的工资水平是市场平均水平，工人就有偷懒的激励。

即使他们被抓到并被解聘,他们能够立即在其他公司以相同的工资就业。在这种情况下,解聘的威胁并不构成工人的成本,因此他们没有高效工作的激励。作为对不偷懒的激励,公司必须向工人提供较高的工资。在这个工资上,由于偷懒而被解聘的工人如果在另一家公司以市场平均工资被聘用,就面临工资的降低。如果工资的差异足够大,工人就会努力工作,这家公司就没有偷懒问题,这种不发生偷懒的工资就是效率工资。

效率工资本质上就是"信任性工资",这种"信任性工资"说明了为什么同类技能的工人在劳动密集型行业工作比在资本密集型行业工作的工资低,也说明了为什么受托照管现金的人(他们可能携款潜逃)通常比其他具有同样技能的人有更高的工资。他们取得高工资不是因为他们值得信任。相反,他们值得信任主要是因为他们具有高工资;失去这份高工资的威胁会减少某些道德风险的发生。

案例 5.3

福特汽车公司的效率工资

福特汽车公司既是一个技术创新者,又是一个制度创新者。导致福特汽车公司在汽车行业成功的不仅是其流水线应用的技术创新,而且是其效率工资应用的制度创新。在美国汽车行业迅速发展的 20 世纪初,汽车工人的工作流动性很强,这给公司的稳定发展带来了压力。而且,劳动市场的旺盛需求在一定程度上也助长了工人在劳动过程中的机会主义。

1914 年 1 月,亨利·福特开始向其工人支付每天 5 美元的工资。当时流行的工资为每天 2~3 美元,福特汽车公司的工资远远高于平均水平。求职者在福特汽车公司外排起了长队,为争抢工作岗位几乎发生骚乱。

亨利·福特后来回忆:"我们想支付这些工资,以便公司有一个持久的基础。我们为未来进行建设,低工资的公司总是无保障的。为每天 8 小时支付 5 美元是我们所做出的最好的减少成本的事之一。"通过支付高工资来降低成本显然不符合传统经济学的逻辑。但实际上,由于高工资带来的岗位稳定性的增强和工人劳动生产率的提高,成本确实降低了。当时的一份调查报告显示:"福特汽车公司的高工资使其摆脱了工人的惰性和生活中的阻力。工人绝对听话,而且可以很有把握地说,从 1913 年的最后一天以来,福特汽车公司的劳动成本每天都在下降。"高工资提高了工人的积极性,增强了公司的凝聚力,福特汽车公司雇员的辞职率下降了 87%,解雇率下降了 90%,缺勤率也下降了 75%。高工资带来了更高的劳动生产率,福特的汽车价格比对手便宜很多,汽车销售量从 1909 年的 58 000 辆直线上升至 1916 年的 730 000 辆。

四、就业市场中的文凭信号模型

斯彭斯运用信号博弈模型对文凭的功能做了一种博弈论的解释,即文凭具有一种揭示雇员真实能力的信号传递功能（Spence，1973）。斯彭斯作为三位信息经济学的创始人之一而荣获 2001 年的诺贝尔经济学奖，他所建立的这一模型事实上开创了广泛运用不完全信息动态博弈模型描述经济现象的先河。斯彭斯也是信号博弈研究的先驱者之一，他还是最早给出如精炼贝叶斯均衡等均衡概念定义的学者之一。斯彭斯模型是劳动经济学中的一个重要成果，它使我们对教育的作用有更多的认识。

文凭信号博弈也是一个信息不对称问题。该模型假定：

（1）雇员的类型是其工作能力，自然决定雇员的能力 η，以概率 q 为高能力雇员 H，以概率 $1-q$ 为低能力雇员 L。

（2）雇员发出的信号是其教育水平，记为 $e \in E$，$e \geqslant 0$。教育的成本为 $c(H, e)$ 或 $c(L, e)$；我们假设低能力雇员与高能力雇员相比，要取得同样的教育水平（文凭）需花费较大的成本，即低能力雇员受教育的边际成本高于高能力雇员，如图 5-10 所示。

$$c(L, e) > c(H, e) > 0$$

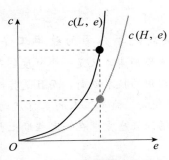

图 5-10 雇员受教育的成本

（3）公司观察到 e，决定雇员的工资 w。于是雇员的收益为 $w - c(\eta, e)$，雇员的无差异曲线为 $I(e, w) = w - c(\eta, e)$，斜率为 $k = \dfrac{\mathrm{d}I / \mathrm{d}e}{\mathrm{d}I / \mathrm{d}w} = c_e$。

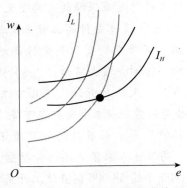

图 5-11 雇员的无差异曲线

设 $y(\eta, e)$ 为类型为 η 且教育水平为 e 的雇员的产出（见图 5-12）。公司的（边际）支付为 $y(\eta, e) - w$。假设公司之间在劳动市场上是竞争性的，因而在完全信息假定下利润为零，即：

$$w = y(\eta, e)$$

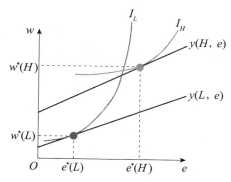

图 5-12   雇员选择教育水平

具有能力 η 的雇员选择教育水平 e 使得：

$$\max_{e}\{w - c(\eta, e)\} \qquad \text{s. t. } y(\eta, e) = w$$

一阶条件为：

$$\frac{\partial y(\eta, e^*)}{\partial e} = \frac{\partial c(\eta, e^*)}{\partial e}$$

最优解表示为 $e^*(\eta)$，对应的工资为 $w^*(\eta) = y[\eta, e^*(\eta)]$。

在劳动市场和公司之间是竞争性的条件下，有：

$$y[\eta, e^*(\eta)] = c[\eta, e^*(\eta)]$$

现在，我们在不完全信息假定下展开博弈分析。

作为信号博弈，该模型在一定的条件下分别存在分离均衡、混同均衡等。对于分离均衡（见图 5-13）来说，要求低能力雇员不能模仿高能力雇员，即低能力雇员如果模仿高能力雇员取得高学历文凭，则即使因此而获取高工资率 $w^*(H)$ 也不能补偿其过高的成本，于是有：

$$w^*(H) - w^*(L) < c[L, e^*(H)] - c[L, e^*(L)]$$

或

$$w^*(L) - c[L, e^*(L)] > w^*(H) - c[L, e^*(H)]$$

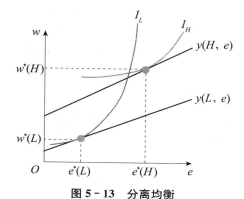

图 5-13   分离均衡

在有冒充的情形下，存在混同均衡，如图 5-14 所示。

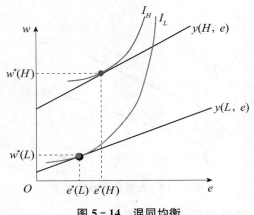

图 5-14 混同均衡

1. 混同均衡求解

只有在存在冒充时，才可能有混同均衡。两种雇员选择同一种教育水平 e_p，公司观察到 e_p 后的判断为：

$$\widetilde{P}(H \mid e_p) = q, q \text{ 是雇员类型为 } H \text{ 的先验概率}$$

支付的工资为：

$$w_p = qy(H, e_p) + (1-q)y(L, e_p)$$

对于不在均衡路径上的判断，令 $\widetilde{P}(H \mid e) = 0, e \neq e_p$，工资支付为 $w(e) = y(L, e)$，$e \neq e_p$，于是有：

$$\widetilde{P}(H \mid e) = \begin{cases} q, & e = e_p \\ 0, & e \neq e_p \end{cases}$$

公司的最优行动选择为：

$$W(e) = \begin{cases} w_p, & \text{在 } e = e_p \text{ 的信息集上} \\ y(L, e), & \text{在 } e \neq e_p \text{ 的信息集上} \end{cases}$$

当 $e_p = e^*(H)$ 时，对于类型为 H 的雇员，当他选择 e_p 时，他所处的无差异曲线为 I_H（见图 5-15），而当他选择 $e \neq e_p$ 时，他所处的无差异曲线为 $y(L, e)$ 上的点所处的无差异曲线，显然效用小于前者，故选 e_p 为最优的。

对于类型为 L 的雇员，当他选择 e_p 时，处于无差异曲线 I_L 上，若他选择 $e \neq e_p$，则处于过 $y(L, e)$ 的无差异曲线上，显然选 e_p 是最优的，因为选 $e \neq e_p$ 的最大化支付选择是 $e^*(L)$，过 $[e^*(L), w^*(L)]$ 的无差异曲线在过 (e_p, w_p) 的无差异曲线的下方。显然，对于图中的 $e_p = e^*(H)$，以及图中的无差异曲线和生产函数来说，雇员选择信号 $e_p = e^*(H)$ 构成一个混同均衡。从数学关系上看，混同均衡并不一定要求 $e_p = e^*(H)$，还存在其他许多 e_p 是混同均衡。

2. 分离均衡求解

（1）当不存在冒充时，$w^*(L) - c[L, e^*(L)] > w^*(H) - c[L, e^*(H)]$，

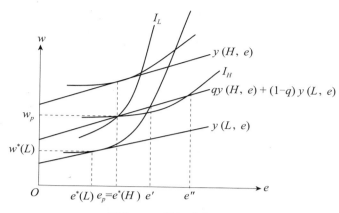

图 5 - 15 混同均衡讨论

$e(L) = e^*(L)$，$e(H) = e^*(H)$，此时，公司在观察到信号后的后验概率为 $\widetilde{P}[H \mid e^*(L)] = 0$ 和 $\widetilde{P}[H \mid e^*(H)] = 1$。

在非均衡路径上的信念规定如下：

$$\widetilde{P}(H \mid e) = \begin{cases} 0, & e < e^*(H) \\ 1, & e \geqslant e^*(H) \end{cases}$$

公司支付的工资为：

$$w(e) = \begin{cases} y(L, e), & e < e^*(H) \\ y(H, e), & e \geqslant e^*(H) \end{cases}$$

这是精炼贝叶斯均衡。

对于类型为 H 的雇员，当他选 $e^*(H)$ 时，位于无差异曲线 I_H 上；当他选 $e > e^*(H)$ 时，位于无差异曲线 I_H 下方的无差异曲线上，故选 e 劣于 $e^*(H)$。当他选 $e < e^*(H)$ 时，收入为 $y(L, e)$，此时他位于无差异曲线 I_H 的下方，处于过 $y(L, e)$ 曲线的较低位置的无差异曲线上。已知他在 $e > e^*(H)$ 时的收入为 $y(H, e)$，其效用也不如选 $e^*(H)$ 时，所以，他选 $e^*(H)$ 是最优的。

对于类型为 L 的雇员，当他选 $e < e^*(H)$ 且 $e \neq e^*(L)$ 时，收入为 $y(L, e)$，必小于选 $e^*(L)$ 时的效用，$e^*(L)$ 是他的工资函数为 $w = y(L, e)$ 时的最优努力水平。当他选 $e \geqslant e^*(H)$ 时，收入为 $y(H, e)$，净收益即支付为 $y(H, e) - c(L, e)$，据图5-16，该净收益（为负）显然小于选 $e^*(L)$ 时的净收益（为零），故选 $e^*(L)$ 是最优的。

（2）当存在冒充时，$w^*(H) - c[L, e^*(H)] > w^*(L) - c[L, e^*(L)]$。

我们料想高能力雇员选 $e_s > e^*(H)$ 才能构成分离均衡，对于在 $e^*(H)$ 到 e_s 之间的教育水平 e，如果低能力雇员效仿高能力雇员可令公司误认为他是高能力雇员，则低能力雇员有动机如此做。但是，当高能力雇员的信号等于 e_s 时，低能力雇员在模仿高能力雇员选 e_s 与暴露自己类型的选择 $e^*(L)$ 之间是无差异的（见图 5-17），可假设此时他选 $e^*(L)$。

考虑 $e' > e_s$，对应的分离均衡是：高能力雇员选择 e'，低能力雇员选择 $e^*(L)$。

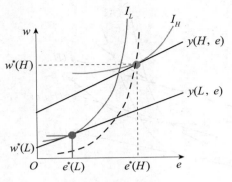

图 5 - 16　分离均衡

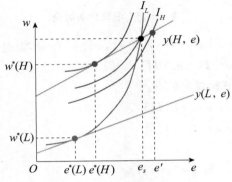

图 5 - 17　分离均衡讨论

公司的判断及工资支付为：

$$\mu(H \mid e) = \begin{cases} 0, & e < e' \\ 1, & e \geqslant e' \end{cases}$$

$$w(e) = \begin{cases} y(L, e), & e < e' \\ y(H, e), & e \geqslant e' \end{cases}$$

这就是精炼贝叶斯均衡的结果。

3. 杂合均衡求解

在这种均衡下，一种雇员确定选择一个教育水平，另一种雇员随机选择前一种雇员的教育水平或另一个教育水平。考虑如下均衡：高能力雇员选择一个教育水平 e_h，低能力雇员以概率 π 选择 e_h，以概率（$1-\pi$）选择 e_L，q 为雇员为高能力类型的先验概率。

公司观察到 e_h 和 e_L 后的判断为：

$$\mu(H \mid e_h) = \frac{q}{q + (1-q)\pi}$$

$$\mu(H \mid e_L) = 0$$

因 $q + \pi(1-q) \leqslant q + (1-q) = 1$，故 $\mu(H \mid e_h) \geqslant q$，其含义为：由于高能力雇员总选择 e_h，但低能力雇员只是以概率 π 选择 e_h，故一旦观察到 e_h 被选择，就说明雇员为高能力的概率比先验概率有所提高。当 π 趋于 0 时，低能力雇员几乎不会与高能力雇员混同，于是 $\mu(H \mid e_h)$ 趋于 1，即观察到 e_h 后几乎可以肯定雇员是高能力的。当 π 趋于 1 时，低能力雇员几乎总是与高能力雇员混同，故 $\mu(H\mid e_h)$ 趋于 q。

当低能力雇员选择 e_L 与高能力雇员分离时，有 $\mu(H\mid e_L)=0$，则有 $W(e_L)=y(L,e_L)$，对低能力雇员来说，给定这种工资率，其最优信号为 $e^*(L)$。所以，必有 $e_L=e^*(L)$。低能力雇员在 $e^*(L)$ 与 e_h 之间随机选择，根据博弈最优策略性质有：

$$w^*(L)-c[L,e^*(L)]=w_h-c(L,e_h)$$

即他在选择 $e^*(L)$ 与 e_h 之间无差异，其中 $w_h=w(e_h)$。

$$w_h=\frac{q}{q+(1-q)\pi}y(H,e_h)+\frac{(1-q)\pi}{P+(1-q)\pi}y(L,e_h)$$

给定 e_h，$w^*(L)-c[L,e^*(L)]=w_h-c(L,e_h)$ 决定一个 w_h，若 w_h 满足 $y(L,e_h)\leqslant w_h\leqslant y(H,e_h)$，则式 $w_h=\dfrac{q}{q+(1-q)\pi}y(H,e_h)+\dfrac{(1-q)\pi}{P+(1-q)\pi}y(L,e_h)$ 决定一个唯一的 π，否则不存在杂合均衡。

给定 e_h，w_h 为式 $w^*(L)-c[L,e^*(L)]=w_h-c(L,e_h)$ 的解，(e_h,w_h) 处于低能力雇员通过的 $[e^*(L),w^*(L)]$ 所在的无差异曲线上。

这里 r 是 $w_h=ry(H,e_h)+(1-r)y(L,e_h)$ 的解且 $r=\mu(H\mid e_h)$。所以 $\pi=\dfrac{P(1-r)}{r(1-P)}$。条件 $w_h<y(H,e_h)$ 等价于 $e_h<e_s$，而 e_s 是分离均衡中高能力雇员选择的信号。当 e_h 趋于 e_s 时，r 趋于 1，故 π 趋于 0。

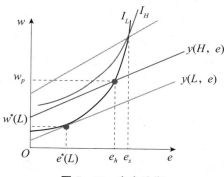

图 5 - 18　杂合均衡

所以，这里考虑的杂合均衡可描述如下：

令

$$\mu(H\mid e)=\begin{cases}0,&e<e_h\\r,&e\geqslant e_h\end{cases}$$

公司策略为：

$$W(e)=\begin{cases}y(L,e),&e<e_h\\ry(H,e)+(1-r)y(L,e),&e\geqslant e_h\end{cases}$$

对于低能力雇员，在 $e<e_h$ 时的最优信号为 $e^*(L)$，且在 $e\geqslant e_h$ 时的最优信号为 e_h。对于高能力雇员，e_h 优于任何其他信号。

第四节　委托-代理理论简介

当一个人（代理人）为另一个人或机构（委托人）工作，而工作的成果同时取决于代理人投入的努力和不由主观意志决定的客观因素，且两种因素对委托人来说无法区分时，就会产生代理人的败德行为，如偷懒、偷工减料等，这就是委托-代理问题。在股份公司的例子中，经理和工人是代理人，所有者是委托人，因此委托-代理问题就是经理可能追求他们自己的目标，甚至不惜以所有者获得较低的利润为代价。又例如医生作为医院的代理人进行服务，这样一来他就可能挑选病人，并根据个人的偏好而不一定是医院的目标来看病，同样物业管理公司的经理可能并不按照业主要求的那样去管理物业。这说明委托-代理问题在社会中广泛存在。

一、委托-代理问题

在大公司中单个投资者或机构可能仅拥有很少的股份，股权的分散化使大多数大公司由经理阶层控制，这是一个典型的不完全信息动态博弈。大多数股东都缺乏公司经理工作努力程度的信息，所以所有者或他们的代表的一个作用就是监督经理的行为。但是监督是有成本的，特别是对个人来说，搜集和使用信息的代价都是很昂贵的。这样公司经理就可以追求他们自己的目标，如经理们更关心增长而不是利润本身，因为较快的增长和较大的市场份额提供了较多的现金流量，这使经理们能够享受更多的额外津贴；也可能经理们不强调增长的重要性，而是更关心从工作中得到的效用，如他们控制公司的权力扩大，能得到更好的办公条件、附加利益和额外津贴，以及能得到他们工作的长期保障等。

因此对于委托人来说，要解决这样一个问题，必须引入激励机制。如何让代理人努力工作，就像为他自己工作一样？应该设计一种什么样的给予报酬的方法？如果不管产出为多少，都付给经理和工人一笔相同的报酬，他们会没有动力努力工作，适当的激励机制必须让报酬在一定程度上与产出有关。

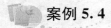 **案例 5.4**

"分饼" 的机制

在以色列流传着所罗门王许多充满智慧的传说，其中一例说的是所罗门王如何设计激励机制来解决两个妇女争夺小孩所属权的问题：有两个妇女到所罗门王那里打官司，都争辩说一个男孩是自己的儿子。尽管两个妇女自己知道谁是小孩的真正母亲，但所罗门王不知谁在说谎。为了把小孩判给他的真正母亲，所罗门王只好当众吩咐："给我拿一把剑来，把这孩子分成两半，一人一半好了。"听到国王的命令，甲妇女同意这个判决，乙妇女则赶忙说："把孩子给她吧，千万不要杀了他。"于是国王将孩子判给了孩子真正的母亲乙妇女。

不过所罗门王的故事还是有些问题的，如果甲妇女聪明一点儿也要求不杀孩子，那么他的激励机制就不能解决问题。据说我国古代的"青天大人"包公也曾用类似的激励机制来解决两个妇女争夺小孩的问题。包公的办法是将小孩放在画好的圈中，让两个妇女一人站一边。告诉她们谁能把小孩从圈子里拽出来，孩子就属于谁。假母亲使劲拽。真母亲担心自己如果也用力拽的话，小孩会被拽坏，于是她就放手了。包公就这样将小孩判给了放手的真母亲。仔细一想，包公设计的激励机制似乎更高一筹。

在我看来，民间故事中最具激励作用的机制是两人平均分饼。按规定两人各得一半饼，可是他们都想多得。如何才能分均匀呢？一个简单的办法是：动手切的人切好后让不动手的人先拿。

这些故事说明了激励与激励机制是何等重要。所谓激励，用我们的日常语言来说，就是指调动积极性，这种积极性的发挥不仅可以使参与者的个人利益得到实现，同时也可以达到社会目标或机制设计者所要达到的目标。

比如我请了一位保姆帮我带小孩。用经济学术语说，"我"就是委托人，保姆就是代理人。保姆对委托人的小孩看管得好不好，既取决于保姆的责任心与工作努力程度，也取决于小孩自身听不听话、好不好看管。当这两种因素对委托人来说无法完全区分时（比如说小孩生病是因保姆看管不周还是因小孩本身的体质问题不好区分），就会产生代理人的败德行为，如偷懒、工作不负责任、粗心大意等，这就产生了信息经济学中所谓的"委托-代理问题"。这在本质上又是一个信息不对称问题。

委托人为达到"将孩子看管好"的目标，用什么办法才能使代理人在实现其自身目标的同时，又能使委托人的目标也得以实现呢？这就是激励机制的"设计"问题。通俗地说，激励机制设计的核心就是"我怎样使某人为我做某事，并能使我满意"。

显然，如果代理人对委托人有高度的忠诚与责任心及工作积极性，不会做出任何偷懒的败德行为，激励机制就是一个不必要的问题。但在大多情况下不是这样的。一般来说，机制设计涉及两个问题：一是信息问题。如前所述，委托人要弄清代理人努力的真实信息，成本将是很高的。因此机制设计要力争降低信息成本。二是激励问题，一方面要使代理人明白不努力的损失（即参与约束或反向激励）；另一方面要使代理人明白，让委托人越满意，自己也越能获得最大收益（即正向激励）。反向激励涉及监督问题，正向激励涉及刺激问题。

计划经济时代的"大锅饭""固定报酬"就是一种低效率的激励机制，从而导致了偷懒、磨洋工等败德行为的泛滥。经济体制改革等各项改革的一个重要任务就是要设计既公平又有效率的激励机制。

资料来源：罗必良. 活个明白——经济学告诉你. 上海：上海人民出版社，1999.

委托-代理理论的研究主要是为了解决在信息不对称情形下委托人如何设计最优的合约以激励代理人最大限度地符合委托人的利益去完成行动的问题。该理论的要点是在信息不对称情形下，与信息对称的情形相比较，委托人会以损失一定的收入为代价去维系委托-代理的关系，即使委托人设计出最优的委托-代理合约，即存在大于零的代理成本。

在委托-代理理论随后的进一步发展中，研究者引入了代理人之间存在竞争以及博弈从一次性博弈扩展到多阶段的重复博弈等因素，这种考虑被证明可以进一步降低代理成本。除此之外，更多的假定情形推导出了委托-代理关系下更加丰富多彩的结果，这些结果反映了一个经济组织内部复杂的人类行为。基于这样的理论发展，委托-代理理论的许多模型已经开始成为不完全信息动态博弈中的核心内容。

我们知道，一旦博弈从静态博弈变为动态博弈，均衡行为就可能出现根本改变。譬如，静态的囚徒困境博弈只有唯一的均衡即不合作，但在动态的囚徒困境重复博弈中就会出现因声誉的需要而形成的合作均衡。我们将一般性的声誉模型的思想应用于委托-代理关系，就可以获得相应的结论，即委托人与代理人之间即使不签订显性激励合约，也可能由于代理人需要声誉而努力工作，从而降低道德风险或代理成本。

当博弈变成多阶段的动态博弈时，委托-代理关系的动态博弈分析告诉了我们以下的结果：如果委托-代理关系是重复的无限次博弈，则当双方都有足够的耐心时（即贴现因子足够大），帕累托一阶最优风险分摊与激励都可同时实现。这种结果出现的机理是：在长期，大数定理会消去外生不确定性，委托人可以从众多的可观测变量中准确推断出代理人的真实努力水平，代理人在长期不可能隐瞒自己的偷懒行为。拉德纳（Radner，1981）和罗宾斯坦（Rubbinstein，1979）的工作证明了这一直观结果。

即使不考虑委托人与代理人之间的合约的可执行性，出于声誉的考虑，代理人也许仍然会努力工作。在这些模型中，"时间"作为一种"可观测变量"起到了监督代理人（也包括委托人）的作用。按照这种思路，拉齐尔（Lazear，1979）研究了这样一种模型，即在长期的雇佣关系中，"工龄工资"机制可以遏制员工的偷懒行为。即在工作的前期阶段支付的工资低于员工的边际生产率，这种差额起到了"保证金"的作用，一旦员工被发现偷懒，公司就立即开除他。潜在的保证金损失会激励员工努力工作，因为它增大了偷懒的成本。当然，在员工的后期工作阶段，由于衰老等因素，员工的边际生产率可能会下降，又由于工作后期较高的工资率，员工的边际生产率会低于工资率，此时已没有人愿退休，故公司会实行强制性退休制度。这个模型解释了为何在工作早期工资较低，它并非通过显性激励机制而是通过一种"保证金"制度来激励员工。所以，在时间因素被引入之后，解决委托-代理问题可能有许多可以想象得到的做法，完全不必仅限于显性激励合约。关于将委托-代理扩充到重复性动态博弈的工作，这里不打算进行具体介绍，读者可直接参阅拉德纳和罗宾斯坦的论文。接下来我们给出两种简化后的动态博弈模型，即代理人声誉模型和棘轮效应模型。

二、代理人声誉模型

如果在代理人的就业上存在竞争，譬如，当经理是公司在竞争性的经理市场中聘任而来的时候，经理在工作中不仅关心公司给予他的货币收入（来自显性激励），而且还可能关心其他方面的一些获得。我们现在来考虑一下其他方面的获得可能包括哪些内容。经理可能并不认为他会在一个特定的公司干一辈子，他在今后可能在就职方面还会有更多选择。这种选择可能源于经理在职业生涯上的进取心，也可能源于公司未来不可预期的变动，如因公司破产导致的经理再择业或公司有更好的经理人选而解聘经理。由于这方面的考虑，经理在经理市场上形成一种"高素质"或"高能力"的声誉可能对于经理的未来是十分重要的。即使不考虑再择业的情形，经理在公司还总是希望能在薪金上有所增加或能提升职位。这也有赖于董事会对他的高能力的确认。特别地，在职位聘任上，无论是再择业还是在原有公司中的职位提升，公司关心的一个要素都是经理人的能力水平。任何产出都是经理的努力水平、经理的能力水平以及随机因素综合作用的结果。公司只能观测到产出水平，经理的努力水平及能力水平是不可能被观测到的。经理为了向公司显示自己的能力水平，就可能通过努力工作使产出指标更多地向公司表明他是一个高能力的经理。在分离均衡中，只有高能力的经理才会努力工作，低能力者退出经理市场。在混同均衡中，高能力经理和低能力经理都会努力工作。这样，经理在工作中除了关心即期的货币收入之外，还可能关注其个人能力的市场显示，也就是声誉。也就是说，经理在工作中还在"生产"其个人声誉。如果工作本身还会给代理人带来快乐，代理人也会努力工作。这些都是可能添加的要素，从而使在没有显性激励的情况下代理人也会努力工作。我们称这类情形为"隐性激励机制"（implicit incentive mechanism）。

法马（Fama，1980）提出了代理人声誉模型的思想，他的观点与拉德纳及罗宾斯坦的观点有所区别。法马认为，现实中的激励问题并没有委托-代理理论中所提到的那么严重，时间可以解决问题。他强调代理人市场对代理人行为的约束。譬如，在竞争性经理市场上，经理的市场价值（收入）决定于其过去的经营业绩，在长期，经理会对自己的行为负完全的责任。如果我们将委托-代理关系扩充到长期的多阶段重复博弈，则代理人必须关注未来收入。这样，即使没有显性激励，代理人也会努力工作，因为这样可以改进自己的声誉，并由此提高自己的未来收入。

法马的思想后来由霍姆斯特罗姆（Holmstrom）完成了模型化工作。下面，我们介绍代理人关注声誉所带来的隐性激励模型，它是霍姆斯特罗姆模型的一个简化情形。

假设博弈有两个阶段，用 $t=1$，2 表示，单阶段生产函数为：

$$\pi_t = a_t + \theta + u_t, \ t = 1, 2$$

其中，π_t 为产出，a_t 是经理在 t 阶段的努力水平，θ 是经理的能力水平（假定它不随时间而变化），u_t 是外生的随机变量。

假设 a_t 是经理的私人信息，而 π_t 是可观测变量。假设 θ 对于经理市场来说也是不可观测的，但对于经理市场是一种贝叶斯意义上的随机变量。假设 θ 和 u_t 是独立的正态分布随机变量，均值都为零，$E(\theta) = E(u_t) = 0$，方差分别为 σ_θ^2 和 σ_u^2。假设 u_1 与 u_2 是独立的，即有 $\mathrm{cov}(u_1, u_2) = 0$。假设 $c(a_t)$ 是经理的单阶段"负效用"或努力的成本函数且 $c'(0) = 0$，$c''(a_t) > 0$。

假定经理是风险中性者且贴现因子为 1，故经理的效用函数为：

$$U = w - c(a_1) - c(a_2)$$

其中，w 为经理的总收入。

根据假设，$w = w_1 + w_2$，其中 w_1 和 w_2 分别为经理在第一阶段和第二阶段的工资收入。

我们先来看在单阶段博弈中，如果博弈是一次性的，其最优努力水平为何。根据拉德纳（1981）和罗宾斯坦（1979），我们有：

$$Eu'\left[\frac{\partial s^*}{\partial \pi}\frac{\partial \pi}{\partial a} - \frac{1}{u'}\frac{\partial c}{\partial a}\right] = 0$$

其中，s^* 是一次性委托-代理博弈中的最优合约。

在代理人风险中性假设下，有 $s^* = \pi - y$，其中 π 为产出，y 为委托人的固定收入，全部风险由风险中性的代理人承担。在这里的第二阶段动态博弈中，如果第一阶段委托人与代理人签订显性激励合约，则最优合约就为 $s^* = \pi_1 - y$。据我们在这里假设的生产函数，有 $\frac{\partial \pi}{\partial a} = 1$，于是有 $E\left[1 - \frac{\partial c}{\partial a}\right] = 0$，即：

$$c'(a_1) = 1 \tag{5-12}$$

式（5-12）决定的 a_1 就是第一阶段中的最优努力程度，记其为 a_1^i。

下面，我们假设在这里不存在显性激励合约。比如，当经理与公司所有者之间在可观测的产出 π_t 的具体计划结果上不一致时，就无法签订显性合约。在不存在显性激励机制的一次性委托-代理博弈中，经理必定不会有任何努力，故 $a_t = 0$。这是因为，即使经理获得与产出无关的固定的收入，由于努力水平的不可观测性，经理也不会付出一丁点儿努力。在第二阶段的动态博弈中，经理没有必要再努力工作，因为声誉已经由第一阶段的努力工作"生产"出来了，故 $a_2 = 0$。但在第一阶段，经理为了"生产"在第二阶段的声誉会努力工作，因为经理在第二阶段的工资收入 w_2 与经理市场或股东对经理能力的评价有关。

由于产出是经理的个人努力水平、能力高低和随机因素共同作用的结果，因而产出也是随机变量。根据竞争性经理市场的边际生产率定价规则，第一阶段经理的工资率等于第一阶段产出的期望值，第二阶段经理的工资率也等于第二阶段产出的期望值，但由于两个阶段不是完全相互独立的，根据我们的假设，经理的能力水平在两个阶段是相同的。因此，在第二阶段，经理市场应该根据第一阶段产出所提供的信息去捕获有关经理能力水平的信息。这样，第二阶段经理的工资率应等于在给定第一阶段产出的情况下，第二阶段产出水平的期望值。于是，我们有：

$$w_1 = E(\pi_1) = E(a_1) = \bar{a}_1$$
$$w_2 = E(\pi_2/\pi_1) \tag{5-13}$$

进一步有：

$$w_2 = E(\pi_2/\pi_1) = E(a_2/\pi_1) + E(\theta/\pi_1) + E(u_2/\pi_1) = E(\theta/\pi_1) \tag{5-14}$$

在均衡时，经理市场知道 a_1 与 θ 的关系，并根据 θ 的分布能计算出 $\bar{a}_1$。于是，在均衡状态，一旦观测到 π_1，经理市场就可计算出 $\pi_1 - \bar{a}_1 = \theta + u$。但是，经理市场不能将 θ 与 u_1 区分开来，经理市场的问题是通过观测到的 π_1 来推断 θ。

这是一个经济学中经常用到的统计推断问题，一般的统计推断的公式为：

$$E(\theta/\pi_1) = (1-\tau)E(\theta) + \tau(\pi_1 - \bar{a}_1)$$
$$= \tau(\pi_1 - \bar{a}_1) \qquad (5-15)$$

这是因为 $E(\theta) = 0$。其中：

$$\tau = \frac{\text{Var}(\theta)}{\text{Var}(\theta) + \text{Var}(u_1)}$$
$$= \frac{\sigma_\theta^2}{\sigma_\theta^2 + \sigma_u^2} \qquad (5-16)$$

Var 表示方差。

式（5-16）的含义是：给定 π_1 下经理市场预期的 θ 的期望值等于先验的期望值 $E(\theta)$ 与事后观测值（$\pi_1 - \bar{a}_1$）的加权平均值，经理市场在根据观测到的信息修正对经理能力水平的判断。

由于 $\tau > 0$，故 $w_2 = E(\theta/\pi_1) = \tau(\pi_1 - \bar{a}_1)$，即第一阶段的产出 π_1 越高，第二阶段的工资率 w_2 就越高。将 w_1 和 w_2 代入经理的效用函数：

$$U = \bar{a}_1 - c(a_1) + \tau(\pi_1 - \bar{a}_1) - c(a_2)$$
$$= \bar{a}_1 - c(a_1) + \tau(a_1 + \theta + u_1 - \bar{a}_1) - c(a_2) \qquad (5-17)$$

显然，最大化 U 的一阶条件为：

$$\frac{\partial U}{\partial a_1} = 0, \quad a_2 = 0$$

即

$$c'(a_1) = \tau$$

因为 $\tau > 0$，$c'(0) = 0$，$c''(a_1) > 0$，故 $a_1 > 0$。又由于 $\tau \leqslant 1$，故由 $c'(a_1)$ 的严格递增性有 $0 < a_1 < a_1'$。

这就是说，出于声誉的考虑，经理在第一阶段会努力工作，这在一次性博弈中是不可能的，只有在动态博弈中可以实现这一点；即便如此，经理在第一阶段的努力水平也小于帕累托最优水平。

三、棘轮效应模型

代理人的能力越高，委托人支付给代理人的报酬就越高。因此，代理人在过去的工作历史中就有积极性通过努力工作取得好的成绩来向委托人传递他的高能力信息，或者通过好的成绩影响未来委托人对他的能力的评价，从而提高未来收入。这就是代理人声誉模型的内涵。但是，如果我们将公司自身的"固有生产能力"也纳入影响公司产出的考虑因素之中，结论将会有所不同。公司的高产出不仅与经理的能力和努力水平有关，而且还与公司自身的品质有关，如资金规模、技术水平以及公司所处的行业发展情况等。因此，有可能高产出并不完全是来自经理的高能力或高努力水平，还来源于公司的高品质，我们称公司的品质为公司的"固有生产能力"。

由于公司的所有权属于委托人，高产出中来自公司"固有生产能力"的贡献自然属于委托人，只有来自经理高能力和努力贡献的产出才归经理所有。但是，在信息不

209

对称的假定下，公司的固有生产能力也与经理的个人能力以及努力水平一样，是不为委托人所知的。委托人只有依据过去的产出信息通过后验性的概率修正来估计出公司的固有生产能力。可以料想到，公司在过去的产出越高，委托人在未来对公司的固有生产能力的估计就越高。这样一来，经理就没有积极性在过去努力工作了，因为努力工作的结果可能是通过高产出提高委托人在未来对公司固有生产能力的估计，同时低估经理的个人能力，从而降低经理的未来收入水平。这是与前一小节中的声誉模型所得出的结论完全相反的结论。

在一般情况下，我们面临一个如何准确评估代理人工作能力及努力水平的问题。由于代理人的产出是其能力、努力水平与外部环境（如公司的固有生产能力）等因素共同作用的结果，所以仅凭产出不能完全准确地测度代理人的能力和努力水平。从激励角度看，委托人支付给代理人的报酬只有与代理人的能力和努力水平相关时，才会产生激励效应（或甄别功能）。但是，委托人也只能从可观察到的产出中获取信息，才可能对代理人的能力或外部环境对产出的贡献进行估计。当委托人提高对外部环境对产出的贡献的估计时，代理人的未来收入就会被压低。所以，一个实际需要解决的问题是如何设计对代理人业绩进行评估的"标准"，当代理人的业绩高于这个标准时，就可以认为代理人的能力或努力水平是"较高"的。建立业绩标准的一种方法是所谓的"时间-动作研究"，另一种方法是用其他人的业绩作"相对业绩比较"。但在许多场合，这两种方法都是不适用的。譬如，当代理人是销售经理时，由于不同市场环境的情况差异很大，很难规定出一个标准的销售量。对于公司总经理来说，由于管理上的个性特点和公司面临的环境的特殊性，这两种方法也难以适用。因此，可替代的一种方法就是将代理人过去的业绩作为标准。譬如，代理人过去的业绩较好，今后就以这种较好的业绩作为标准，倘若代理人在今后达不到这种标准，就会受到惩罚。但是，代理人过去的业绩还与代理人过去的努力有关，而不是仅与公司的固有生产能力和代理人的个人能力相关。这种以过去业绩作为标准的方法是将代理人过去努力的成就作为未来产出的起点，削弱了代理人在过去努力的积极性。这就好像驾车人总是将皮鞭落在跑得快的身强力壮的牛身上，这被称为"鞭打快牛"或"棘轮效应"。魏茨曼（1980）在对苏联计划经济制度进行研究时最早提出了棘轮效应的概念。在计划经济制度中，公司的年度生产指标被上级根据上一年的实际生产不断向上调整，导致努力生产反而受到惩罚，而聪明的公司经理会通过隐瞒生产能力的方法来对付上级。在西方的市场经济中，这种现象也类似存在，如在政府对自然垄断性公司的价格管制中，公司的生产成本越低，价格就越低，这是对降低成本的惩罚。

1. 数学模型

棘轮效应会弱化激励机制，下面对此进行分析。

假定博弈仍是二阶段的动态博弈，生产函数与前面基本相同：

$$\pi_t = a_t + \theta + u_t, \quad t = 1, 2$$

不同的一点是，这里我们将 θ 理解为公司的固有生产能力，而非经理的能力水平。设 θ 是服从正态分布且均值为 $E(\theta) = \bar{\theta} > 0$、方差为 σ_θ^2 的贝叶斯随机变量，而其他的变量及随机性质与前面相同。委托人在每一阶段结束时可观测到产出 π_t，但不能观测到 θ 和 u_t。委托人根据观测到的 π_t 对关于 θ 的判断进行修正。与前面的式（5-15）一样，我们有：

$$E(\theta/\pi_1) = (1-\tau)\bar{\theta} + t(\pi_1 - \bar{a}_1)$$

假定经理是风险中性者，效用函数为：

$$U = w_1 - c(a_1) + w_2 - c(a_2)$$

这里与之前不同的是，我们假定委托人与代理人在每一阶段都签订显性合约，但委托人不与代理人签订跨越两个阶段的长期合约，即第二阶段合约在委托人观测到 π_1 后才制定。此时，最优激励机制设计要求经理承担全部风险，委托人在每一阶段只收取一个固定的"上缴额"，记为 α_t，即有：

$$w_t = \pi_t - \alpha_t$$

在第一阶段，公司固有生产能力的期望值为：

$$E(\theta) = \bar{\theta}$$

它应是公司"上缴"给委托人的数额，因为公司的所有权归委托人，即有 $\alpha_1 = E(\theta) = \bar{\theta}$。同样有：

$$\alpha_2 = E(\theta/\pi_1) = (1-\tau)\bar{\theta} + \tau(\pi_1 - \bar{a}_1)$$

代入式（5-15），再代入代理人的效用函数：

$$
\begin{aligned}
U &= \pi_1 - \alpha_1 - c(a_1) + \pi_2 - \alpha_2 - c(a_2) \\
&= a_1 + \theta + u_1 - \bar{\theta} - c(a_1) + a_2 + \theta + u_2 - (1-\tau)\bar{\theta} - \tau(a_1 + \theta + u_1 - \bar{a}_1) - c(a_2) \\
&= [(1-\tau)a_1 + (1-\tau)\theta + (1-\tau)u_1 - c(a_1)] + a_2 + \theta + u_2 - c(a_2) \\
&\quad + (2-\tau)\bar{\theta} + \tau\bar{a}_1
\end{aligned}
$$

一阶条件为：

$$\frac{\partial U}{\partial a_1} = 0$$

$$\frac{\partial U}{\partial a_2} = 0$$

得到：

$$c'(a_1) = 1 - \tau < 1$$

$$c'(a_2) = 1 \tag{5-18}$$

这说明：经理在第二阶段的努力水平是帕累托最优的，但在第一阶段的努力水平小于帕累托最优水平。其中的道理是：在第二阶段，代理人是唯一的剩余索取者，因为委托人只收取一个固定的数额，所以，努力的边际收益为 1，它等于边际成本 $c'(a_2)$。但在第一阶段，代理人在边际上增加 1 单位努力时的收益为 1 减去委托人在未来对公司固有生产能力期望值的提高 τ 单位，从而使"上缴额" α_2 提高 τ 单位，即净边际收益为 $1-\tau<1$，它等于边际成本 $c'(a_1)$。

这就是棘轮效应的发生机制，其作用与声誉模型相反，在声誉模型中，代理人的能力水平 θ 的不确定性越大，则 τ 越大［见式（5-16）］，激励效应就越大。但在棘轮效应模型中，公司固定生产能力 θ 的不确定性越大，τ 越大，激励效应却越小［见式（5-18）］。

2. 模型的博弈论含义

棘轮效应产生的原因是显性合约是短期的，即委托人（或代理人）不能承诺长期合约。显然，委托人在第一阶段开始时的期望收入为 $\alpha_1 + \alpha_2 = \bar{\theta} + \bar{\theta} = 2\bar{\theta}$。如果合约是长期的，在博弈开始时就规定 $\alpha_1 = \alpha_2 = \bar{\theta}$ 且保证合约能得到遵守，则代理人的效用为：

$$
\begin{aligned}
U &= w_1 - c(a_1) + w_2 - c(a_2) \\
&= \pi_1 - \alpha_1 - c(a_1) + \pi_2 - \alpha_2 - c(a_2) \\
&= a_1 + \theta + u_1 - \alpha - c(a_1) + a_2 + \theta + u_2 - \alpha_2 - c(a_2)
\end{aligned}
$$

一阶条件为：

$$
\frac{\partial U}{\partial a_1} = 1 - c'(a_1) = 0
$$

$$
\frac{\partial U}{\partial a_2} = 1 - c'(a_2) = 0
$$

得到两个阶段的帕累托最优努力水平所满足的条件：

$$
c'(a_1) = c'(a_2) = 1
$$

再设具体地有 $c(a_t) = a_t^2/2$，则帕累托最优努力水平为 $a_1^* = a_2^* = 1$。

代理人的期望效用水平为：

$$
\begin{aligned}
E(U) &= a_1^* + \bar{\theta} - \bar{\theta} - c(a_1^*) + a_2^* + \bar{\theta} - \bar{\theta} - c(a_2^*) \\
&= 2 - 2 \times \frac{1}{2} = 1
\end{aligned}
$$

如果委托人不能承诺长期合约，则 $a_1^* = 1 - \tau$，$a_2^* = 1$，代理人的效用水平为：

$$
\begin{aligned}
E(U) &= 1 - \tau - (1-\tau)^2/2 + 1 + \bar{\theta} - E[E(\theta/\pi_1)] - 1/2 \\
&= 2 - \tau - (1-\tau)^2/2 + \bar{\theta} - (1-\tau)\bar{\theta} - \tau\theta - \frac{1}{2} \\
&= 1 - \tau^2/2 < 1
\end{aligned}
$$

此时，委托人的期望收入为：

$$
\bar{\theta} + E[E(\theta/\pi_1)] = \bar{\theta} + (1-\tau)\bar{\theta} + \tau\theta = 2\bar{\theta}
$$

与承诺长期合约时相同。

所以，$1 - \tau^2/2 > 0$ 是短期合约与长期合约相比的净福利损失。

尽管长期合约是一种帕累托最优的合约，但它是不能实现或难以得到遵守的，因为它不满足我们在前面提到的"动态一致性"，即不是精炼均衡。

如果是长期合约，委托人在第二阶段的固定收入为 $\alpha_2 = \bar{\theta}$。但其到了第二阶段，给定 π_1，预期的公司固有生产率为 $E(\theta/\pi_1) = (1-\tau)\bar{\theta} + \tau(\pi_1 - a_1)$。因此，若有 $(1-\tau)\bar{\theta} + \tau(\pi_1 - \bar{a}_1) > \bar{\theta}$，即 $(\pi_1 - \bar{a}_1) > \bar{\theta}$，则通过重新签约，委托人可增加自己的收入，从而此时委托人就有积极性如此做。反之，若 $(\pi_1 - \bar{a}_1) < \bar{\theta}$，则代理人也有积极性要求重新签约，这样可减少上缴的额度 a_2。所以，每一方都不会相信对方会遵守合约。a_1 每增加一个单位，期望的上缴额 a_2 就会增加 τ 个单位，即当 $(\pi_1 - \bar{a}_1) > \bar{\theta}$ 时，多上缴 τ 单位，当 $(\pi_1 - \bar{a}_1) < \bar{\theta}$ 时，少上缴 τ 单位。

在这种情况下，代理人不会有完全的积极性。这是因为，如果代理人的参与约束不起作用，则只有委托人有权修改合约，但由于收入的刚性，代理人的收入不能比原合约规定的低。

那么，只有当 $\pi_1 - \bar{a}_1 > \bar{\theta}$ 时，合约才会被修改。此时，增加努力会提高合约被修改的可能性。另外，如果只有代理人有权提出修改合约，并且只有当 $(\pi_1 - \bar{a}_1) < \bar{\theta}$ 时才有理由提出，那么增加努力会降低合约被修改的可能性。在这两种情形中，代理人都不可能有完全的激励。只有当任何一方都无权修改合约时，代理人才会有完全的激励。

在现实生活中，为了得到长期合约带来的好处，双方可能会尽力建立和维护"说话算数"的声誉，此时棘轮效应就不重要了。最后一个问题是，"相对业绩比较"的引入会怎样影响棘轮效应呢？Meyer 与 Vickers（1994）曾证明，在引入相对业绩比较后，代理人的最优努力水平 a_{1i} 满足如下一阶条件：

$$c'(a_{1i}) = 1 - \tau\left(\frac{1-\eta k}{1-k^2}\right) = 1 - \rho < 1 \tag{5-19}$$

其中，$\rho = \tau\left(\frac{1-\eta k}{1-k^2}\right)$。

将式（5-19）与式（5-18）进行比较，我们发现，棘轮效应模型与声誉模型的不同之处在于：当且仅当 $k(\rho - \eta) < 0$ 时，引入相对业绩比较才强化激励机制。若假设有 $\rho > 0$，$\eta > 0$，则该条件为 $\rho < \eta$。在直观意义上，若 $\rho < \eta$（公司固有生产率之间的相关度大于外生的随机变量之间的相关度），则引入相对业绩比较将会降低第一阶段的业绩在推断内在生产率上的权数，从而弱化棘轮效应。倘若 $\rho > \eta$，则会出现相反的情形。

3. 动态模型小结

在声誉模型中，委托人根据代理人过去的业绩推断经理的能力，这将会强化激励机制，但在棘轮效应模型中，委托人根据代理人过去的业绩推断公司的固有生产能力将会弱化激励机制。在引入相对业绩比较后，在两类模型中形成的对激励的影响正好相反。

两类模型中的激励效应的不同源于过去业绩传递的信息有不同的所有权。在声誉模型中，过去的业绩传递经理能力的信息，高能力的所有权属于经理。经营业绩越好，市场就判断其经营能力越高，因而经理的报酬就越高，故经理努力水平就越大。引入相对业绩比较，就弱化了经理自己的业绩在评价能力上的作用（当 $\rho < \eta$ 时），因而就会弱化激励机制。反之，在棘轮效应模型中，过去的业绩所传递的信息是关于公司固有生产能力的，而它又属于委托人所有。经营的业绩越好，委托人就认为公司的固有生产能力越高，经理给委托人上缴的份额就越高，故经理努力工作的积极性就越低。引入相对业绩比较弱化了经理自己的业绩在评价公司固有生产能力上的作用（若 $\rho < \eta$），因而强化了激励机制（弱化了棘轮效应）。理论上谈得较多的是相对业绩比较在两个模型中的效应相反，但实际上相对业绩比较在两种情况下的效应都可能为正。因为在第一种情况中，$\rho > \eta$ 是更为接近现实的假设，而在第二种情况中，$\eta > \rho$ 的假设可能更为现实一些。

两类模型中的绝对努力水平的差异来自我们有关直接激励的效应的假设。在声誉模型中，我们曾假设显性激励合约不可行（当期工资与当期产出无关，经理不承担风险）；而在棘轮效应模型中，我们曾假设显性激励合约是可行的（当期工资取决于当期产出，经理承担完全的风险）。

在实际生活中，过去的业绩是可能同时传递两类信息的，经理既拿固定的工资（与业绩无关，但与预期能力有关），也分享剩余（这与业绩有关，但必须在完成相关的目标之后）。我们可将上述结论一般化：设 b 为经理对自己本人的能力的所有权份额，β_t 为经理在第 t 阶段的产出中占有的剩余份额，则经理在第一阶段努力的边际收益为 $[\beta_1+(b-\beta_2)\phi]$，其中 β_1 为直接激励，$(b-\beta_2)\phi$ 为隐性激励（第一阶段努力对第二阶段的收益的影响），$b\phi$ 度量声誉效应（强化激励），$\beta_2\phi$ 测量棘轮效应（弱化激励）。若 $b=1$，$\beta_t=0$，则只有声誉效应，无棘轮效应，努力的边际收益为 ϕ。若 $b=0$，$\beta_t=1$，则仅有棘轮效应，无声誉效应，努力的边际收益为 $1-\phi$（如前面的棘轮效应模型）。当引入相对业绩比较改变权数 ϕ 时，既影响声誉效应，也影响棘轮效应。由于相对业绩比较对这两种效应的作用恰好相反，总的激励作用不仅取决于相对业绩比较对 ϕ 的影响，而且还取决于这两种效应的相对大小。这里提到的模型未考虑显性激励机制的设计，还由于假定代理人是风险中性的，因而忽略了相对业绩比较的保险功能。但迈厄斯（Meyes）与维克斯（Vickers）（1994）证明，在更为一般性的模型中，上述结论也是基本成立的。

四、锦标机制设计

1. 锦标机制的特点

锦标机制（rank order tournaments）是一种常见的相对业绩比较制度。在锦标机制中，代理人的报酬多少只与他在所有代理人中的排序有关，与他的绝对努力程度不直接相关。拉齐尔与卢森（Rosen）曾证明：当代理人的业绩之间存在相关性时，即代理人们受到共同的不确定性因素影响时，通过锦标机制可以剔除更多的不确定性因素，从而使委托人对代理人的努力水平有更为准确的判断。这使委托人降低风险成本，强化激励机制。此时，锦标机制是有价值的。但是，倘若代理人的业绩之间不相关，则锦标机制要比每个代理人的报酬仅依赖于他的绝对业绩水平的机制差，因为它在不增加有关代理人努力水平的信息量的情况下增大了在相互竞争中的每个代理人所面临的不确定性，从而弱化了激励机制。霍姆斯特罗姆（1982）证明，除非代理人面临的不确定性因素是完全相关的，或者代理人的业绩只能用序数测量，否则，锦标机制不会使观测量包含的信息量得到充分利用，因为单纯的业绩排序并非反映代理人努力水平的充足统计量。他指出，当相对排序与绝对的业绩量结合起来时，委托人就可以得到一个帕累托改进。

我们在这里将要说明的是，由于委托人也存在不兑现合约中的承诺的可能性，这使委托人也存在一种道德风险，因而锦标机制在这两种情况下也有一定的意义。这种道德风险可能源于委托人否认所观测到的业绩，且代理人无法向委托人证实其业绩。甚至，这种信息在法庭上也无法被证实。这就导致委托人在事实上观测到高产出的时候也谎称产出不高而逃避履约责任。这种道德风险在合约规定需要向代理人支付很大数额的情形中是很可能发生的，因为存在委托人不履行合约的激励。当代理人事先就明白这一道理时，他就很可能不努力工作。但是，倘若存在一种锦标机制，它规定一定比例的代理人必将获得较高的报酬，那么，委托人的占优选择是将较高报酬支付给业绩较高的代理人，因为这样可以激励代理人努力工作。代理人的占优策略也是选择努力工作，从而强化激励机制。我们在一个组织中所看到的提升制度（给定一定比例的代理人的职位会被提高），也可以用同样的道理来说明。我们下面通过一个马尔科森（Malcomson）模型来说明这一点。

2. 马尔科森模型

马尔科森（1984）假设一个公司雇用不同年龄代的多个工人，这些工人除了在年龄代上存在差别外，其他一切都是相同的。每个工人工作两个时期，因而在任何一个时期都有两代工人工作。用 $t=1, 2$ 表示工龄。每个工人的效用函数为 $U(a_1, w_1, a_2, w_2)$，其中，a_t 表示 t 时期的努力水平，w_t 表示 t 时期的工资率。自然有假定 $\dfrac{\partial U}{\partial a} = U_a < 0, \dfrac{\partial U}{\partial w} = U_w > 0, \dfrac{\partial^2 U}{\partial a^2} = U_{aa} < 0, \dfrac{\partial^2 U}{\partial w^2} = U_{ww} \leqslant 0$。设保留效用为 $\bar{U}$，劳动市场是竞争性的，从而公司可按 $E(U) = \bar{U}$ 的期望效用水平雇用任何数量的工人。设每个工人在 t 时期的生产函数为：

$$\pi_t = a_t + \varepsilon_t, \quad t = 1, 2$$

其中，ε_t 是均值为零的随机扰动项，可将其解释为公司对工人产出的观测误差。a_t 既为实际产出，也为努力水平，π_t 为观测到的产出。

设 $F(\varepsilon_t)$ 和 $f(\varepsilon_t)$ 分别是 ε_t 的分布函数和密度函数，故在给定 a_t 的情况下，π_t 的分布函数和密度函数分别为 $F(\pi_t - a_t)$ 和 $f(\pi_t - a_t)$。设工人存在一个必须付出的最小努力水平 $\underline{a} > 0$。譬如，工人必须按时上下班。

如果工人不能证实 π_t，则根据 π_t 支付工资 w_t 的激励合约是不可行的。现规定，只要 $a_t \geqslant \underline{a}$，就支付事前规定的标准工资。由于 $U_a < 0$，故固定工资不能激励工人选择大于 $\underline{a}$ 的努力水平。下面，我们给出基于相对业绩的锦标机制，通过它能激励工人努力工作。

设计这样一个合约：工人努力水平 $a \geqslant \underline{a}$，工资率为 w_L 或 w_H，其中 $w_L < w_H$，获得 w_H 的工人的比例为 P。假定实际得到高工资 w_H 的工人的比例 P 是可证实的，这样的合约就是可执行的。

由于 π_t 与 a_t 是正相关的，只要得到高工资的工人是被观察到高产出的工人，这种合约就可以激励工人努力工作。这是因为公司的总的工资支出是固定的，人均期望工资等于 $Pw_H + (1 - P)w_L$，公司支付的工资总额为 $nPw_H + n(1 - P)w_L = n[Pw_H + (1 - P)w_L]$，其中 n 为公司雇用的工人总数，所以，公司的占优策略是将高工资付给业绩较好的工人。

设公司规定一个较高业绩标准 π^*，当 $\pi_t \geqslant \pi^*$ 时，公司支付给工人高工资，其他的工人只获得低工资 w_L。对于努力水平为 a_t 的工人，其业绩 $\pi_t \geqslant \pi^*$ 的概率为 $1 - F(\pi^* - a_t)$。

当 n 充分大时，有：

$$P = 1 - F(\pi^* - a_t) \tag{5-20}$$

即当公司的规模充分大时有式（5-20）。为了使合约有实际的激励作用，应有 $0 < P < 1$。因为若 $P = 0$，则没有人会获得高工资，当 $P = 1$ 时，所有人都获得高工资。在这两种场合都不会有激励效应。

我们以上介绍的锦标机制只在一个时期就可实施，而下面再介绍一种类似的提升制度，它是在两个时期动态实施的。我们称上述合约为一阶段合约，而即将给出的提升制度为二阶段合约。在二阶段合约中，在第一阶段所有工人得到相同的工资 w_1；在第二阶段有 P 比例的工人被提升，他们得到第二阶段工资 w_H，剩下的未被提升的工人得到第二阶段工资 w_L。

我们将证明，即使所有工人在第一阶段拿相同的工资，提升制度也能对第一阶段的努力水平产生激励效应。这一结果还可扩充到假定工人工作 T 期，如果每个阶段有 P 比例的工人被提升，则除去最后阶段后所有的前 $T-1$ 期的工人都会努力工作。

下面，我们来考察上述二阶段合约是如何激励工人在第一阶段的努力水平 a_1 的。根据参与约束，只有当期望效用不小于保留效用 $\bar{U}$ 时，工人才会接受合约。当工人接受合约时，他在第一阶段是为 w_1 工作。如果公司观测到其努力带来的产出 $\pi_1 \geqslant \pi^*$，他将被提升，在第二阶段获得工资 w_H，否则不被提升，在第二阶段获得工资 w_L。

设 $\bar{w}$ 为工人不在该公司工作的保留工资，令 $w_2^* = \max\{w_L, \bar{w}\}$，则工人在决定第一阶段的努力水平 a_1 时将假定如果他不能被提升的话，他在第二阶段将获得工资 w_2^*。自然假定 $w_H > w_2^*$，否则提升是无意义的。

假定第二阶段后不再有提升，则 $a_2 = \underline{a}$。工人的期望效用为：

$$V(a_1, w_1, w_2^*, w_H, \pi^*) = F(\pi^* - a_1)U(a_1, w_1, \underline{a}, w_2^*)$$
$$+ [1 - F(\pi^* - a_1)]U(a_1, w_1, \underline{a}, w_H) \tag{5-21}$$

上式右端第一项对应工人未被提升时的情形，第二项对应工人被提升时的情形。工人在第一阶段选择最大化的 a_1，约束条件是 $a_1 \geqslant \underline{a}$。当存在内点解时，一阶条件为：

$$\frac{\partial V}{\partial a_1} = -f(\pi^* - a_1)U(a_1, w_1, \underline{a}, w_2^*) + F(\pi^* - a_1) \cdot U_{a1}(a_1, w_1, \underline{a}, w_2^*)$$
$$+ f(\pi^* - a_1)U(a_1, w_1, \underline{a}, w_H) + [1 - F(\pi^* - a_1)] \cdot U_{a1}(a_1, w_1, \underline{a}, w_H)$$
$$= f(\pi^* - a_1)[U(a_1, w_1, \underline{a}, w_H) - U(a_1, w_1, \underline{a}, w_2^*)]$$
$$+ F(\pi^* - a_1)U_{a1}(a_1, w_1, \underline{a}, w_2^*) + [1 - F(\pi^* - a_1)]U_{a1}(a_1, w_1, \underline{a}, w_H)$$
$$= 0 \tag{5-22}$$

当这样的解唯一时，令其为 $a_1^* = g(w_1, w_2^*, \underline{a}, w_H)$，则有：

$$a_1 = \max\{a_1^*, \underline{a}\} \tag{5-23}$$

式（5-23）给出的 a_1 是工人在第一阶段选择的努力水平。

下面，我们来看看 w_1、w_2^*、w_H 和 π^* 怎样影响最优选择 a_1。

在式（5-20）中，合约并不直接给定 π^* 而是规定 P，通过该式决定 π^*。我们假定有足够多的工人，即 n 充分大，以至单个工人不考虑自己的努力水平选择对 π^* 的影响，他在选择 a_1 时将 π^* 视为给定的。

假设效用函数 U 是具有时间可加性的，即：

$$U(a_1, w_1, \underline{a}, w_H) = U'(a_1, w_1) + U^2(\underline{a}, w_H) \tag{5-24}$$

记

$$V_1 = \frac{\partial v(a_1, w_1, w_2^*, w_H, \pi^*)}{\partial a_1}$$

则由式（5-22）知 a_1^* 满足：

$$V_1 = 0 \tag{5-25}$$

据隐函数定理及式（5-25）有：

$$\frac{\partial a_1^*}{\partial x} = \frac{\partial v_1}{\partial x} \bigg/ \frac{\partial v_1}{\partial a_1}$$

其中，x 可能是 w_1、w_2^*、w_H 和 π^* 中的任何一个变量，我们还将 π^* 用 P 来替换。因 $\dfrac{\partial U}{\partial a_1} = \dfrac{\partial U^1}{\partial a_1}$，$\dfrac{\partial U}{\partial w_1} = \dfrac{\partial U^1}{\partial w_1}$，根据式（5-22）及式（5-24），有：

$$\begin{aligned}
V_1 &= f(\pi^* - a_1)[U^2(\underline{a}, w_H) - U^2(\underline{a}, w_2^*)] + F(\pi^* - a_1)U'_{a_1} \\
&\quad + [1 - F(\pi^* - a_1)]U'_{a_1} \\
&= f(\pi^* - a_1)[U^2(\underline{a}, w_H) - U^2(\underline{a}, w_2^*)] + U'_{a_1}(a_1, w_1) \\
&= f[h(P)][U^2(\underline{a}, w_H) - U^2(\underline{a}, w_2^*)] + U'_{a_1}(a_1, w_1)
\end{aligned}$$

其中，$h(P)$ 由式（5-20）决定，因为 a_1^* 应满足式（5-22），于是有：

$$\begin{aligned}
\frac{\partial a_1^*}{\partial w_1} &= \frac{\partial g}{\partial w_1} \\
&= -\frac{\partial V_1}{\partial w_1} \bigg/ \frac{\partial V_1}{\partial a_1} \\
&= -\frac{\partial U'}{\partial w_1} \bigg/ \frac{\partial U'}{\partial a_1} \\
&= -\frac{U_{12}}{U_{11}} \begin{cases} \geqslant 0, & U_{12} \geqslant 0 \\ < 0, & U_{12} < 0 \end{cases}
\end{aligned}$$

类似地，有：

$$\begin{aligned}
\frac{\partial a_1^*}{\partial w_2^*} &= \frac{\partial g}{\partial w_2^*} \\
&= -\frac{\partial V_1}{\partial w_2^*} \bigg/ \frac{\partial V_1}{\partial a_1} \\
&= f(a^* - a_1) \frac{U_4}{U_{11}} < 0
\end{aligned}$$

U_4 在 w_2^* 处取值。

$$\frac{\partial a_1^*}{\partial w_H} = \frac{\partial g}{\partial w_H} = -f(\pi^* - a_1)\frac{U_4}{U_{11}} > 0$$

U_4 在 w_H 处取值。

$$\frac{\partial a_1^*}{\partial P} = \frac{\partial g}{\partial \pi^*}\frac{\mathrm{d}\pi^*}{\mathrm{d}P} = \frac{-f(\pi^* - a_1)\frac{\mathrm{d}\pi^* - \mathrm{d}a_1}{\mathrm{d}P}[U^2(\underline{a}, w_H) - U^2(\underline{a}, w_2^*)]}{U_{11}}$$

又由式（5-20）有：

$$\mathrm{d}P = -f(\pi^* - a_1)(\mathrm{d}\pi^* - \mathrm{d}a_1)$$

故有：

$$\frac{\mathrm{d}\pi^* - \mathrm{d}a_1}{\mathrm{d}P} = \frac{1}{-f(\pi^* - a_1)}$$

代入上式有：

$$\frac{\partial a_1^*}{\partial P} = \frac{f'(\pi^* - a_1)[U(a_1, w_1, \underline{a}, w_H) - U(a_1, w_1, \underline{a}, w_2^*)]}{f(\pi^* - a_1)}$$

$$\begin{cases} \geqslant 0, & f'(\pi^* - a_1) \leqslant 0 \\ < 0, & f'(\pi^* - a_1) > 0 \end{cases}$$

这里假定了 $w_H > w_2^*$，若 $w_H = w_2^*$，则 $\frac{\partial a_1^*}{\partial P} = 0$。

3. 马尔科森模型的比较静态分析

若效用函数对收入和努力是可加的，则 $U_{12} = 0$，由以上分析知 $\frac{\partial a_1^*}{\partial w_1} = 0$，最优努力水平 a_1^* 与第一阶段的工资率 w_1 无关。这是显然的，因为 a_1^* 不影响 w_1。

$\frac{\partial a_1^*}{\partial w_2^*} < 0$ 意味着保留工资 $\overline{w}$ 或第二阶段的低工资 w_L 的上升将导致最优努力水平下降。这是因为 w_2^* 越高，被提升的好处就越小，工人就越不害怕不被提升。

$\frac{\partial a_1^*}{\partial w_H} > 0$ 意味着被提升后的工资率 w_H 越高，工人就越努力工作，因为被提升的好处越大。

工人对提升比例 P 的反应不是单调的。当提升比例使 $f'(\pi^* - a_1) < 0$ 时，a_1^* 随 P 的上升而上升，意味着提升的可能性越大，工人工作就越努力。但当提升比例超过某下滑界点后，由式（5-20）知 $\pi^* - a_1$ 充分小，此时 $f'(\pi^* - a_1)$ 一般会大于 0，故 a_1^* 随着 P 的上升而下降。譬如，若 ε_t 服从正态分布（均值为 0），则当 $P < 1/2$ 时，$f'(\pi^* - a_1) < 0$，当 $P > 1/2$ 时，$f'(\pi^* - a_1) > 0$。此时 $P = 1/2$ 就是一个临界点，其意为：奖励面过大并不利于调动员工的积极性。当 P 太小时，满足一阶条件式（5-22）的 a_1^* 会小于 $\underline{a}$，工人也不会有积极性努力工作。

若 $w_L \geqslant \overline{w}$，则 $w_2^* = w_H$，未被提升的工人在第二阶段仍留在公司工作；若 $w_L < \overline{w}$，则 $w_2^* = \overline{w}$，未被提升的工人将离开公司。

公司从每个工人那里得到的期望利润为：

$$\pi(w_1, w_L, w_H, P)$$

$$= \begin{cases} h(w_1, w_L, w_H, P) - w_1 + \beta[\underline{a} - Pw_H - (1-P)w_L], & w_L \geq \overline{w} \\ h(w_1, \overline{w}, w_H, P) - w_1 + \beta P(\underline{a} - w_H), & w_L < \overline{w} \end{cases}$$

其中 $a_1^* = h(w_1, w_L, w_H, P)$，$\beta$ 是公司的贴现因子。公司的问题是选择 (w_1, w_L, w_H, P) 最大化上述期望利润，并满足 $U \geq \overline{U}$ 和 $0 \leq P \leq 1$。

公司也可以选择在第一阶段固定工资合约。此时，工人在第二阶段的努力水平均为 $\underline{a}$，公司的期望利润为：

$$\pi(w_1, w_2) = \begin{cases} \underline{a} - w_1 + \beta(\underline{a} - w_2), & w_2 \geq \overline{w} \\ \underline{a} - w_1, & w_2 < \overline{w} \end{cases}$$

但这个第一阶段合约等价于第二阶段合约中 $P = 0$ 的情形。因此，第二阶段合约一定要优于第一阶段合约。

当我们选择 $0 < P < 1$ 时的期望利润大于 $P = 0$ 时的期望利润时，最优的第二阶段合约就严格优于第一阶段固定工资合约。

马尔科森（1984）进一步证明，只要工人第二阶段收入的边际效用 U_4 相对于第一阶段努力的边际效用的变化率 U_{11} 足够大，第二阶段合约的期望利润就严格大于第一阶段固定工资合约（满足 $0 < P < 1$，$w_H > w_2^*$）。也就是说，从工人的最优化行为的比较静态分析看，对于任何给定的 $0 < P < 1$，$-U_4/U_{11}$ 决定 a_1 如何随 w_H 上升而上升；若 $-U_4/U_{11}$ 足够大，增加的 a_1（从而 π_1）就会弥补额外的工资成本 $w_H - w_2^*$ 且还有剩余。另外马尔科森在这篇论文中用这个模型对我们在日常生活中所观察到的如下五个方面的现象给出了解释，这五个现象是：

（1）公司中的金字塔形等级工资制度：高工资员工的人数少于低工资员工的人数。

（2）内部提升制度：有相当比例的高工资-高职位员工从内部的低工资-低职位员工中提升上来，新来的员工只在等级结构的最低层进入公司工作。

（3）工龄工资：工资一般随工龄和经验的增加而非生产率的提高而上升。

（4）工资差距随工龄和工作经验的增加而增加。

（5）职位工资制度：工资水平将主要取决于干的是什么样的工作而非由谁来干。

马尔科森的贡献在于用一个模型就对上述五个现象做了统一的解释，而在他之前的工作仅能分别解释其中的一两个现象。

本章基本概念

不完全信息动态博弈　　精炼贝叶斯均衡　　分离均衡　　　　混同均衡
信号博弈　　　　　　　声誉模型　　　　　货币政策模型　　文凭信号模型
逆向选择　　　　　　　道德风险　　　　　委托-代理问题

本章结束语

在非合作博弈里，到目前为止我们已经有了四个均衡概念：完全信息静态博弈中的纳什均衡、完全信息动态博弈中的子博弈精炼纳什均衡、不完全信息静态博弈中的贝叶斯纳什均衡以及不完全信息动态博弈中的精炼贝叶斯均衡。表面上看好像我们对所研究的每一种类型的博弈都发明了一种新的均衡概念，但事实上这些概念是密切相关的。随着我们所研究的博弈逐步复杂，我们对均衡概念也逐渐强化，从而可以排除复杂博弈中不合理或没有意义的均衡，而如果我们运用适用于简单博弈的均衡概念就无法区分。在每一种情况下，较强的均衡概念只在应用于复杂的博弈时才不同于较弱的均衡概念，而对简单的博弈并没有区别。

引入精炼贝叶斯均衡的目的是为了进一步强化贝叶斯纳什均衡，这和子博弈精炼纳什均衡强化了纳什均衡是相同的。正如我们在完全信息动态博弈中加上了子博弈精炼的条件，是因为纳什均衡无法包含威胁和承诺都应是可信的这一思想；我们在对非完全信息动态博弈的分析中集中于精炼贝叶斯均衡，是因为贝叶斯纳什均衡也存在同样的不足。精炼贝叶斯均衡是对贝叶斯均衡的精炼，也是子博弈思想在不完全信息博弈中的推广，它本身是纳什均衡。然后我们介绍了精炼贝叶斯均衡的一些应用，比如信号博弈、信息不对称导致的逆向选择与道德风险问题以及委托-代理问题等。

第六章

合作博弈

内容提要： 本章介绍合作博弈，在博弈中，如果参与者之间存在有约束力的合约、联合或联盟的关系，并因为这种关系影响到博弈的结局，这种博弈就属于合作博弈。然后我们主要介绍合作博弈的联盟、特征函数、核与夏普利值等概念。

案例 6.1

斜坡上的均衡

有一天，一群赌徒聚在一起豪赌，其中一位长者拿出一张 100 元面额的钞票押在自己面前，要所有人以 10 元为底线，并以 10 元为一个叫价单位出价，出价最高者赢得这 100 元，但出价最高者和次高者必须支付相当于出价数目的费用。你准备怎样玩这位长者设计的这个游戏？

假如你的出价是 10 元，如果没有人应价，你将以 10 元的代价赢得这 100 元，净赚 90 元。但须知，周围的一群赌徒都眼睁睁地盯着这 100 元，立刻便会有人出价 20 元，这时出价 20 元的人赢得这 100 元，长者得到的支付是 20＋10 元。于是，你将马上出价 30 元，而原来出价 20 元的，则马上出价 40 元，如此轮番出价，谁都不想白支付成本而让别人得到好处。这是出价在 100 元以前的情况。假如最高出价一方的叫价已经达到 100 元，则他用 100 元的成本赢得 100 元，不赔不赚。而出价 90 元的一定会叫出 110 元的价格，这样他花 110 元赢得 100 元，赔 10 元，无疑比净赔 90 元要合算得多。而这时出价 100 元的人则一定会叫出 120 元的价格，因为他花 120 元赢得 100 元，无疑比净赔 100 元要更合算。这样不断地轮番出价，大家都想使自己的损失更少一些，直至他们认为重新出价后的损失跟不再出价时的损失大体相当时为止，例如当最高出价为 200 元时，出价 190 元的人净赔 190 元，而如果他再次出价，则只需赔 110 元，190/110≈1.727；当最高出价为 300 元时，出价 290 元的人净赔 290 元，如果他重新出价，则只需赔 210 元，290/210≈1.381；当最高出价为 500 元时，出价 490 元的人净赔 490 元，如果他重新出价，则需要赔 410 元，490/410≈1.195；当最高出价为 1 000 元时，这时出价 990 元的人净赔 990 元，而如果他重新出价，即叫价 1 010 元时，也仍然要赔 910 元，990/910≈1.088 已经很接近于 1 了。随着叫价的不断进行，这种不叫价的损失与重新叫价的损失之比会最终趋近于 1，但永远不会等于 1。至于这种轮番叫价最终会在哪里终止，取决于叫价双方的心理感受和心理承受能力。

无独有偶。据说美国耶鲁大学的教授们在课堂实验中就曾经跟毫无戒备之心的本科生们玩过类似的游戏，并且赚了一笔钱，至少足够他们在教工俱乐部里美餐一两顿。不同的是，教授们押的赌金是 1 美元的现钞，叫价的底线和叫价单位均规定为 5 美分。这个游戏的设计者实际上利用了我们在生活中经常看到的一个基本原理，这就是"鹬蚌相争，渔翁得利"。假如轮番叫价的两个人不是竞相叫价，而是在叫出 20 元和 10 元之后立刻打住，在用 30 元的成本赢得 100 元后，将扣除成本后的 70 元利润与大家一起分享（须知默契不可能在叫价的两个人之间达成，因为其余的赌徒随时都可能叫出 30 元的价格而赢得这 70 元的利润），这样不是更好吗？当然，如果能在第一个人叫出 10 元之后大家都不应价最好，这样可以有 90 元的利润供大家分享，但是这种合作的难度会更大。这个故事告诉我们合作博弈与非合作博弈是有区别的。

本书讲到第六章，读者会发现，由于人类博弈活动的复杂性和趣味性，博弈可按照多种标准分类。如我们之前已经把博弈分为完全信息博弈与不完全信息博弈、静态博弈与动态博弈、常和博弈与零和博弈等，这些分类标准和方式我们不再赘述。但应该明确的一点是，之前已述的博弈类型都是基于非合作博弈的分类，我们平时所说的博弈论主要也是指非合作博弈论，它们的一个共同特点就是在博弈过程中强调个体理性。与之相对立的是合作博弈，从名称上便可理解，它强调集体力量，所以体现集体理性。与非合作博弈（non-cooperative game）相比，合作博弈（cooperative game）不再是追求个体支付最大化的问题了。就像案例 6.1 "斜坡上的均衡"里所描述的那样，如果叫价人群能够联合起来，实现合作，那么整体收益就会立即得到改善。所以集体理性的含义就是：从一个群体的整体角度出发，研究策略的选择，使整体收益最大。既然是集体合作，就必须有形成合作的前提，即存在有约束力的协议。

本章的思路是从博弈是否能达成具有约束力的协议的角度，对合作博弈与非合作博弈进行区分，并主要讨论合作博弈的内容和应用。合作博弈是博弈论的一个重要组成部分，它所研究和揭示的合作的必然性、合作方式和合作利益的分配等，能对现实中的各类合作关系起到有效的指导作用。但由于合作博弈和非合作博弈有时在应用中的界限并不是那么清晰，学术界对它的内涵和外延仍有不同的声音。因此，本章部分内容采用讨论式的方法阐述。

虽然合作博弈相对于非合作博弈而言较少被提及，但事实上合作博弈的出现和研究比非合作博弈要早。在 1881 年，英国统计学家埃奇沃思①在他的《数学心理学》一书中就已经体现了合作博弈的思想。合作博弈的运用研究十分广泛，涉及公司合作、区域经济以及国家之间的合作等多方面的问题。如果我们从团体利益、社会效益、国家利益、人类的和平和美好等角度来分析，其实合作博弈比非合作博弈更具有实际意义。

第一节　合作的力量与合作博弈

一、合作存在的必然性

在人们的社会经济活动中，由于种种原因，总会有或多或少的一部分人具有一致的利益或某些利益共同点，小到家庭、单位、集团，大到行业、民族、国家，都是因某种共同利益集结在一起的。在这种情况下，参与博弈的各利益主体为了取得更多的利益，常以若干人一组结成联盟，并以联盟为单位进行博弈。当联盟得到好处以后，联盟内的局中人按某种既定原则重新分配这些好处。通过这样的做法，每个人所得到的好处往往比他们单独进行博弈时要多。即使是两人博弈，由于外部条件的变化，也存在某种联盟的可能性。由此可见，只要联盟能带来更多的利益，合作就会存在。

先看一个在商业上如何结成合作伙伴的例子。

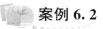 案例 6.2

市场合作博弈

某市有两个互相竞争的蔬菜市场，一直由两家蔬菜公司独自经营。根据市场管理部门的建议，为了方便群众生活，两个蔬菜市场应在早市（早晨至中午）或夜市（下午到晚上）轮流营业，每家公司可任意选定开市时间。如果是夜市的话，蔬菜的运输成本较低（市内交通便利），而且蔬菜新鲜；如果是早市的话，运输成本偏高，但人们比较习惯于早晨买菜，所以早市的销量较大。如果夜市的菜比早市便宜许多，市民们也会到夜市去买菜。一般情况下，每户居民一天最多采购一次蔬菜。两个蔬菜市场究竟应该开早市，还是开夜市？在决定之前是否应该合作？各种情况下双方的收益如表 6-1 所示。

表 6-1　　　　　　　　　市场合作博弈

甲市场		乙市场	
		早市	夜市
	早市	12, 12	<u>20</u>, <u>30</u>
	夜市	<u>30</u>, <u>20</u>	18, 18

①　埃奇沃思是英国统计学家，数理统计学的先驱。埃奇沃思对统计科学的主要贡献是他最早运用数学，特别是概率论，来研究社会经济问题。正因为这样，在统计史上他被称为描述学派或旧数理学派中经济学派的创始人。

以上的支付矩阵已经十分明了地说明了，这两个蔬菜市场选择合作比不合作的得益要多。那么，如果双方有良好的合作基础，愿意长久保持合作，且不考虑因合作产生的交易成本，它们之间完全可以约定，一家开早市，另一家开夜市，以定期轮换的方式来实现合作。于是，在这一问题中就有两个均衡，即（20，30）和（30，20）。这种最好的答案只有在双方精诚合作、信守合约的情况下才能实现。如果因双方要合作而产生了过高的交易成本，或者两家曾发生过一些导致双方互不信任的事件，那么它们就不会选择精诚合作，而只能在混合策略中寻找最优策略了。即双方均以概率(1/10，9/10)选择早市和夜市。当双方以 1/10 的概率开早市、9/10 的概率开夜市时，它们得到的预期收益为 $R=19.2(=12×1/10+20×9/10)$ 万元。即如果两家不合作，每天的期望收益只有 19.2 万元。但如果合作的话，每天最少获得收益 20 万元，至多获得收益 30 万元，平均收益为 25 万元。

由此可知，在特定情况下，如果放弃合作，在最好情况下的平均收益也会小于在合作情况下的最少收益。很显然，合作可以带来效益。以案例 6.1"斜坡上的均衡"为例，这是一个动态博弈中的合作问题。这个案例是从寻找最优解的角度起的名字，即"斜坡上的均衡"。这是因为此类博弈有一个共同点，一旦陷进去就很难停下来，就像你在滑行的时候突然滑到了一个陡坡上端，你只能有两种选择，要么在坡口戛然而止，要么一直滑下去直到坡底。

有些人也把这种游戏叫做骑虎难下博弈，用这个成语来表示这一博弈类型，意在描述事情进行到中途时遇到一种困境，这种困境是你迫于形势而无法终止，做或不做都不是更好的选择，所以就硬着头皮做下去。骑虎难下博弈在现实生活中的例子有很多。例如，一个赌徒一旦涉赌，往往就很难自拔。同样的事情也总发生在那些在股票和期货市场上总不如意的投资人身上，赢了总想赢得更多，输了总想捞回本钱，这样必然会永无止境地一直走下去。不仅个人行为，公司、政府在决策行动中也经常遇到这种骑虎难下的情形。一个典型的例子就是 20 世纪 60 年代英法两国联合投资开发大型超音速客机，即协和飞机。这种飞机机身大、设计豪华且速度快。但不久英法政府就发现，继续投资开发这样的机型，成本会急剧增加，单是设计一个新引擎的投资就可能高达数亿美元。而且，这样的设计能否适应市场尚不得而知。然而，如果停止研制，前期的投资无疑将付诸东流。随着研制工作的不断深入，两国政府更是不愿意做出停止研制的决定。协和飞机虽然研制成功了，但终因飞机自身的缺陷，如油耗高、噪声大、污染严重等，不适应市场化运作，最终被市场无情地淘汰出局。

其实，这一类博弈问题是存在最优解的，而且最优解不是只有一个。但要看你站在哪个角度分析这个最优解，是不合作还是合作。还用 100 元出价的案例来说，不难发现，这个博弈有一个均衡，即一开始就叫价 100 元，而且不再有人应价。实际上，当第一个人叫价 100 元的时候，在理性假设前提下，通常也不会再有人应价，谁应价谁就会蒙受损失。这种均衡实际上就相当于博弈没有进行，也就相当于一个人滑行到了坡口戛然而止，那么解决这一类问题的关键点就指向了个体理性的边缘应该设在哪里。这一解决方法的出发点是站在不合作的角度上，理性追求个体利益最大化。

然而，我们在这一章想给大家分析的是另外一种均衡解，即通过合作来实现另一个存在于"斜坡"上的均衡点。对于叫价的人群来说，还有一个更加简单的方法来处理这个马上就要陷入骑虎难下僵局的问题，那就是联合起来。试想一下，如果叫价者事先了解游戏规则后马上形成联盟，只推选一人叫价 10 元且谁也不再追加叫价，则游戏会直接结束，剩下 90 元由大家平均分配。相比以上站在不合作角度求解均衡的结果，这次合作的收益明显比不合作的收益更大。合作博弈以及它的最优解充分说明了合作博弈与非合作博弈在前提条件、目标和解决途径上的区别。当然，这一博弈过程也突出了个体理性和集体理性的冲突。在现实生活中，这种博弈的最优解——合作是能够被想到的，关键问题在于能不能实现。对于 100 元的游戏，叫价者之间可以暂时形成联盟，而超级大国之间的军备竞赛能被合作、联盟勒住步伐吗？商业活动的联合是商人利益的博弈，而某些联合的意义更加重大，它意味着不同种族、不同文化、不同疆域的人类能够和平共处，合作能有更好的结局，即使我们觉得困难，这种均衡解的存在也间接指向了人类合作的必然性。

二、合作博弈的内涵

合作博弈是指参与者能够联合达成一个具有约束力且可强制执行的协议[①]的博弈类型。根据这一定义我们来看看合作博弈的性质与范畴。

1. 合作博弈的性质

（1）有强制执行的协议。

一般认为，合作博弈是指在一个博弈中，如果参与者之间达成协议，则协议具有完全的约束力且可强制执行。如果协议中规定的义务是不可强制执行的，那么即使局中人之间在博弈之前已经互相有所承诺，也可能导致非合作。因此，人们在研讨合作博弈时，往往更注重强制执行的契约，这也是达成合作博弈的前提和合作博弈不同于非合作博弈的要点。

（2）合作（联盟）的收益分配问题。

合作博弈中联盟和分配是最重要的两个问题，而且它们密不可分。因为分配指的是联盟内部的利益分割问题。分配可以理解为联盟形成之前和之后的两类形式，在形成有强制执行的协议之前，需要有让个体接受的利益分配方案；在形成联盟之后，需要有对分配方案的强制执行制度。当然，分配的多少还在于联盟形成之后，它又可以作为与其他对手同样的单一局中人来看待，而继续参与其他博弈，争取联盟整体的利益最大化，但这从属于另一个博弈关系。因此，按照前面所述，个体选择合作肯定比选择不合作有更大的收益，那么这种收益来自形成联盟之前个体沟通形成的分配方案、联盟后方案的执行，以及联盟在其他博弈中的结果（集体的总收益）。至于何种机制能推动契约强制执行以保证联盟的形成和运行的问题，后面我们会介绍收益的分配向量，它的存在可以在理论上描述执行契约行为的可能性。

---

① 在 1950—1953 年期间，纳什共发表四篇论文（1950a；1950b，1951；1953），文献对合作博弈和非合作博弈进行了清晰的界定，即合作博弈的前提是参与者之间有强制执行的协议，而非合作博弈则没有。

以上是基于理论和观察对合作博弈收益分配问题的论述，而一些经济学家认为，合作博弈理论是有缺陷的，它不可能提供一个清晰的标准用来分析现实社会竞争的解，这里有三个方面的原因：

首先，现实中的协议或契约可能是部分可强制执行的，而另一部分不能强制执行。那么，其中一些局中人可达成契约，而另一些人却不能够达成契约。在契约的实施过程中，其中有若干步可执行，其余的则不可执行。于是，实际生活中的博弈大多处于合作博弈与非合作博弈之间。

其次，合作博弈具有序列渐进结构。

最后，合作博弈所反映的现实经济问题具有不完全信息。

（3）能否把合作博弈看做非合作博弈的一种特殊情形。

在本书前面的章节中我们已经学习并熟悉大量非合作博弈模型，有一种观点认为，如果把达成协议的谈判过程和执行协议的强制过程明确地纳入博弈的扩展式，用扩展式博弈的方法研究合作博弈，就可以把合作博弈看做非合作博弈的特殊情形。但要注意的是，非合作博弈的重点是在个体，是每个局中人应该采用什么策略；而合作博弈的重点则是在群体，何种联盟将会形成，联盟中的成员将如何分配他们可以得到的收益。即使把所形成的联盟看做一个利益主体参与博弈，如何在联盟内部分配他们的得益依然是合作博弈所特有的研究内容，在后面一节中我们将继续这一话题。

因此，合作博弈有其独立存在的理论价值，而且有比较广泛的应用领域。在现代社会，合作博弈的实用价值非常大，因为现实中有许多纷争都是因为合作分配原则未能协商一致而导致合作失败，使参与者丢掉了已经快到嘴边的美餐。

由此可见，分配是合作博弈研究中的一个核心概念，它强调要在联盟内部按协议规则把所得到的支付（收益）分配给所有成员。例如，股份制公司按入股本金的多少分派股利，国家按一定的分配原则进行国民收入再分配等。

2. 博弈中合作与非合作的三种界限

如果开始是非合作的，但最终达成了有约束力的承诺或合同，则使用合作博弈的方法。这种方法不考虑参与者之间讨价还价的具体细节，而专注于合作的结果。

如果事先无法达成有约束力的承诺或合同，或者达成合同的成本过高，则使用实现合作结果的非合作方法。这类博弈专注于分析合作达成的具体过程。

无限次重复博弈，即参与者之间长期进行重复博弈。事实上，只要参与者进行非合作博弈的次数够多，仍有可能达到合作的结果。讨价还价博弈和无限次重复博弈都是达到合作博弈解的非合作博弈方法。

综上所述，完全可以把现实中的绝大多数博弈问题看做合作博弈与非合作博弈的混合物。个体有限次的、局部的策略选择行为与整个市场相比仍足够小。在理想的完全竞争的交换市场经济中，当参与者（局中人）较多，策略选择行为发生次数足够多时，非合作博弈与合作博弈趋于一致。然而，这种理想经济与现实差距甚远。我们在市场环境和国际环境中常常看到的是，大的公司集团、政府决策对市场和国际经济的影响仍然举足轻重，因此，合作与非合作的分类研究以及将两者有机结合起来的博弈模型研究都有十分重要的意义。所以，合作博弈在研究经济问题，特别是在所有转型经济的市场秩序研究中会出现的新型合作组织内部制度等问题上，仍具有较高的应用价值和借鉴意义。

参与博弈的局中人为了各自的利益目标都在努力寻找和实施能够获得更多利益的行为。如果联盟或合作更有利于目标的实现，部分局中人自然会以联盟为单位进行博弈，此时只需考虑如何在联盟内部分配这些比成员们单个博弈时所得之和还要多的好处。否则，局中人仍然会单兵参战。因此，现实中遇到的博弈问题往往就是局中人面临着在合作与非合作之间进行选择的问题，这也可以被称为"拟合作问题"，例如经贸谈判、委托-代理关系中的激励相容问题、不完全竞争市场中的博弈问题、个人与公司和政府的关系问题等。这些问题的关键在于合作与非合作相互转化的条件（利益标准）、特点和均衡的实现过程。

⬇ 拓展阅读 6.1

人类合作秩序的起源与演化

在以往的经济学教科书和主流经济学家的文章里，理性变成了不可爱的理性，变成了没有情感、没有社会正义和道德意识的理性，变成了冷酷的市场计算——"威尼斯商人身上的一磅肉"。最近十年西方经济学理论发生了一种变化，这种变化很微妙，是由主流经济学家自己意识到的，并且由一些主流经济学家带头调整了方向，开始转到了对人类情感的研究上。在这一研究方向上，除了经济学，还有脑科学、认知科学、人类学、社会心理学和演化心理学的参与。如果纯粹从经济学的角度看，这些经济学家正在试图把人类的情感因素综合到比如说博弈论的框架里。

2001年，一份很重要的学术刊物《经济行为与组织杂志》上刊发了一篇文章，题目叫《带有同情心的囚徒困境博弈》，它的主要结论是同情心的存在可以在单次囚徒困境中导致合作。根据作者所做的博弈实验，在单次囚徒困境条件下，参与者的同情心越强，参与者之间同情共感的距离越近，合作就越容易实现。作者引进了一个度量心理距离的参数，结果发现这个参数与合作的概率完全成反比。人们的心理距离越小，合作发生的概率就越大。当这个参数收敛到某一个域值或者某一个点的时候，参与者几乎百分之百合作。在这个点之前有一个区域，参与者之间的关系是一部分合作，一部分不合作。作者挑选的实验者都是同一所大学的学生。挑选的标准是他们之间必须互相熟悉并共同相处一年以上，只有这样才可以度量他们的同情心。通过博弈实验，作者得到了一些非常可信的数据。比如，作者发现同情心并不是对称的，当我同情你的时候，你未必就同等程度地同情我。在玩这个游戏的时候出现了一种情况，作者把它叫做"同情者的礼物"：我情愿单方面和你合作，甚至明明知道你会背叛我、出卖我，我也毫无怨言地做出"牺牲"，仅仅因为我可怜你、爱你或者崇拜你。

上述现象是把同情心引入博弈论以后出现的新的观察，或者是有待进一步研究的领域。这是一个很有意思的事情，它说明我们的决策行为，甚至在单次囚徒困境条件下也是无法离开情感因素的。它说明"情"这个东西在今天主流经济学家的眼睛里，已经不再像以前西方传统里的"情"一样可以和"理"完全分开。我们可以把这种研究称作"理"的情感化研究，它几乎和中国的传统文化一样，因为在中国人眼里，"情理"两个字从来就是合一的、连在一起的。在"理"的情感化研究方向上，西方学者最近十年除了有许多非常前沿的探索之外，还有许多非常深刻的反思。他们开始反思，在经济学和社会理性选择理论的思想发展脉络上，他们究竟从什么时候开始走错了路。这是一件很重要的事情，是一种思想史的梳理。正是这种反思和梳理，把当代经济学家重新带回古典经济学家亚当·斯密的语境。当然，我说的不是亚当·斯密的《国富论》，而是亚当·斯密的《道德情操论》。西方经济学家发现，在过去200多年中，人们对斯密有太多误读，甚至完全背离了斯密最初对人类经济行为的洞见。我们全部的经济学基本假定，其核心是"经济人"假说。事实上，亚当·斯密从来没有提出过"经济人"假说，这都是后人提炼出来的。厨师和面包师不是因为他的仁爱而是因为他的自利才使我们每天都能够吃到需要的食品，斯密的这句话常常被当做他主张自利是市场经济的人性基础的明证。在斯密看来，"看不见的手"实际上是一只自利的手，每个人按照自己的利益的指引去生活，结果公共福利能够提高。斯密对自利人与市场关系的分析是正确的，但是也造成了误解。自那时以来的经济学似乎再不问：为什么一个纯粹自利的人会选择交易这种和平和双赢的方式去对待他人？为什么两个自利的人彼此的行为一定会增进他人的福利？难道其中不需要某些必要的前提条件吗？我们看到，现在的经济学理论已经开始反思这个问题了。但是，经济学到现在才发问，这到底是因为斯密的误导还是因为我们对斯密的误解？两个多世纪以来，我们的经济学严重地误解了斯密的本意，可怕地忽视了他思想中真正有价值的内容。

斯密《国富论》当中关于自利人自由选择可以增进公共利益的命题，其真正的学理基础隐藏在他的《道德情操论》中关于同情心的重要思想之中。《国富论》和《道德情操论》并非并行不悖的两部著作，仔细考察可以发现，《道德情操论》是斯密全部社会科学的方法论基础，《国富论》则是斯密将他的基本思想运用于财富研究得出的成果。因此就学术重要性而言，《道德情操论》远在《国富论》之上，尽管后者在社会影响方面超过了前者。翻看《道德情操论》，我们就可以看到斯密在反复地探讨一个重要的问题，那就是人类同情心的来源、形式和表现，以此为基础考察人类秩序的起源和运行。他翻来覆去说明的一个道理是：人类社会的秩序之所以可能建立，人类之所以能够合作，我们之所以能够组成社会，不是因为我们自私，而是因为我们时时刻刻都有某种设身处地为别人考虑的能力，始终都有换位思考的禀赋、天生的禀赋，也就是我们一般有同情心。这个研究虽然完全建于观察和内省的经验之上，但是在今天具有极为有益的启示。我们认为，超越囚徒困境中个体理性的局限，谋求合作和合作剩余可能是我们人类行为、人类心智与人类社会包括人类文化与人类制度共生演化的最终原因。建立一个更完善、更有效率的合作秩序，也许是我们这个物种在生存竞争中的最大优势。在人类漫长的演化历史中，最初的合作秩序是通过自然选择建立的，即自然选择的压力迫使人类进化出有利于合作的偏好，我们把这一阶段称作"自然为人类立法"。随着生产能力的提高，自然施加于人类的选择压力开始减轻，合作秩序不得不通过其他手段来维护，强互惠者个人实施的利他惩罚就是其中之一，我们把这一阶段称作"个人为社会立法"。最后，在近现代社会，工业革命带来的分工使人类合作的规模达到前所未有的程度，合作秩序的维护必须依赖一个建立在民主基础上的现代司法制度，于是我们把这一阶段称作"社会为个人立法"。

从 2000 年到现在，西方学者终于发现了"情"和"理"本来是一回事，本来是互相纠缠的。根本不可能像萨缪尔森所说的那样把它们一刀切开：这边是完全的理性选择，它解决的是最大化问题；那边是完全的情感冲动，它决定的是社会福利函数；理性选择给社会福利函数的各个组成部分赋予不同的权重，然后把它们加起来。这就是今天西方经济学和社会选择理论最新、最前沿的研究方向。

资料来源：节选自汪丁丁、罗卫东、叶航于 2005 年 5 月 14 日、15 日在南京理工大学演讲内容的修改整理稿。

三、合作博弈形成的条件

综合以上分析，我们把形成合作博弈需要的四个基本条件列出：

（1）对联盟来说，整体收益大于其每个成员单独经营时的收益之和。

（2）对联盟内部而言，应存在具有帕累托改进性质的分配规则，即每个成员都能获得比不加入联盟时多一些的收益。

第二个条件强调了合作的结局，由此角度来看，合作博弈也可以按照合作之后的收益变化分为本质性的合作和非本质性的合作。如果合作后收益有所增加，则此合作博弈是本质性的，即合作（联盟）的结局存在净增收益；如果合作（联盟）后收益并没有增加甚至下降，则为非本质性的合作。例如，转型经济体常常会出现一些低效率的、名不副实的集团组织，或一些被称为类"经济合作组织"的合作（联盟），它们并没有真正发挥合作的优势，并没有创造出比不合作时更大的社会经济效益，这种合作可以被看做非本质性的合作。

（3）自愿、平等和互利。在合作博弈中，各参与方的自愿和平等是实现合作的基础和保证，也是互利原则的一致性利益的体现，这一条件的实现也间接强调了利益分配的公平性。

以上这三个条件是保证合作形成并得以运行的基本条件，它们是由合作博弈的本质特点决定的。

（4）可转移支付的存在。从现实的社会经济生活中还可以看出，能够使合作存在、巩固和发展的另一个关键因素是可转移支付或可转移收益的存在，即按某种分配原则，可在联盟内部成员间重新配置资源、分配收益。若内部成员由参与者 $i \sim j$ 构成，那么他们之间必须存在利益的调整和转移支付才能形成合作。因此，可转移支付函数的存在也是合作博弈研究的一个基本前提条件。

此外，为了保证实现合作，需要联盟内部成员之间的信息可以互相交换，还需要所达成的协议必须被强制执行。这些与在非合作的策略博弈中每个局中人独立决策、没有义务去执行某种共同协议的特点具有明显的不同。

至此，我们已经介绍了合作博弈的内涵和性质，不难发现，合作博弈不同于非合作博弈的一个显著特征就是研究人们达成合作时的支付最大化问题，也即研究集体收益的分配问题。合作博弈采取的是一种合作的方式，这往往体现为从个体理性向集体理性的妥协，例如我们之前分析的骑虎难下博弈，在这一过程中，个人妥协之所以能够增进双方或多方的利益以及整个社会的利益，就是因为合作博弈能够产生一种合作剩余。这种剩余就是从合作关系和方式中产生出来的，且以此为限。至于合作剩余在博弈各方之间如何分配，取决于博弈各方的多方面因素，在本章会提供一些主流的模型和思路。需要注意的是，妥协必须经过博弈各方的讨价还价，最终达成共识，进行合作。在这里，合作剩余的分配既是妥协的结果，又是达成妥协的条件。

▼ 拓展阅读6.2

纳什给我们留下了什么？——合作的意义

社会是由人组成的，社会因人而存在，为人而存在。作为理性的个体，我们每个人都有自己的利益，都在追求自己的幸福。这是天性使然，没有什么力量能够改变。但社会的进步只能来自人们之间的相互合作，只有合作，才能带来共赢，才能给每个人带来幸福。这就是我们应有的集体理性。但是，基于个体理性的决策常常与集体理性相冲突，导致所谓囚徒困境的出现，不利于所有人的幸福。

除了个体利益之外，妨碍人与人合作的另一个重要因素是我们的知识有限。即使到今天，尽管人类有关自然规律的知识已大大增加，真正做到了"可上九天揽月，可下五洋捉鳖"，但我们有关人类自身的知识仍然不足以让我们明白什么是追求幸福的最优途径。让普通人接受自然科学的知识相对容易，但让其接受社会科学的知识很难。不少人短视、傲慢、狭隘、自以为是，知其然而不知其所以然，经常不明白自己的真正利益所在。

正是我们的无知导致了人类社会的许多冲突。许多看似是利益的冲突，实际上是理念的冲突。事实上，大部分损人利己的无耻行为本质上也是无知的结果。损人者自以为在最大化自己的幸福，但结果常常是"聪明反被聪明误"，既损人又害己。有些人心地善良，一心为他人谋幸福，但由于无知，也给人类带来了不小的灾难。

幸运的是，作为地球上唯一理性的动物，人类不仅具有天然的创造力，也具有"吃一堑，长一智"的本领。在漫长的历史中，人类发明了各种各样的技术、制度、文化，克服了囚徒困境的障碍，不断走向合作，由此才有了人类的进步。诸如语言、文字、产权、货币、价格、公司、法律、社会规范、价值观念、道德标准，甚至钟表、计算机、网络等的发明，都是人类走出囚徒困境、实现合作的重要手段。

当然，每一次合作带来的进步，都伴随着新的囚徒困境的出现。比如互联网为人类提供了更大范围的合作空间，但互联网也为坑蒙拐骗行为提供了新的机会。一部人类文明史就是一部不断创造囚徒困境，又不断走出囚徒困境的历史。

自 20 世纪中期以来，整个社会科学领域最杰出的成就也许就是博弈论的发展。博弈论研究理性人如何在互动的环境下决策。博弈论的全称是"非合作博弈理论"。这样的名字容易在非专业人士中产生误解，以为它是教导人们如何不合作的。这真是一件遗憾的事。事实上，博弈论真正关注的是如何促进人类的合作。囚徒困境模型为我们提供了克服囚徒困境的思路。只有理解了人们为什么不合作，我们才能找到促进合作的有效途径。

经济学与社会学、心理学、伦理学等学科最大的不同是它的理性人假设。博弈论继承了这一假设。这一假设经常受到批评，甚至一些其他领域的学者和社会活动家把生活中出现的损人利己行为和道德堕落现象归罪于经济学家的理性人假设，好像是经济学家唆使人变坏了。其实这是一个极大的误解。理性人假设与这些现象并无直接联系。

当然，理性人假设不是没有缺陷的，现实中的人确实不像经济学家假设的那么理性。但我们仍然认为，只有在理性人假设的基础上我们才能理解制度和文化对人类走出囚徒困境是多么重要。促进社会合作和推动人类进步不能寄希望于否定人是理性的，而只能是通过改进制度使相互合作变成理性人的最好选择。

第二节　双人合作博弈

合作博弈可以有多种分类，例如前面介绍了按合作的不同情形分类的方式，也可以根据局中人相互交流信息的程度、协议执行时的强制程度，以及多阶段博弈中联盟的规模、方式和内部分配等的不同把合作博弈分为若干类型加以研究。本节按参与博弈的局中人的多少划分，可以把合作博弈分为双人合作博弈（two person cooperative games）和 n 人（$n > 2$）合作博弈（n-person cooperative games），这也是合作博弈的一般分类方式。下面从双人合作博弈的动机和原理入手来研究这类合作博弈类型的特点。

一、利益分配的公正性

在非合作博弈中，参与者或局中人的利益是依靠他们自己的行动或策略选择"争来"的。在利益的争夺中，局中人追逐的利益是他自己的利益。合作博弈的基础或基本假设仍然是个体理性，它研究的是在个体理性条件下的合作。合作不能损害个体利益，否则参与者宁愿采取不合作的态度，通过自己的行动或策略去争取更大的利益。

合作中的利益分配原则不再像非合作博弈那样仅仅出自个体利益，而是在对分配方案进行选择时产生了一个重要的概念——公正。分配方案只有被双方都认可才能实现其合理性，才能是"公正"的。因此，分配的公正性就成为合作博弈中的核心概念。

利益的分配需要通过谈判解决，谈判的"仲裁者"是"公正的理由"，即谈判双方都接受的"公理"——公认的理由，例如商业社会的仲裁、生活中的委托第三方的公证。如果人们愿意从一些共同认可的"公理"出发去解决利益分配问题，他们就有了合作的基础。因此，分配问题是合作博弈研究中一个十分重要的问题，下面看一个案例。

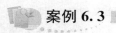

案例 6.3

赌注分配问题

15 世纪末，意大利的一本关于计算技术的教科书中提出了这样一个问题，两个赌徒在赌博时约定，谁能累计赢够 6 次，谁就获得全部赌注。但不巧的是，当 A 赢了 5 次、B 赢了 2 次后，赌博意外地中断了，在这种情况下赌注究竟应该如何分配？书中提出了一种分配方法，两个赌徒 A 和 B 分别按 5：2 的比例分配全部赌注。该书出版后，很多人对这种分配办法不以为然。有人提出，如果约定累计赢 16 次才获得全部赌注，那么当 A 赢了 15 次、B 赢了 12 次时赌博中断，赌注又应如何分配呢？是不是还按照 15：12 的分配办法分配呢？5：2 的分配比例对于前者很显然是不公平的，因为他距离得到全部赌注已经只有一步之遥了，而后者差距尚很大。如果在第二种情况下，按照 15：12 的比例进行分配，前者更吃亏。

数学家卡丹诺（G. Cardano）认为，着眼点不应该是已经赌过的次数，而应该是剩下来的次数。在这个问题中，以后的赌博只有 5 种可能的结果，即前一个赌徒赢第一次，或赢第二次，或赢第三次，或赢第四次，或四次全部输掉。于是卡丹诺认为，赌注应该按照 (1+2+3+4)：1 即 10：1 的比例分配更合适。

法国数学家帕斯卡（Blaise Pascal）和费尔马（Pierre de Fermat）也曾分析和研究过这个赌博中断问题。他们认为，按照概率论原理，应该考虑以后四次赌博的所有可能约束。很显然，这种可能性一共有 $2^4 = 16$ 种，除了一种可能性是已经占优势的赌徒 A 连输 4 局以外，其余的都是赌徒 A 获胜。因此，赌注应该按照更加悬殊的比例 15：1 进行分配。

究竟哪一个分配比例更合适呢？

首先要说明的是，这一案例说的是赌徒行为，"赌"是文明社会不提倡的游戏。其次，我们来分析这个赌局的分配方案。赌局被公开后引起了社会广泛参与，分配方案也是五花八门，各说各理，相信读者也会有自己的初步判断。我们认为卡丹诺的分析更有道理，但分配比例不应该是 10：1，而应该是 4：1，下面进行解释：假设符号 A′ 代表 A 赢，符号 B′ 代表 B 赢，则如果游戏能够继续且一直到单方赢 6 次才结束，那么这里应该存在 5 种结果：A′；B′A′；B′B′A′；B′B′B′A′；B′B′B′B′。这 5 个游戏结果实际上是互斥事件，这里每一个事件发生的概率是相同的，均为 1/5。所以，赌注分配的比例应该是 4：1 才更加合适。

上述例子充分表明，分配问题在合作博弈中是至关重要的。不同的分配方法会使参与者的利益完全不同。

二、纳什谈判解

以上问题可以归纳为两人讨价还价问题（two-person bargain），这是合作博弈理论的基本问题，也是博弈论早期提出的问题之一。它包括交易双方的价格谈判、劳资双方的工资争端、合作者的利润分割及各种其他的对特定利益的双人分配问题。这里我们要讨论的是这一类问题的合作问题，而不是非合作情况下的博弈问题。

在之前的章节我们讨论了非合作博弈的纳什均衡求解过程，但它并不能直接运用于合作博弈。[①] 由于合作博弈需要进行谈判，所以又可以称其纳什均衡为纳什谈判解。两人讨价还价问题也是两个博弈方，这与非合作博弈相同，但在非合作博弈中博弈方选择的是自身的策略。在两人讨价还价中，允许甚至强调通过协议协调行为，个人策略并不能直接决定结果，因此重要的不是各个博弈方的个人策略，而是包含协议双方共同利益的分配方案（简称"分配"）。

纳什谈判解是对交换过程中的利益分配问题求解，其求解思路见图 6-1，二维坐标系中的纵轴和横轴分别代表了谈判双方 A 和 B 通过利益分配所得到的效用。A 和 B 的利益效用起点在 $d(d_A, d_B)$ 点处，该点可以被看做谈判的破裂点。其中 d_A 为 A 的初始效用，d_B 为 B 的初始效用。如果他们进行交换，对双方都有利，那么 CD 曲线表示他们可以达到的全部帕累托最优状态。

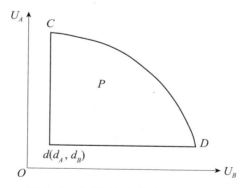

图 6-1　交换过程中的收益分配问题

对于 A 和 B 来说，双方都知道对他们最有利的交易结果在 CD 线上，关键是能否找到 CD 线上的利益分配方案，而找到分配方案的关键在于能否找到 A、B 双方都认可的"公理"。谈判是根据初始条件 d、可行集 P（假定为二维平面上的一个凸集）给出某个双方都同意的调解或谈判程序。按照这个调解程序，最后要能够达到一个结

---

① 　约翰·纳什发表了《n 人博弈的均衡点》（1950）和《非合作博弈》（1951）两篇论文，介绍了合作博弈与非合作博弈的区别。此外，《讨价还价问题》（1950）得出了谈判问题的唯一理性解，即纳什谈判解。

果 $U' = (U'_A, U'_B)$，这个结果在全部的可行方案 P 之中，并且应该是双方都满意的帕累托最优方案。

谈判中的调解程序 Ψ 可以定义为一个从 d 和 P 到 P 中的某个点 $U' = (U'_A, U'_B)$ 的一个映射，即：

$$U' = (U'_A, U'_B) = \Psi(d, P) \tag{6-1}$$

纳什认为，一个好的谈判调解程序应满足的公理如下：

公理一（个体理性）：$U'_A \geqslant d_A$，$U'_B \geqslant d_B$。

公理二（可行性）：$(U'_A, U'_B) \in P$。

公理三（帕累托最优性）：如果 $(U_A, U_B) \in P$，且 $U_A \geqslant U'_A$，$U_B \geqslant U'_B$，则 $U_A = U'_A$，$U_B = U'_B$。

公理四（无关方案的独立性）：如果 P_2 是 P_1 的子集，且 (U'_A, U'_B) 是调解程序 $\Psi[d, P_2]$ 达到的合作解，那么只要 $(U'_A, U'_B) \in P$，则它也是调解程序 $\Psi[d, P_1]$ 达到的合作解。

公理五（线性变换的不变性，也表述为尺度不变性）：设 P' 是 P 经过线性变换 $U'_A = aU_A + b$ 和 $U'_B = cU_B + d$ 而合成的集合，其中 $a > 0$，$c > 0$。如果 (U'_A, U'_B) 是调解程序 $\Psi[d, P]$ 达到的解，那么 $aU^*_A + b$ 和 $cU^*_B + d$ 也是调解程序 $\Psi(d, P')$ 达到的解。

公理六（对称性）：如果 P 是对称的，即 $(U_A, U_B) \in P$，$(U_B, U_A) \in P$，并且 $d_A = d_B$，则 $U'_A = U'_B$。

纳什定理：合作博弈 (d, P) 存在满足以上公理唯一的纳什谈判解 $U = \Psi(d, P)$，当且仅当 $(U^*_A - d_A)(U^*_B - d_B) > (U_A - d_A)(U_B - d_B)$ 时，对于所有 $U \in P$，$U \geqslant d$，并且 $U \neq U^*$。

由上述定理可以知道，谈判的结果就是使福利函数（支付函数）

$$W(U_A, U_B) = (U_A - d_A)(U_B - d_B) \tag{6-2}$$

最大化。谈判的关键问题是看是否能够形成一种包含双方利益的"共同价值"观，即谈判福利函数 $W(U_A, U_B)$。

三、合作博弈均衡

1. 合作博弈的表达方式

合作博弈就其本身来说，也是"联盟博弈"（coalitional game），为了表示这种博弈的局势，我们要为此选取一种表达方式。前面介绍过用策略式或扩展式表现非合作博弈局势，博弈就可以被称为策略型（标准型）博弈或扩展型博弈，与其类似，在合作博弈中，我们可以使用特征函数来表现此类博弈，从这一角度来说，此类博弈可以被称为特征函数型博弈。这三种博弈概念存在相互联系。扩展型博弈比策略型博弈更加能够详细说明博弈行动的次序与信息结构的细节，具有最丰富的信息。它常用来表达结构严整的博弈局势，但对结构形式复杂一些的就不太合适。在扩展型博弈的基础上可以简化出策略型博弈，只不过其中存在某些精微细节方面的缺失。在重点分析博弈双方的策略组合时，策略型博弈比扩展型博弈更加简洁明了。在此基础上，如果对策略型博弈引入可强制执行的、有约束力的协议（即合作博弈的前提），则可进一步简化博弈的表现过程，也不再有策略细节，而是将研究重点放在合作的价值上，这也就形成了特征函数型博弈。

2. 可转移支付联盟博弈

合作博弈的基本形式是联盟博弈，它隐含的一个假设是参与者之间有自由流动的交换媒介（货币支付），每个参与者的效用与它是线性相关的。一般根据有无转移支付而将联盟博弈分为两类：可转移支付联盟博弈（coalitional game with transferable payoff）和不可转移支付联盟博弈（coalitional game with non-transferable payoff）。可转移支付有时又称旁支付（side payment）①。旁支付是指在合作博弈中，联盟成员用支付货币的方式弥补参与者放弃单人联盟或其他联盟形式而造成的损失的货币支付。

可转移支付联盟博弈假设：博弈中各参与者都用相同的尺度来衡量他们的收益，且各联盟的收益可以按任意方式在联盟成员中分摊，否则就是不可转移支付联盟博弈。一个可转移支付联盟博弈是由一个有限的博弈者集合 N 和一个定义在集合 N 上的函数 v 所组成的，而这个函数 v 和集合 N 当中的每一个都可能对非空子集 S 进行赋值，其值为一个实数，因此，我们可以用 $\langle N, v \rangle$ 来表示合作博弈，而函数的每一个集合的赋值都成为 S 的联盟值。

3. 联盟的本质

为了确保每一个博弈参与者都愿意组成总联盟，合作博弈一般要求可转移支付联盟博弈为有结合力的。如果我们把可转移支付联盟博弈的大联盟 N 分为 m 个互不相交的小联盟，那么 m 个小联盟的总收益不会超过大联盟的收益。由于这些博弈中的收益都是可转移的，所以大联盟的情况必须是帕累托最优的。在实际中，我们会看到为了使参与者更加有意愿加入联盟，必须使其报酬递增。这一点也就要求参与者对某一联盟的边际贡献随联盟的扩大而增加，合作带来了规模报酬递增，它可以用特征函数满足凸性来表达：在合作博弈 $\langle N, v \rangle$ 中，若对于任意的 S，$T \in 2^N$，满足以下条件：

$$v(S) + v(T) \leqslant v(S \cup T) + v(S \cap T) \tag{6-3}$$

则称特征函数 v 有凸性，相对应的博弈被称为凸博弈。在一个可转移支付联盟博弈 $\langle N, v \rangle$ 中，若对于任意的 S，$T \in 2^N$ 且 $S \cap T \neq \phi$，有 $v(S) + v(T) \leqslant v(S \cup T)$，那么我们称该合作博弈 $\langle N, v \rangle$ 是超可加的；若对于任意的 S，$T \in 2^N$ 且 $S \cap T \neq \phi$，有 $v(S) + v(T) \geqslant v(S \cup T)$，那么我们称该合作博弈 $\langle N, v \rangle$ 是次可加的；若对于任意的 S，$T \in 2^N$ 且 $S \cap T \neq \phi$，有 $v(S) + v(T) \equiv v(S \cup T)$，那么我们称该合作博弈 $\langle N, v \rangle$ 是可加的。显然，特征函数满足凸性就一定满足超可加性。特征函数的凸性表示

---

① 旁支付的术语来源于赌博，实际上是一种私下交易，也可以说是收买。J. P. 卡亨（J. P. Kahan）和拉波波特（A. Rapoport）在 1984 年出版的《联盟形成理论》（*Theories of Coalition Formation*）一书中对旁支付的解释也强调了其对产生合作的保证作用。

联盟越大,新成员的实际贡献就越大。

上式也说明,特征函数只有满足超可加性,才有形成新联盟的必要性。否则,如果一个合作博弈的特征函数不满足超可加性,那么其成员没有动机形成联盟,已经形成的联盟将面临解散的威胁。

4. 可转移支付联盟博弈举例

根据所学内容,合作或联盟的形式是以每类局中人集合可以得到的共同最优结果来表示博弈的。要理解的是,如果收益是可以比较的,且旁支付或转移支付是可能的,从合作中得到的收益就能用一个单一数字(如货币单位)来代表;否则,得到的最优结果只是一种抽象的帕累托最优集。那么,特征函数型博弈对每一种可能形成的联盟给出相应的联盟总和收益,也就是给出了一种集合函数,即特征函数。关于特征函数,会在下一节详细解释,下面先用一个简单的例子说明从策略型博弈向特征函数型博弈的转化过程,并不对特征函数的定义和条件进行解释。假设有一种策略型博弈的形式如表 6-2 所示。

表 6-2　　　　　　　　市场合作博弈

		2	
		S_1	S_2
1	S_1	-1, 2	5, 5
	S_2	0, 10	0, 10

现在,记 ϕ 为空集,$\{1\}$ 为局中人 1 独自组成的联盟,$\{2\}$ 为局中人 2 独自组成的联盟,$\{1,2\}$ 为局中人 1 与 2 结成的联盟,特征函数 V 即对这 4 种联盟求得它们各自的总和收益,一般的求法是设联盟外局中人将采取行动使该联盟的总和收益最少(这是一种非常悲观的观点,遭到了相当多的批评,但尚无更好的简便方法可以取代之)。

首先 $v(\phi)=0$,因为没有人的联盟是不会有任何收益的。$v(1)=0$,局中人 2 能使局中人 1 面临的最坏情形是局中人 2 取策略 S_1,局中人 1 将不得不在 0 与 -1 之间进行选择。$v(2)=5$,局中人 1 能使局中人 2 面临的最坏情形是局中人 1 取 S_1,局中人 2 将不得不在 2 与 5 之间进行选择。$v(1,2)=10$,即没有联盟外局中人。10 是局中人 1 与 2 能取得的最大的总和收益。

以上是从一个策略式博弈转换成特征函数型博弈的过程,然而,对于特征函数的这种求法,最大的遗憾之处在于它忽略了联盟外局中人使联盟面临最糟的处境,自己也将付出代价(有时代价极高)这一事实。在这一问题上,海萨尼也认为特征函数的取值应该由联盟与其对立联盟(联盟外所有局中人形成的联盟)之间的一次谈判决定。对于一般的合作博弈(可能具有也可能不具有可转移支付),求解的核心思想是合作均衡概念,合作博弈理论求解的目的是得到博弈的"理性"最终分配,下一节将介绍这种理性分配的方法。

第三节　多人合作博弈

局中人的数目多于两人的合作博弈被称为多人合作博弈。假设局中人有三个，也许三者全部参加合作，并且使每个成员的利益得到最大增进。也有可能是三人中的两人进行合作，这两个人的联盟可以使他们两个获得最大利益，而可能的利益分配结果支配着联盟的形成。这里只介绍多人合作博弈的基本概念。

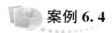

案例 6.4

圣诞停火

艾尔弗雷德在英国广播公司（BBC）播出的纪录片《最后一名英国士兵》中回忆说："在两个月的时间里，我在战壕里，耳边听到的不是子弹的嗖嗖声，就是炸弹的爆炸声，还有机关枪的嗒嗒声，以及远处德国人说话的声音。可那天早上，整个战地再也没有枪声。我们喊叫着：'圣诞节快乐！'尽管没有人感觉到快乐，但我们还是这样喊了。那天下午，宁静的气氛结束了，屠杀重新开始了。这是一场大战中的短暂和平。"

事情是这样的，1914 年圣诞夜，第一次世界大战爆发后的第五个月，整个西部战线发生了一件令德军最高统帅部和英军最高参谋部惊恐万分的事：西部战线的交战双方突然停火了，先是一两个连队不放一枪，最后是整个西部战线数百万一线部队全部停火！交战的一线部队指挥官们谁也没有下过停火的命令，而且也没人知道哪支部队率先停火。

史学家们困惑不已。在接下来的近 90 年的时间里，历史学家和战争学家们苦苦研究这个堪称第一次世界大战最大的谜团。有人说是士兵厌战导致全面停火；有人说是某个反战的高级军官暗下停火密令；还有人说是思念亲人的士兵自行停火。然而，没有一种说法有确凿的证据。

口哨声吹出了和平：

2003 年 11 月 11 日，德国史学家米切尔·于尔格其推出了他写的新著《大战中的小和平》，终于给出了这个历史谜团的答案：1914 年圣诞夜，五个多月来炮声隆隆的阵地突然间沉寂了下来，德国国防军中校团长策默米奇指挥的萨克森团有官兵吹了口哨，对面的英国人立即吹口哨呼应。

策默米奇在他的秘密日记中写道："我部某连士兵默克尔战前曾在英国生活过许多年，会说一口流利的伦敦英语，于是他立即用英语向对面阵地的英军喊话。你来我往几句话下来，默克尔所在的连队很快就跟对面的英国人隔着阵地谈起天来，气氛热情得赛过平时的枪炮声！"

第二天绝不开枪：

没过多久，双方觉得隔着阵地谈话不过瘾，于是便有几个胆大的官兵从战壕里探出头，甚至走出阵地，双方直奔阵地间的"无人地带"，先是互祝"圣诞快乐"，然后拉手指发誓在第二天绝不相互开枪。

战场上踢起足球赛：

一公里防线的停战气氛立即感染了周边其他防线，并且迅速扩散到一千多公里长的西部战线，数百万大军立即停止了射击。在比利时小镇伊珀尔，五个月来打得你死我活的英军和德军士兵干脆办起了足球赛。没有真正的足球也没有关系，他们将稻草团成圆球，或者用空的纸盒子当足球来踢。这样的比赛每天都进行，一场球要踢一个小时，直到双方踢得筋疲力尽为止。

阿克谢罗德在《合作的进化》一书结尾提出了这样的结论：友谊不是合作的必要条件，即使是敌人，只要满足了关系持续、互相回报的条件，也有可能合作。

一、联盟

1. 定义

前面已经多次使用过"联盟"一词，它在汉语中的原意就是两个或两个以上的国家为了共同行动而订立盟约所结成的集团。盟约是协议的一种，博弈论中的联盟的概念正是强调了这种合作协议的存在性。设有 n 个人参与博弈，则 $N=\{1, 2, 3, \cdots, n\}$ 是全部参与者的集合。一个联盟协议即被定义成 N 的子集 S（其中，$S\in N$）中的成员能达成的有约束力的协议。每个参与者都可以按照自己的利益与其他参与者联合形成小集团，他们一旦达成联盟协议，这个协议就是具有约束力的，可以"保证"他们采取统一的集体行动，以谋求更大的总支付。联盟不一定由 n 个个体参与者直接结合形成，也可以由小集团和小集团、小集团和个体共同组成，因此，对于任意 $S\in N$，S 为 N 的一个联盟，$S=N$ 也可称为一个大联盟（grand coalition）。

2. 联盟的形式

关于联盟的问题，首先考虑联盟的形式。接下来看一下公司的股东们如何在投票通过决议时进行合作（联盟）。

设有 3 个股东 A、B、C，他们一起拥有某个公司的全部股份。假定 A 占有 35% 的股份，B 占有 31% 的股份，C 占有 34% 的股份，由 A、B、C 组成的董事会的章程规定，一项协议要获得通过，必须有 2/3 以上的多数（股份）同意。显然，每个股东在提出协议时要获得通过，必须寻求合作伙伴，因为单个股东的力量是不够的，试分析他们各自拥有哪些有效的结盟方式。

如果是股东 A 提出的协议，要获得 2/3 以上的支持票，可以选择两种形式的合作方式：与 B 和 C 同时结盟，以获得全部选票；与 C 结盟，形成 69% 的多数票。

如果是股东 B 提出的协议，要获得 2/3 以上的支持票，只能有一种方式，即与 B 和 C 同时结盟，以获得全部选票。因为他与 A 或 C 单独结盟均不能形成超过 2/3 的多数票。

如果是股东 C 提出的协议，要获得 2/3 以上的支持票，与 A 相同，也可以选择两种形式的合作方式：与 A 和 B 同时结盟，以获得全部选票；与 A 结盟，形成 69% 的多数票。

该例子说明，在多人合作博弈中，局中人之间可以相互协商或合作，以形成不同形式的联盟，每个联盟一旦形成，该联盟就作为一个整体共同采取行动，其目标是使该联盟获得最大的经济利益。

事实上，在上述例子中，总共有 8 个联盟：ϕ，$\{A\}$，$\{B\}$，$\{C\}$，$\{AB\}$，$\{AC\}$，$\{BC\}$，$\{ABC\}$。

二、特征函数

前文提到了特征函数型博弈，结合联盟的概念，若 $|N|=n$，则 N 中的联盟个数为 $C_n^1+C_n^2+\cdots+C_n^n=2^n$，合作博弈就是以特征函数 $\langle N，v \rangle$ 的形式给出的，这一点也可以总结为博弈的特征型或联盟型。

1. 概念

现在给定有限参与者集合 N，设 $S=\{1，2，\cdots，k\}$，$S \in N$，S 是 N 中的一个联盟。合作博弈的特征型是有序数对 $\langle N，v \rangle$，其中特征函数 v 是从 $2^n=\{S \mid S \subseteq N\}$ 到实数集 R^N 的映射，即 $\langle N，v \rangle$：$2^N \rightarrow R^N$ 且 $v(\phi)=0$。记 $v(S)$ 是 N 中的联盟 S 和 N 中的其他人可以结成的联盟 $N-S$ 进行博弈时，联盟 S 可以保证获得的最大利益。那么，$v(S)$ 被称为多人（n 人）合作博弈中的特征函数。$v(S)$ 也表示联盟中参与者相互合作所能产生的收益（支付）。之所以被称为特征函数，是因为这个博弈的性质基本由 $v(S)$ 决定。因此，$v(S)$ 是合作博弈中非常重要的概念，它是研究合作博弈的基础，确定特征函数的过程就是建立合作的过程，要注意以下几点：

（1）$v(\phi)=0$，ϕ 为空集。

（2）若 $v(S \bigcup T) \geqslant v(S)+v(T)$，$S \in N$，$T \in N$，且 $S \bigcap T=\phi$ 成立，则称特征函数 v 具有超可加性。它意味着对于局中人而言，合作至少不比不合作差。

（3）若 $v(S \bigcup T)=v(S)+v(T)$，$S \in N$，$T \in N$，且 $S \bigcap T=\phi$ 成立，则称特征函数 v 具有可加性。这时 S 和 T 合作还是不合作没有区别。

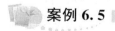 **案例 6.5**

投票问题

有三位女郎结伴逛街，接近中午的时候，她们约定共进午餐。她们的共同喜好是洋快餐，正好她们所在的街上有麦当劳（X）、肯德基（Y）和德克士（Z）。但三人的偏好各不相同，A 的偏好是麦当劳第一，肯德基第二，德克士第三，即偏好顺序是 XYZ；B 的偏好是肯德基第一，麦当劳第二，德克士第三，即偏好顺序是 YXZ；C 的偏好是德克士第一，麦当劳第二，肯德基第三，即偏好顺序是 ZXY。于是三人商定，进行投票表决。先在麦当劳（X）与德克士（Z）中决定一个，然后再与肯德基（Y）决胜。

为了表决方便，需要先给每个人的偏好赋值，假定排在第一的效用为 5，排在第二的效用为 3，排在第三的效用为 1。

根据上面这个案例，我们可以得到三位女郎的个人效用分配表，如表 6-3 所列。

表 6-3   三人合作博弈的效用分配

局中人	效用分配
A	$X=5$，$Y=3$，$Z=1$
B	$Y=5$，$X=3$，$Z=1$
C	$Z=5$，$X=3$，$Y=1$

这样，在大家都诚信投票的条件下，第一轮投票麦当劳（X）胜出，因为对于 B 来说，在他的两个可能的联盟中，$v(AB)=5+3>v(BC)=3+3$；第二轮投票仍然是麦当劳（X）胜出，因为对于 C 来说，在他的两个可能的联盟中，$v(AC)=5+3>v(BC)=5+1$。

当然，还存在另外一种情况，即在非诚信投票条件下，情况可能会完全不同。例如，B 为了得到她自己的最大效用，在第一轮投票中，她可能会有意选择特征函数 $v(BC)$，即有意使在 X 与 Z 的较量中让 Z 胜出。这样，在第二轮 Z 与 Y 的较量中，对于 A 来说，由于在 A 的两个可能的联盟中，$v(AB)=3+5>v(AC)=1+5$，所以 A 选择的特征函数一定是 $v(AB)$。在这里，之所以会发生非诚信投票，原因就在于这里的分配方式是既定的，即不管合作中得到的效用是多少，每个人所得到的效用与不合作条件下的效用不会有任何差别。这就是上述所讨论的特征函数的可加性。

2. 与策略型博弈的关系

值得注意的是，特征函数型博弈与策略型博弈相比损失了更多的信息。在上例中用三个数值取代了策略型博弈的矩阵。就一个拥有 n 个局中人的合作博弈而言，其中可能有 2^{n-1} 个联盟。特征函数即为基于这 2^{n-1} 个联盟的函数。特征函数可以由对应的策略型博弈获得，也可以直接由经济数据获得。而且有时从实际的经济管理数据中无法描述一种扩展型或策略型博弈。特征函数型博弈适用于具有可转移支付的情形。在这种情形中，局中人的收益可以相互转移。当不存在可转移支付时，联盟的总和收益增长并不一定意味着每个人境况的改善。

一般形式的合作博弈与特征函数型博弈不同，为了考虑不可转移支付情形，它的形式中还包括了策略概念。设有 n 个局中人，每个局中人都有相应的可选择策略，在（所有）可能的策略组合上定义各局中人的效用函数。效用向量 $U=(u_1，u_2，\cdots u_n)$ 则表现了博弈的一种分配。这种合作博弈局势类似于策略型博弈，只不过其中使用了合作的理论前提，它可以用来描述众多的经济形势。

例如，在纯交换经济中，各消费者具有各自的初始禀赋，可使用的策略是将自己的初始禀赋以不同方式分配给其他局中人，获得的效用来自其他局中人分配给自己的收益。

三、分配

在合作博弈中，集体理性的实现是以个体理性的满足为条件的。因此，合作博弈问题的关键是如何在不违背个体理性的条件下实现集体理性。而集体理性目标实现的障碍是分配问题。假设参与者 i 自己单干可获得的收益为 U_i，而合作后集体分配给他的收益为 X_i。对于合作博弈而言，如果要实现集体利益最大化，就要寻找一种分配方案 $X=(x_1, x_2, \cdots, x_n)$，这个方案满足条件：

$$X_i \geqslant U_i, i=1, 2, \cdots, n$$

$$v(N) = \sum_{i=1}^{n} x_i \qquad (6-4)$$

恰当的分配方式对于合作博弈是至关重要的。在上述案例中我们已经了解到，对于局中人个体来说，如果通过合作其效用或收益不能得到改善，那么就可能产生个体利用合作来达到个人目的（即改善自身效用）而损害整体利益的情况。例如，在上述非诚信投票的条件下，B 的个人效用虽然提高了，但是总体效用下降了。在诚信投票条件下的特征函数是 $v(ABC)=5+3+3=11$，而在非诚信投票条件下的特征函数则是 $v(ABC)=3+5+1=9$。当然，在实践中分配方式是有多种可能的，下面介绍几种不同的分配方式。

1. 公平的分配不是平均的分配

通常，当多个人一起分配某些同质的东西的时候，人们总会认为公平的分配就是平均的分配。然而，在一些场合，甚至从根本上来看，平均的分配并不一定是公平的。

前面我们曾经讨论过所罗门王的故事。所罗门王通过威胁将孩子劈成两半来判断孩子真正的母亲是谁。在这里，结果是公平的，孩子回到了他真正的母亲的怀抱，而获得这一结果的方式却充满了智慧。显然，所罗门王的策略是不可重复的，只有在特殊的环境条件下才能成功，即那两个妇人均是在完全不知道所罗门王真正意图的情况下表达出了自己的真实想法——真正的母亲首先希望孩子活着，其次才是孩子能回到自己的身边；假母亲首先关心的是不能输掉官司，至于孩子的生命则是次要的。

在这里，公平的分配不是平均的分配，也不是双方均满意的分配，而是合理的分配。

2. 各取所需——双赢的分配

对于不同质的东西的分配，怎样做到公平呢？美国纽约大学政治系的勃拉姆兹（S. Brams）给出了肯定的回答，并提出了一种双赢的分配办法。

案例 6.6

一桩离婚财产分配案

假定有一对夫妇安娜和汤姆感情破裂，不想在一起过日子了，他们一起来到法院进行财产分割。法官看了他们的财产清单，有冰箱、电脑、缝纫机、公文包、自行车和书桌共6件。法官叫他们对这6件物品轮流进行选择，所选物品即归自己，按照女士优先原则，安娜先选，做出选择的顺序是安娜，汤姆，安娜，汤姆，安娜，汤姆。假定安娜和汤姆对不同的物品偏好不同，例如安娜作为家庭主妇可能最喜欢冰箱，认为它最有价值，而汤姆由于工作的关系可能更喜欢电脑，认为它更有用，如此等等。

根据上面这个案例，我们可以得到他们对各种物品的评价或偏好顺序（见表6-4）。

表6-4　　　　　　　　　　　　安娜和汤姆对6件物品的偏好顺序

排序	安娜	汤姆
1	冰箱	电脑
2	缝纫机	公文包
3	自行车	书桌
4	书桌	自行车
5	电脑	冰箱
6	公文包	缝纫机

于是，选择的结果是安娜得到了冰箱、缝纫机和自行车，而汤姆则得到了电脑、公文包和书桌。两人都得到了自认为价值最高的3件物品，两人对分配均感到满意，这就是一个双赢的分配方案。下面对这一分配方案进行分析。

这里实现双赢分配的基础是两个人对不同物品的估价差别较大，或者说不同的物品在不同人那里的"效用"不同。据此，可以请两人分别对不同的物品打分，假定总分为100分，于是两人一种可能的给分结果如表6-5所列。

表6-5　　　　　　　　　　　　安娜和汤姆对6件物品的打分

顺序	安娜		汤姆	
1	冰箱	28	电脑	30
2	缝纫机	22	公文包	25
3	自行车	20	书桌	20
4	书桌	15	自行车	15
5	电脑	10	冰箱	5
6	公文包	5	缝纫机	5

这样，安娜通过分配得到了分值为70分的物品，而汤姆得到了分值为75分的物品，两人在分配中得到的结果大大超过了可能的50分。如此看来，这样的分配方案确实是双赢的。当然，这种分配的前提是两人对各种物品的评价差别较大，如果两人对各种物品的评价比较接近，则情况就比较复杂。感兴趣的读者不妨自己试着做一做，看看会是什么结果。

为什么赌博不被提倡？

世界上许多国家的法律对赌博的态度是反对的，因为赌博并不仅仅是将社会财富由一个赌徒的荷包放到另一个赌徒的荷包，按照边际报酬递减规律，赌博活动将导致社会总效用锐减。比如说，两个同样拥有 1 000 元人民币的赌徒开始赌博，赢的人的边际效用从 1 000 元人民币开始增加，这种增加无疑是递减的；而输的人的边际效用则从 1 000 元人民币开始减少，这种减少无疑是递增的。因此，综合来看，赌博带来的社会总效用必然是锐减的。也正是因为如此，它必然给社会带来不安定因素，埋下各种可能的治安隐患。

四、优超与核心

1. 优超（dominant）

现在考虑这样的问题，一个分配方案 X 在满足了公式（6-4）的条件后是否能够被集合 N 中的全部成员接受呢？答案是不一定，其中一些人可能仍会拒绝这个方案，他们可能会提出至少要按照 Y 进行分配，而不能按照 X 进行分配的要求。原因有两个：

(1) $Y_i > X_i, i \in S$；

(2) $\sum_{i \in S} Y_i \leqslant v(S)$。

这对于联盟 S 来说，即分配方案 Y 优越于分配方案 X，简称 Y "优超" X。在这种情况下，分配方案 X 是不能实现的。在这种局势中，优超的概念是对效用向量（分配向量）而言的。直观上说，优超就是联盟中的每个人都感觉好的分配原则肯定比只有部分人感觉好的分配原则更可取。

2. 瓦解（block）

我们也可以用瓦解来解释核，设 $X = (X_1, \cdots, X_n)$ 是联盟博弈 $B(N, v)$ 的一个可行分配。如果联盟 S 使 $v(S) > \sum X_i = X(S)$，也就是说联盟的特征函数值（保证水平）高于上述分配带给联盟成员得益的总和，则 "联盟 S 瓦解分配 X"。优超和瓦解是从相对应的角度来理解核，解释的问题本质上是一样的。

3. 核心（core）

在优超和瓦解的概念基础上，我们可以定义合作均衡的概念，即指这样的局中人策略组合，它产生的效用向量不被任何联盟优超，这种合作均衡叫做 "核心"，也可以简称 "核"，表示全部不可优超的分配方案的集合，记为 $C(N, v)$。如果某个分配方案在核心中，那么它满足条件：

(1) $\sum_{i=1}^{n} X_i = v(N)$

(2) $\sum_{i=1}^{n} X_i \geqslant v(C) \ \forall C \subset N$

由此可见，这个分配方案现在已经不是任何联盟可以用实力对抗并拒绝的分配方案了。当集体选择了某个核心中的分配方案时，局中人也许希望选择其他分配方案，这样对他更为有利。但是，他现在没有能力否决这个方案。因为他不可能与其他人形成联盟从而获得比现在的分配方案更大的收益。所以，核心是一个不仅能满足个体和整体理性，而且能满足每个联盟的"理性"的集合。

如果人们能够找到这样的分配方案，集体利益的最大化就有可能实现。通过形成大联盟 N，得到最大的利益 $v(N)$，然后通过选择核心中的分配方案把得到的这个最大利益分配给所有局中人，局中人从分配中得到的利益超过（或不低于）他们自己单干或形成小集体可以得到的利益。例如，在前面的双人博弈中，图 6-1 中的 CD 曲线就形成了核心。以下从联盟的核与投票的核两个角度来掌握求核的方法。

（1）联盟的核。

已知凯萨（K）、劳拉（L）和马克（M）三个人各有一块待开发的地产。因每块地产的具体情况不同，三个人一起合作开发可能是有利可图的。三个人可能结成的联盟及各自的收益情况如表 6-6 所列。

表 6-6 地产开发联盟及收益

编号	联盟	收益
1	（KLM）	（10）
2	（KL）（M）	（6）（4）
3	（KM）（L）	（4）（4）
4	（LM）（K）	（4）（4）
5	（L）（M）（K）	（3）（3）（3）

表 6-6 中的每一行都代表一种可能的联盟结构。如前面所介绍的，表中第 1 行为大联盟，最后一行为单人联盟。从合作的角度来看，单人联盟的收益通常可以被看做每个博弈参与者参加任何其他联盟的机会成本。

不难看出，这里的有效解集包括两种可能的联盟，一个是大联盟，另一个是第二行的（KL）（M），总收益均为 10 单位，多于其他任何选择。但是在大联盟中，马克可以选择退出，而将凯萨和劳拉留在联盟中，于是就演变为第 2 行中的联盟形式。因为在大联盟中，按照收益均分的原则，马克充其量只能获得 3.33 单位的收益，而在如第 2 行的联盟中，他却可以获得 4 单位的收益。同样的道理，劳拉和凯萨也可以选择退出大联盟，将另外两人留在联盟中，分别获得 4 单位的收益。因此，要保证 3 个人能够联合在一起实现大联盟，必须使每个人能够获得至少 4 单位的收益。但实际上的总收益最多只有 10 单位，因而大联盟是不稳定的。

然而，如果凯萨和劳拉的收益能够通过旁支付的形式得到调整的话，则第 2 行的联盟结构会是稳定的。从第 5 行的结果不难看出，在马克退出的条件下，如果凯萨和劳拉也退出，两人就分别只能得到 3 单位的收益。因此，要想使二人重回联盟，就必须满足他们对收益的这一最低要求，使他们结盟的收益大于等于 6 单位。由于二人结盟后的收益恰好也是 6 单位，因此如果通过旁支付能够使凯萨和劳拉的收益分别大于

244

等于 3，比如马克可以从他获得的 4 单位的收益中拿出不少于 0.2 单位不超过 0.6 单位的收益，分别分配给凯萨和劳拉，自己获得不少于 3.4 单位的收益，那么这一联盟将保持稳定。

在这里，表 6-6 中第 2 行的联盟结构就成为该博弈的核。合作博弈的核包括能够使联盟保持稳定的结盟方式，在这种结盟状态下，任何参与者都不会脱离现有的联盟组成新的联盟（包括单人联盟）。

下面对联盟的收益情况稍做改动，来看一下情况会发生什么变化。假定上述地产开发联盟的收益情况如表 6-7 所列。

表 6-7   **变化后的地产开发联盟及收益**

编号	联盟	收益
1	（KLM）	（11）
2	（KL）（M）	（8）（3）
3	（KM）（L）	（4）（3）
4	（LM）（K）	（4）（3）
5	（L）（M）（K）	（3）（3）（3）

不难看出，前两种联盟结构的收益均为 11，构成了有效解集。在第 1 行的大联盟中，即使按照（4，4，3）的方式进行分配，大联盟也是稳定的，因为任何人退出联盟都不会使自己的收益得到改善。在大联盟中，如果采用平均分配方式，或者按照（3.5，3.5，4）的方式进行分配，则凯萨和劳拉将选择退出大联盟，组建（KL）联盟，得到总收益 8，然后平分得到 4。所以，第 2 行的联盟结构也是稳定的。所以，前两行的联盟结构都是稳定的联盟结构，如表 6-7 所列的合作博弈有两个核。核是合作博弈中所有稳定的联盟结构的集合。

（2）投票问题。

假想联合国安全理事会投票，该博弈的特征函数为：

$$v(1，2，3)＝v(1，2，4)＝(1，2，5)＝(1，2，3，4)＝v(1，2，3，5)$$
$$＝v(1，2，4，5)＝1$$

而对所有其他的联盟 S，$v(S)＝0$。根据核的定义，有 $\sum_{i=1}^{5} X_i＝1$，对各个联盟有 $X_i \geq 0$，$i＝1，2，3，4，5$。$X_1＋X_2＋X_3 \geq 1$，$X_1＋X_2＋X_4 \geq 1$，$X_1＋X_2＋X_5 \geq 1$。由 $\sum_{i=1}^{5} X_i＝1$，$X_1＋X_2＋X_3 \geq 1$，且 $X_4 \geq 0$，$X_5 \geq 0$ 推得 $X_1＋X_2＋X_3＝1$，$X_4＝0$，$X_5＝0$，而用 $X_1＋X_2＋X_4 \geq 1$，$X_1＋X_2＝1$ 又得到 $X_3 \geq 0$，$X_5 \geq 0$，所以核是 $X_3＝0$。

$$C(v)＝\{(a，1-a，0，0，0)：0 \leq a \leq 1\} \qquad (6-5)$$

一种观点认为，非合作博弈就是参与者无法协调相互之间的策略选择的博弈，最终得到的均衡解是非合作解。在非合作博弈中，理性经济人需要回答的问题是："当其他参与者对我的策略选择做出最优反应时，我的最优策略选择是什么？"非合作解通常都是低效率的。与此相反，合作博弈是指参与者可以协调相互之间的策略选择的博弈，其最终得到的均衡解是合作解。合作博弈需要回答的问题是："如果参与者的策略可以相互协调，什么样的策略选择才会带来整体的最大收益呢？"因此，在博弈论创立之初，冯·诺伊曼和摩根斯坦就指出合作博弈的解必须是有效率的。

在关于核的概念中，有效解集隐含了这样的观点，如果某个人的收益可以得到增加，同时任何其他人的收益没有降低，则博弈者团体一定没有有效地协调它们的策略。这有些类似于经济学中关于"帕累托最优"的概念。新古典经济学认为，除非所有的潜力都被挖掘出来，否则资源的配置就是缺乏效率的。有效的资源配置意味着所有的潜力都已经被挖掘出来，如果想要使一些人的得益更好，就不得不损害其他人的利益，这种资源配置状态就是所谓的"帕累托最优"状态。一般而言，组建大联盟可以提高团体的总收益，实现有效率的解。但是，如果团体中的少数几个成员组建小联盟，采取单边行动以改变自身的收益，情况又如何呢？

很显然，在变化后的地产开发博弈中，凯萨和劳拉组建二人联盟（第2行）可以获得的总收益是8，相对于二人的收益之和小于8的大联盟，这种二人联盟是优超的。然而，相对于第3行和第4行的二人联盟，吸引第三者加入以形成大联盟无疑能够增加团体的总收益，因此大联盟显然优超于第3行和第4行的二人联盟和第5行的单人联盟。对于如表6-6所列的地产开发博弈，同样也存在类似的情况。所以，一般来说，合作博弈的核包括了使团体中任何成员都不能从联盟重组中获益的配置方案，用博弈论的术语来说，即核包括了所有不被优超的联盟方式。

4. 空核博弈

需要指出的是，合作博弈的核的数量是任意的，可能只有一种联盟结构，也可能包括多种联盟结构，甚至可能根本不存在核。不存在核的联盟结构，即没有一个稳定的联盟结构，不管联盟结构如何，总有部分成员会从退出联盟中获益。博弈论通常把这种不存在核的联盟结构称作空核博弈（empty-core game）。下面讨论国际联盟博弈，以说明什么是空核博弈。

在一个海湾附近有 A、B、C 三个国家，要想控制整个海湾，至少需要两个国家联合起来，如果其中两个国家联手，必然将以牺牲第三者的利益为代价。现假定每一个国家都有两个策略可供选择，A 可选择在海湾南面或北面布防，B 可选择在海湾东面或西面布防，C 可选择在陆地或海面布防。

在以上这个国际联盟博弈中，A、B、C 三国的博弈矩阵如表6-8所示。

表6-8　　　　　　　　　　国际联盟博弈

		博弈方 C			
		陆		海	
		博弈方 B		博弈方 B	
		西	东	西	东
博弈方 A	北	6，6，6	7，7，1	7，1，7	0，0，0
	南	0，0，0	4，4，4	4，4，4	1，7，7

对表 6-8 中的国际联盟博弈问题求解，可知道该博弈问题有 3 个纳什均衡，分别是（北，东，陆）、（北，西，海）和（南，东，海）。尽管如果三方能够结成大联盟，采用（北，西，陆）的策略组合，可实现 18 单位的总收益，但是该组合不是纳什均衡，每个参与者都可能选择退出三国联盟从而结成两国联盟而获益。尽管这里的 3 个两国联盟都是纳什均衡，但是其中任何一个都不是稳定的联盟组合，因为任何一个收益为 1 的国家都可能会通过旁支付的形式联合另一个国家结成新的两国联盟。所以，该博弈很显然是一个空核博弈。

第四节　夏普利值及其应用

分配是合作博弈最重要的概念，但在一个博弈中，分配有无限个，且许多根本就得不到执行。上一节我们利用优超的概念，对分配进行了分类，形成了核心的概念，但遗憾的是，许多博弈中的核心可能是空集。为此，引入优超这一指标，寻求最大超出最小化的分配，即核仁。核仁这一解的优势体现在核仁总是存在且唯一上，这一解的缺陷就是计算太复杂，因为共有 2^n 个。本节引入了一个很直观的解的概念，即夏普利值，从案例 6.7 中我们可以初步体会它的概念和作用。本节将带领读者理解参与者按照夏普利值进行分配的过程和结果。

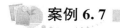 **案例 6.7**

分饼的回报

有这样一个故事。约克和汤姆结对旅游，他们准备吃午餐。约克带了 3 块饼，汤姆带了 5 块饼。这时，有一个路人路过，路人饿了。约克和汤姆邀请他一起吃午餐。路人接受了邀请。约克、汤姆和路人将 8 块饼全部吃完。路人感谢他们的午餐，给了他们 8 个金币。路人继续赶路。约克和汤姆为这 8 个金币的分配发生了争执。汤姆说："我带了 5 块饼，理应我得 5 个金币，你得 3 个金币。"约克不同意："既然我们一起吃这 8 块饼，理应平分这 8 个金币。"约克坚持认为每人各 4 块金币。为此，约克找到公正的夏普利。

夏普利说："孩子，汤姆给你 3 个金币，因为你们是朋友，你应该接受它；如果你要公正的话，那么我告诉你，公正的分法是，你应当得到 1 个金币，而你的朋友汤姆应当得到 7 个金币。"约克不理解。夏普利说："是这样的，孩子，你们 3 个人吃了 8 块饼，其中，你带了 3 块饼，汤姆带了 5 块，一共是 8 块饼。你吃了其中的 1/3，即 8/3 块，剩下的是给路人吃的，路人吃了你带的饼中的 3－8/3＝1/3 块；你的朋友汤姆也吃了 8/3 块，剩下的是给路人吃了的 5－8/3＝7/3 块。这样，在路人所吃的 8/3 块饼中，有你的 1/3 块、汤姆的 7/3 块。在路人所吃的饼中，属于汤姆的是属于你的 7 倍。因此，对于这 8 个金币，公正的分法是：你得 1 个金币，汤姆得 7 个金币。你看有没有道理？"约克听了夏普利的分析，认为有道理，愉快地接受了 1 个金币，而让汤姆得到 7 个金币。在这个故事中，我们看到，夏普利所提出的对金币的公正的分法遵循的原则是：所得与自己的贡献相等。这就是夏普利值的意思。

一、夏普利值及其计算

随着合作博弈论的发展，现在已经有很多具有唯一解的概念，称为值（value），其中最重要的就是夏普利值（Shapley value）。夏普利值在被提出的最初，只是被应用在可转移支付的情况下，其后由夏普利扩展到不可转移支付的情况中，这里我们只介绍可转移支付的夏普利值。

在合作博弈中，使用赋值法的目标是针对某种博弈形式，构造一种综合考虑冲突各方要求的折中的合理结果。具体需要通过公理化方法描述解的性状，进而得到唯一的解，即博弈中各局中得到的效益分配。因此，当用夏普利值求解时，必须先介绍其需要运用的几个公理中的一些定义。

定义 1：载形

在夏普利的设定中，存在一个包含所有博弈者的宇集 U，而每个博弈中的所有博弈者集合 N，都是宇集的子集，并称为一个载形（carrier），以下是载形的定义：

在一个可转移支付联盟博弈中，联盟 $N \subseteq U$，N 被称为一个载形，当且仅当对于任何一个联盟 $S \subseteq U$，都存在以下关系：$v(S) = v(N \cap S)$ 时。

根据定义，一个载形包含了所有会对至少一个联盟做出贡献的博弈者，也就是说，所有不在载形中的参与者被称为"多余人"（dummies），因为他们进入任何联盟都不会改变该联盟的价值。

定义 2：值与公理

博弈参与者 i 和 j 在博弈中是可互换的，当对于所有包括博弈参与者 i 但不包括博弈参与者 j 的联盟 S，都存在以下关系时：

$$v(S \setminus \{i\}) \bigcup v\{j\} = v(s)$$

根据定义，博弈参与者 i 和 j 对于联盟 S 的用处和贡献都是完全一样的。

根据以上定义，我们称 n 维向量 $\varphi(v) = [\varphi_1(v), \varphi_2(v), \cdots, \varphi_n(v)]$ 为一个值，这个值包含了 n 个实数，分别代表在博弈中的 n 个博弈参与者所分得的支付。这个值可以理解为每个博弈参与者在博弈开始之前对自己所分得的支付的合理期望，而这个值必须满足以下三个公理：

公理 1：对称性原则

如果博弈参与者 i 和 j 是可互换的，那么 $\varphi_i(v) = \varphi_j(v)$。

此公理又称"对称公理"，表明一个参与者在博弈中的角色才是唯一的，而不是他在集合 N 中的特定名字或标号是唯一的。即每个参与者获得的分配与他在集合中的排列位置无关。

公理 2：有效性原则

若参与者 i 对他所参加的任一合作都无贡献，则给他的分配应为 0。数学表达式为：任意 $i \in S \subseteq N$，若 $v(S) = v(S \setminus \{i\})$，则 $\varphi_i(v) = 0$。

完全分配：$\sum\limits_{i \in I} \varphi(v) = v(N)$。

公理 3：可加性原则

对 N 上任意两个特征函数 U 与 V，$\varphi(U + V) = \varphi(U) + \varphi(V)$。

此公理又称"集成定律"，要求任何两个独立的博弈联合在一起，所组成的新博弈的值是原来的两个博弈的值的直接相加。也即同时进行的两项互不影响的合作，其分配也应该互不影响，每个人的分配额是两项合作单独进行时应分配数之和。

下面我们给出关于夏普利值的"公平三原则"。

原则一：报酬与名字无关，只与个人的贡献有关；

原则二：利润属于工作者；

原则三：若有两件工作，可得两份酬劳。

夏普利值与两人讨价还价博弈的纳什均衡解相似，也是一种公理化的分析方法。这三个公理是夏普利值的基础，第一个对称性原则说明了博弈的夏普利值（对应分配）与博弈方的排列次序无关，或者说，博弈方排列次序的改变不影响博弈得到的值。第二个有效性原则的含义是全体博弈方的夏普利值之和分割完相应联盟的价值，也即特征函数值。第三个可加性原则强调在两个独立的博弈合并时，合并博弈的夏普利值是两个独立博弈的夏普利值之和。

根据以上的定义和公理，夏普利证明了任何合作博弈（N，v）存在唯一的夏普利值，可作为参与者合作分配的一个解的概念。

对于任意 N 人博弈（N，v），存在唯一的夏普利值，且

$$\varphi_i(v) = \sum_{S \subset N} \frac{|S|!(n - |S| - 1)!}{n!} [v(S \cup \{i\}) - v(S)], \; i = 1, 2, \cdots, n$$

$$(6-6)$$

其中，$W(|S|) = \dfrac{(n - |S|)!(|S| - 1)!}{n!}$，$|S|$ 为集合 S 的元素个数。

实际上，夏普利值出自一种概率分析。假定 $I = \{1, 2, \cdots, n\}$，n 个局中人依照随机次序形成联盟且各种次序发生的概率相等，显然这样的联盟共有 $n!$ 个。局中人 i 与前面 $|S| - 1$ 个局中人形成联盟 S，由于 $S\{i\}$ 中的局中人排列的次序有（$|S| - 1$）! 种，而 $I \setminus S$ 中的局中人排列的次序有（$n - |S|$）! 种，因此，各种次序发生的概率均为 $\dfrac{(n - |S|)!(|S| - 1)!}{n!}$；又局中人 i 在联盟 S 中的贡献为 $v(S) - v(S \setminus \{i\})$，从而

$$W(|S|) = \frac{(n - |S|)!(|S| - 1)!}{n!}, \; i \in S \subseteq I \qquad (6-7)$$

可以作为局中人 i 在联盟 S 中的贡献 $v(S) - v(S \setminus \{i\})$ 的一个加权因子。因此局中人 i 对所有他可能参加的联盟所做贡献的加权平均（期望值）就是夏普利值。

实际上，夏普利值给出了联盟收益的一种适当的分配方案。

夏普利值与合作博弈

夏普利值由美国加州大学洛杉矶分校的教授罗伊德·夏普利（1953）提出。合作博弈在理论上的重要突破及其以后的发展在很大程度上起源于夏普利提出的夏普利值的解的概念及其公理化刻画。他讨论了非策略多人合作对策问题，夏普利值表示局中人对联盟所做出的边际贡献，这种方法的出发点是根据每个局中人对联盟的边际贡献分配联盟的总收益，保证分配的公平性。此外，夏普利对主观的公平、合理等概念给予了严格的公理化描述，然后寻求是否有满足人们想要的那些公理的解。当然，如果对一个解的性质或公理要求太多，则这样的解可能不存在；另外，如果这些性质或公理要求得少，则又可能有许多解，即解存在但不唯一。夏普利值是一个满足三个显而易见的公平性质的唯一解，自问世以来在诸多领域得到研究和应用，例如费用分摊、损益分摊等。用夏普利值的方法更能体现参与者对联盟的实际贡献的大小，因而使分配结果更加科学合理。

二、夏普利值的应用

与市场经济中按边际生产力分配的原则一样，在联盟博弈中按照各个博弈方的价值进行分配也比较公平和容易被接受。夏普利值反映的正是各个博弈方在联盟博弈中的贡献和价值，因此夏普利值是在联盟博弈中进行公平分配，避免无休止的联盟对抗，从而解决联盟博弈问题的有效方法。当然，现实中的博弈主体在接受这种分配方法之前可能会有一个接受的过程，但它的实际价值能体现在资源管理、税负分担，公共事业定价等方面，是一种重要的分配原则。本章第三节中曾用联合国安全理事会投票的例子来说明特征函数的求解，现在继续引用这个案例的条件，来解释夏普利值的求解。

假设联合国安全理事会进行投票，部分国家可以形成联盟。该博弈的特征函数为：

$$v(1, 2, 3) = v(1, 2, 4) = (1, 2, 5) = (1, 2, 3, 4)$$
$$= v(1, 2, 3, 5) = v(1, 2, 4, 5) = 1$$

而对所有其他 $S(|S| \leqslant 2)$，$v(S) = 0$。为了求 $\varphi_1(v)$，对所有包含参与者 1 的联盟按夏普利值求和。

$v(S \cup \{1\})$ 与 $v(S)$ 有差异的联盟 S 只有 $\{1, 2, 3\}$、$\{1, 2, 4\}$、$\{1, 2, 5\}$、$\{1, 2, 3, 5\}$、$\{1, 2, 4, 5\}$ 和 $\{1, 2, 3, 4, 5\}$，对于其他的 S，$v(S \cup \{1\}) - v(S) = 0$。所以有：

$$\varphi_1(v) = 3 \times \frac{2!2!}{5!} \times (1 - 0) + 3 \times \frac{3!1!}{5!} \times (1 - 0) + \frac{4!0!}{5!} \times (1 - 0) = \frac{9}{20}$$

类似地，

$$\varphi_3(v) = \frac{2!2!}{5!} \times (1 - 0) = \frac{1}{30}$$

于是有：

$$\varphi_1(v) = \varphi_2(v) = 0.45$$

$$\varphi_3(v) = \varphi_4(v) = \varphi_5(v) = 0.033\,33$$

这样，参与者 1、2 比参与者 3、4、5 重要得多。

此外，夏普利值在公共环境中的排污治理费用分摊问题上也是一个很好的解决工具，看这样一个案例：

假设有一条可以划分为 n 段的河流，在河流的每一段都有一些参与者往河里排放污染物。为了减少污染，人们往往需要付出一定的成本。那么出现了两个问题：这些成本应由谁负责？成本又应如何分摊呢？

第一个问题很容易回答：一般来说，谁排污谁负责。然而，第二个问题的答案就不那么明确了。如何公平地在应该为污染负责的参与者之间分摊成本？我们通过一个实例来研究如何解决这个问题。

有三个位于某河流同侧的城市，从上游到下游依次为 A 城、B 城、C 城，这三个城市的污水必须经过处理后才能排入河中。A 城与 B 城距离 20 千米，B 城与 C 城距离 38 千米，如图 6-2 所示。设 Q 为污水流量（单位：立方米/秒），L 为污水管道长度（单位：千米）。建污水处理厂的投资费用的经验公式为 $C_1 = 73Q^{0.712}$（单位：万元），而铺设污水管道的费用的经验公式为 $C_2 = 0.66Q^{0.51}L$（单位：万元）。已知三个城市的污水流量分别为 $Q_A = 5$，$Q_B = 3$，$Q_C = 5$，请问应该怎样处理（是单独设厂还是联合设厂），才可使总开支最少？另外，每一个城市负担的建设费用应各为多少？

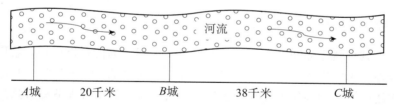

图 6-2　污水处理费用分摊问题

这个过程的分析思路是：合作可以省钱→把省钱视作获利→计算获利的分配→导出费用的分担。要注意的是，由于河流的走向，只要是合作建厂，就不可能建在 A 城处。同理，B 城与 C 城合作建厂，也不可能建在 B 城处。

下面计算各种情况的建厂的投资费用（以下费用单位均是万元，不再注明）。

方案 1：A 城，B 城，C 城各自建厂。

　　A 城单独建厂的投资费用 $= 73 \times 5^{0.712} = 230$

　　B 城单独建厂的投资费用 $= 73 \times 3^{0.712} = 160$

　　C 城单独建厂的投资费用 $= 73 \times 5^{0.712} = 230$

那么，总投资费用为 $S_1 = 230 + 160 + 230 = 620$。

方案 2：A 城与 B 城合作，在 B 城处建厂；C 城单独建厂。

　　A 城与 B 城合作的投资费用 $= 73 \times (5+3)^{0.712} + 0.66 \times 5^{0.51} \times 20 = 350$

总投资费用为 $S_2 = 350 + 230 = 580$。

方案 3：A 城与 C 城合作，在 C 城处建厂；B 城单独建厂。

　　　A 城与 C 城合作的投资费用 $=73\times(5+5)^{0.712}+0.66\times5^{0.51}\times58=463$

总投资费用为 $S_3=463+160=623$。

　　方案 4：B 城与 C 城合作，在 C 城处建厂；A 城单独建厂。

　　　B 城与 C 城合作的投资费用 $=73\times(3+5)^{0.712}+0.66\times3^{0.51}\times38=365$

总投资费用为 $S_4=365+230=595$。

　　方案 5：A 城、B 城、C 城合作，在 C 城处建厂。

　　总投资费用为 $S_5=73\times(5+3+5)^{0.712}+0.66\times5^{0.51}\times20+0.66\times8^{0.51}\times38=556$。

　　从以上列出的五种可能方案中可以得到最优方案是方案 5：三城合作建厂。该方案实施的关键是如何分担费用的问题。

　　在合作建厂的洽谈过程中，C 城提出合作建厂费用按照污水量比例 $5:3:5$ 分担，污水管道费用由 A 城与 B 城分担；B 城同意 C 城提出的合作建厂费用按照污水量比例分担，并提议由 A 城到 B 城的污水管道费用由 A 城承担，由 B 城到 C 城的污水管道费用由 A 城与 B 城按污水量比例 $5:3$ 分担；A 城觉得它们的建议似乎合理。经仔细计算：

$$A\text{ 城承担的总费用：}73\times13^{0.712}\times\frac{5}{13}+0.66\times\left(5^{0.51}\times20+8^{0.51}\times38\times\frac{5}{8}\right)$$
$$=250>230$$

$$B\text{ 城承担的总费用：}73\times13^{0.712}\times\frac{3}{13}+0.66\times8^{0.51}\times38\times\frac{3}{8}=132<160$$

$$C\text{ 城承担的总费用：}73\times13^{0.712}\times\frac{5}{13}=174<230$$

　　因此，A 城自然不会同意 B 城、C 城提出的方案。为使合作成功，我们将为它们设计一个合理分担费用的方案。由于三城合作建厂可节省 $620-556=64$（万元），现把三城合作建厂节省的钱作为获利，于是问题就转化为如何合理分配节约的 64 万元。

　　下面利用夏普利公式计算出合理分配节约出的 64 万元的方案。

　　此时，博弈的特征函数表述式为：

$$v(A)=v(B)=v(C)=0$$
$$v(AB)=230+160-350=40$$
$$v(AC)=230+230-463=-3$$
$$v(BC)=160+230-365=25$$
$$v(ABC)=230+160+230-556=64$$

代入式（6-6），得到三城合作建厂的投资分配方案为：

$$\varphi_A(v)=19.7\text{（万元）}$$
$$\varphi_B(v)=32.1\text{（万元）}$$
$$\varphi_C(v)=12.2\text{（万元）}$$
$$A\text{ 城的投资分配}=230-\varphi_A(v)=230-19.7=210.3\text{（万元）}$$
$$B\text{ 城的投资分配}=160-\varphi_B(v)=160-32.1=127.9\text{（万元）}$$

C 城的投资分配＝$230-\varphi_C(v)=230-12.2=217.8$（万元）

总而言之，合作博弈与非合作博弈的存在环境、研究方法都有所不同。合作博弈是由于合作收益的诱惑，相对减少了对博弈行为方式和过程的研究，其基本内容会更多地集中于配置问题和解的概念、类型及特征。合作博弈可用于回答个体与联盟的能力、公平分配方法及社会稳定模式等这些有趣的问题；而非合作博弈不涉及对这些问题的研究，非合作博弈中由于个人收益与自己的策略选择有直接联系，就会理所当然地对其博弈的行为过程和策略选择等博弈问题更加关注。因此，非合作博弈主要研究信息结构、策略选择对时间的依赖性、支付风险等问题。另外，非合作博弈侧重个体行为特征研究，合作博弈着重研究集体行为的特点。但是从更广泛的意义上来说，特别是对于整个社会经济环境（包括社会、经济、文化等方面）而言，合作博弈与非合作博弈这两种博弈往往是互相包容的。

本章基本概念

合作博弈　　　　联盟　　　　特征函数　　　　核心　　　　夏普利值

本章结束语

合作博弈的理论研究出现在 20 世纪 50 年代，此时对非合作博弈的研究也开始出现。之后，博弈论的研究主流逐步转向非合作博弈领域。在非合作博弈中，博弈中所有参与者都独立行动，不存在有约束力的合作、联合或联盟关系；而在合作博弈中，一些参与者之间存在有约束力的合作、联合或联盟关系，并因为这种关系影响到博弈的结果。因此，非合作博弈强调的是个人理性、个人最优决策，其结果可能是有效率的，也可能是低效率或无效率的；而合作博弈强调的是集体理性、效率、公正和公平。合作博弈的本质就是讨价还价和利益分配问题，因此类似讨价还价纳什解法的公理化方法在联盟博弈中继续使用。对联盟形成中的讨价还价问题，我们可以用核和稳定集来解决，而核的概念是建立在优超和瓦解这两个有对应关系的概念的基础上的。对于分配问题，可以使用夏普利值的赋值法，它给出多人合作的联盟收益的一种适当的分配方案。夏普利值是将收益按照参与者的边际贡献率进行分摊，参与者应当获得的收益等于该参与者对每一个他所参与的联盟的边际贡献的平均值。夏普利值的概念及其公理化刻画对合作博弈理论上的突破及以后的发展起到了重要作用。

图书在版编目（CIP）数据

博弈论教程/卢照坤，徐娜主编 . —北京：中国人民大学出版社，2019.4
21 世纪经济学系列教材
ISBN 978-7-300-26833-0

Ⅰ.①博… Ⅱ.①卢… ②徐… Ⅲ.①博弈论-高等学校-教材 Ⅳ.①O225

中国版本图书馆 CIP 数据核字（2019）第 051798 号

21 世纪经济学系列教材
博弈论教程
主 编 卢照坤 徐 娜
副主编 李 雪 黄亚静
Boyilun Jiaocheng

出版发行	中国人民大学出版社			
社 址	北京中关村大街 31 号		**邮政编码**	100080
电 话	010 - 62511242（总编室）		010 - 62511770（质管部）	
	010 - 82501766（邮购部）		010 - 62514148（门市部）	
	010 - 62515195（发行公司）		010 - 62515275（盗版举报）	
网 址	http://www.crup.com.cn			
	http://www.ttrnet.com（人大教研网）			
经 销	新华书店			
印 刷	北京鑫丰华彩印有限公司			
规 格	185 mm×260 mm 16 开本		**版 次**	2019 年 4 月第 1 版
印 张	16.25 插页 1		**印 次**	2019 年 4 月第 1 次印刷
字 数	352 000		**定 价**	39.00 元